横井克典 著

国際分業のメカニズム

本田技研工業・二輪事業の事例

同文舘出版

はしがき

　本書は，本田技研工業・二輪事業（以下，ホンダ）が最適を目指して形成した企業内国際生産分業を事例として，国際生産分業の長期的な形成プロセスを描き，その形成を支える強力な資源配置の調整の仕組み（本書ではこれを調整メカニズムと呼ぶ）を具体的・実証的に解明したものである。

　国際的な立地・分業を展開する多国籍企業にとって，市場環境の変化に応じながら最適な資源配置を構築することは，競争優位を築くために必須の課題である。既存の研究においても，企業がグローバルに配置した各拠点の役割を過度に重複させることなく全体を構成し，かつ拠点間の相互連携を強めていく重要性が言及されてきた。

　では，実際，企業はいかにこのような最適な資源配置を実現させるのであろうか。多国籍企業が展開する各国市場はそれぞれ違う発展を遂げる。一方で，当該企業が有する各拠点の成長ベクトルもそれぞれ異なる。それら市場と拠点が変化を続けるのであれば，最適な国際生産分業のあり方もまた，時間の経過とともに変わっていく。国際生産分業の最適化が意味するものの核心は，このような市場的，拠点的，時間的な変化が複雑に絡み合って生じる問題を解決することにある。そうであるとすれば，企業はどのように全体の資源配置を調整していけばいいのだろうか。

　本書が導き出した結論は，簡潔に言えば，「国際生産分業の最適を目指す過程は，市場と拠点の変化を捉えて全体のあり方を形づくり，一定期間ののちにそのあり方を見直すという長期的なプロセスである。だからこそ，企業は強力な調整メカニズムを構築しなければならない」である。ホンダが柔軟に資源配分の最適化を追求し続けてきたプロセスと，そのプロセスの根幹をなす調整メカニズムを問うことで，このことを明らかにした。

本書は多くの方々に支えられてできあがった。その中でも，特に深くお礼申し上げたいのは岡本博公先生（同志社大学名誉教授／高知工科大学名誉教授）である。同志社大学・大学院に入学してから，現在に至るまで岡本先生のご指導がなければ，私は本書をまとめることも，さらには楽しく研究・教育を続けることもできなかった。問題意識を持って現場に行き，現実を仔細に調べ，事実に基づいて議論・主張を組み立てる姿勢，何事も楽しく取り組む姿勢が私の研究・教育の拠りどころだが，これらはすべて岡本先生から学んだことである。また，岡本先生が高知工科大学に移られたのちに，私の大学院指導教授を引き受けてくださった鈴木良始先生（同志社大学教授）にも心よりお礼申し上げたい。鈴木先生からの厳しくかつ丁寧なご示唆や研究の進捗に対する激励がなければ，本書のベースとなった博士論文を書き上げることはできなかった。改めて謝意を申し述べたい。さらに，同志社大学での学部生時代の指導教員であり，私が進学する際にご支援くださった中村宏治先生（元・同志社大学教授）に感謝申し上げたい。

岡本先生の大学院ゼミナールに所属された先輩方，富野貴弘さん（明治大学），加藤 康さん（京都経済短期大学），善本哲夫さん（立命館大学），李 震雨さん（POSCO），山中克敏さん（オキツモ株式会社），東 正志さん（京都文京大学），陳 瑞華さん（有限会社興達商事），中道一心さん（同志社大学）には研究会のみならず，日常的な議論からアドバイスや批判を頂戴するとともに，大学や酒場へと場を転々としながらも長い時間付き合ってくださった。諸先輩方の自由に意見を交換される姿や楽しく研究・教育活動に取り組む姿から多大な刺激を受けた。感謝申し上げる。さらに，本書の刊行に際して，私の博士論文をお読みくださり，貴重なアドバイス・コメントをくださった新宅純二郎先生（東京大学），大木清弘先生（東京大学），三嶋恒平先生（慶應義塾大学）にも心より感謝申し上げる。ご教示いただいたことのすべてを反映できず，心苦しいばかりであるが，今後の研究で応えていくことを約束することで，ご容赦いただけたら幸いである。

学部・大学院および初めての職場として在籍した同志社大学商学部・商学

研究科の教職員のみなさま,現在の勤務先の九州産業大学の教職員のみなさまにも深謝している。九州産業大学では2018年4月より所属することになった地域共創学部のみなさま,それまで所属した経営学部(現・商学部)のみなさまに大変良くしていただき,いまもお世話になっている。その中でも,私が研究成果をまとめるに際してかなり長い時間にわたる議論に付き合ってくださり,いつも的確なコメントをくださる真木圭亮先生,研究の進捗を気にかけてくださったり,報告の機会を与えてくださったり,あるいは演習・教育活動をサポートしてくださった安 熙卓先生,池内秀己先生,浦野倫平先生,宇山 通先生,加藤佳奈先生,Keeley Timothy Dean先生,侯 利娟先生,土井一生先生,中原裕美子先生,西村香織先生,文 言先生,柳田志学先生(現・目白大学),私と同時期に博士論文を執筆され,日常的に進捗を話し合う中で励ましてくださった上西聡子先生(現・近畿大学),木村隆之先生にとりわけお礼申し上げる。

　本書の作成にあたって,本田技研工業並びに同社の製作所・現地法人のみなさまに多大なご協力を得たことをここに記して深甚の謝意を表したい。私が研究活動を始めた大学院の時から現在まで,国内外の現場で本田技研工業のみなさまから懇切丁寧にご教示いただけなければ,本書は執筆できなかった。また,二輪車部品サプライヤーをはじめとした多くの二輪車企業の方々,業界関係者の方々からも多くのことをお教えいただいた。この場を借りて厚くお礼申し上げたい。ただし,当然のことながら本書の文責は筆者にある。

　本書の出版を快諾いただいた同文舘出版株式会社の青柳裕之氏にも,この場を借りて深謝申し上げる。最後に,本書は,日本学術振興会のJSPS科学研究費助成事業・若手研究(B)課題番号:JSPS KAKENHI Grant Number JP23730387,課題名:「海外市場の成長と国内市場の縮小に直面する生産システムの進化・発展プロセスの研究」,日本学術振興会のJSPS科学研究費助成事業・若手研究(B)課題番号:JSPS KAKENHI Grant Number JP25780255,課題名:「市場戦略と生産システム編成の進化プロセスに関する研究」,日本学術振興会のJSPS科学研究費助成事業・基盤研究(B)(一般)課題番号:

JSPS KAKENHI Grant Number JP15H03382，課題名「サプライチェーンにおけるタイミングコントローラー：市場適応方法の比較研究」（研究代表者：岡本博公先生）の成果を含んでいる。また，本書は，日本学術振興会のJSPS科学研究費助成事業・研究成果公開促進費（学術図書）課題番号：JSPS KAKENHI Grant Number JP18HP5167の助成を受けて刊行することができた。この点も，ここに記して謝意を表したい。

2018年11月

横井　克典

国際分業のメカニズム●目次

はしがき ……………………………………………………………………………… i
初出一覧 ……………………………………………………………………………… viii

序 章　本書の課題と構成

- I　本書の課題 ……………………………………………………………………… 2
  - 1　本田技研工業における国際生産分業の形成 ……………………………… 2
  - 2　本書の課題 …………………………………………………………………… 7
- II　先行研究と本書の意義 ………………………………………………………… 10
  - 1　国際生産分業の調整メカニズム …………………………………………… 13
  - 2　動態的なシステム形成過程としての国際生産分業理解 ………………… 16
- III　本書の構成 …………………………………………………………………… 20

第1章　国際生産分業の形成

- I　本章の課題 ……………………………………………………………………… 30
- II　フェーズI：国際生産分業形成に向けた動き ……………………………… 31
- III　フェーズII：国際生産分業の形成着手 …………………………………… 39
  - 1　日本市場の成熟化と縮小および中古二輪車市場の拡大 ………………… 39
  - 2　中国拠点における超低排気量廉価機種・Todayの生産 ………………… 45
- IV　小括 …………………………………………………………………………… 49

第2章　国際生産分業の編成・再編成

- I　本章の課題 ……………………………………………………………………… 64
- II　フェーズII：国際生産分業の編成 ………………………………………… 64

	1	欧州二輪車市場の特徴と近年の変化	64
	2	グローバル3戦略とタイ拠点の活用	74
	3	本国生産拠点と米国拠点への影響	79
Ⅲ	フェーズⅢ：国際生産分業の再編成		84
	1	アジア拠点の継続的な活用	87
	2	アジア拠点のさらなる活用：ベトナム拠点	90
	3	ベトナムホンダのグローバル供給拠点化とイタリアホンダの役割の変化	93
Ⅳ	小括：国際生産分業の形成の契機と編成・再編成プロセスにおける特徴		99

第3章　国際生産分業の調整メカニズム

Ⅰ	課題設定		120
Ⅱ	製品ラインナップ計画の策定とラインナップローリングによる調整		124
	1	製品ラインナップ計画の策定プロセス	124
	2	ラインナップローリングによる調整プロセス	130
Ⅲ	個別機種の開発・生産プロセスとプロジェクトチームによる調整		137
	1	企画・検討スタートから開発着手の期間	139
	2	開発完了・量産準備から量産立ち上げの期間	144
Ⅳ	国際生産分業の調整メカニズム：SEDによる段階的な意思決定		146
Ⅴ	小括		154

第4章　国際生産分業の調整メカニズムの基盤と全体像
－本国生産拠点の多機種・小ロット生産の能力蓄積と差配機能－

Ⅰ	課題設定		162
Ⅱ	本国生産拠点の特徴と多機種・小ロット生産の能力		165
	1	本国生産拠点の特徴：輸出機種生産拠点	166
	2	本国生産拠点の特徴：多機種・小ロット生産と膨大な設備・機械保有	173
Ⅲ	本国生産拠点の差配機能と調整メカニズムの全体像		187

	1	本国生産拠点の差配機能	188
	2	調整メカニズムの全体像	194
Ⅳ	小括		203

終　章　　総括と残された課題

Ⅰ	総括		212
	1	本書の結論	212
	2	本書で整理した事実	214
Ⅱ	本書のインプリケーション		222
Ⅲ	本書の限界と残された課題		227

参考文献 …… 229

索　引 …… 239

初出一覧

本書は以下の論文をベースとしている。

横井克典〔2018〕『統合生産システムの形成と機能 ―本田技研工業・二輪事業の事例―』同志社大学大学院商学研究科 課程博士学位請求論文。

また，本書は以下の既発表論文をもとにしている。部分的に既発表論文を用いている箇所もあるが，大幅に加筆・修正している。

横井克典〔2005〕「二輪産業における生産システムの進展」『同志社大学大学院商学論集』第40巻第1号。
横井克典〔2007〕「二輪企業における多品種・大量生産の諸相」『同志社大学大学院商学論集』第41巻第2号。
横井克典〔2008〕「二輪部品サプライヤーの現局面と協力関係の変容 ―本田技研工業熊本製作所に焦点を当てて―」『産業学会研究年報』第23巻。
横井克典〔2009〕「日本二輪産業における販売網の再編」『同志社商学』第60巻第5・6号。
横井克典〔2010〕「日本二輪企業の海外展開 ―現地生産拠点の発展と日本工場の新段階―」『同志社商学』同志社大学商学部創立六十周年記念論文集。
横井克典〔2013〕「日本二輪車企業の販売網の維持・強化と収益性の向上 ―イタリア・スペイン市場における本田技研工業の取り組み―」『同志社商学』第64巻第5号。
東正志/横井克典〔2017〕「二輪部品サプライヤーの海外生産拠点の発展と最適生産分業」『アジア経営研究』第23号。

国際分業のメカニズム

― 本田技研工業・二輪事業の事例 ―

序章

本書の課題と構成

I　本書の課題

1　本田技研工業における国際生産分業の形成

　本書の課題を明確にするために，私が直視している現実を最初に紹介しよう。

　1990年代後半以来，本田技研工業（以下，ホンダと記述）の二輪事業は国内外に設置した生産拠点それぞれの特徴を生かした国際的な生産分業をつくることに取り組んできた。**図序-1**から**図序-4**は，ホンダの国際生産分業の変遷を図示している。この図の白丸は主として立地した市場に向けて二輪車を供給する生産拠点を，黒丸は立地国に加えて他国にも二輪車を供給する生産拠点を表している（図の見方の詳細は本章末尾の補論を参照）。明らかなように，1990年代後半以降，ホンダは概ね5年間隔で国際生産分業を大きく編成・再編成させてきている。図からは判明しないが，この間，グローバルにおける二輪車市場の競争状況も激しく変わっていく。それに応じるために，ホンダは中国拠点，タイ拠点，ベトナム拠点といった多様な生産拠点を国際生産分業に活用し，各拠点が担う役割を変化させ続ける。つまり，ホンダは最適化を目指して国際生産分業を編成替えし続けていく。後述するように，厳密にはそれは必ずしも5年単位というわけではない。しかし，ともあれ，この一連の図から，国際生産分業の最適なあり方は，決して短期的なものではないことがわかる。それどころかホンダは，現在に至るまで，段階的に国際生産分業を変えている。最適な国際生産分業を目指して，一定期間ののちにそのあり方を見直し，編成替えを試みている。これらの図は，国際生産分業の最適化が，長期的なプロセスであることをよく示している。

序章
本書の課題と構成

図序-1　本田技研工業の国際生産分業の変遷　1990年代後半

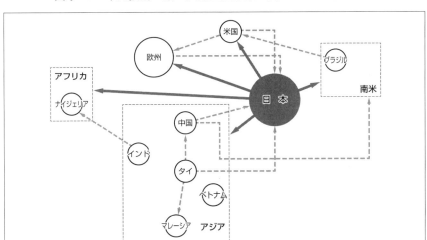

注：図の見方と留意点については本章末尾の補論に記載した。
出所：各種資料により筆者が作成した。詳細は本章末尾の脚注に記載した[1]。

図序-2　本田技研工業の国際生産分業の変遷　2000年から2004年

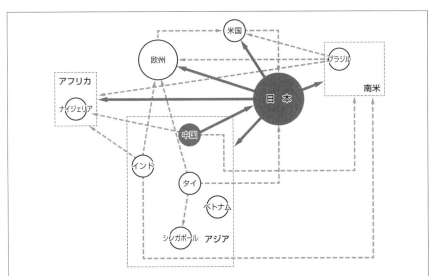

注：図序-1と同じである。
出所：各種資料により筆者が作成した。詳細は本章末尾の脚注に記載した[2]。

図序-3　本田技研工業の国際生産分業の変遷　2005年から2010年

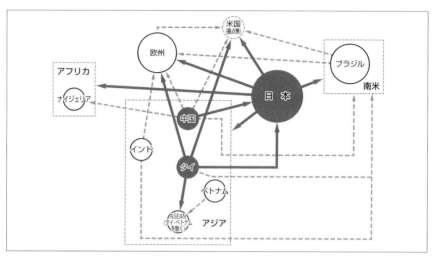

注：図序-1と同じである。
出所：各種資料により筆者が作成した。詳細は本章末尾の脚注に記載した[3]。

図序-4　本田技研工業の国際生産分業の変遷　2011年から2015年

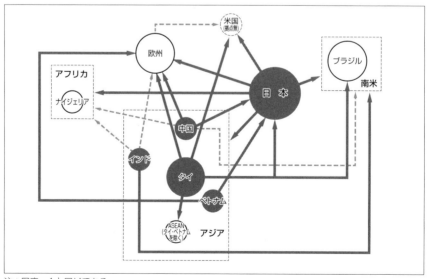

注：図序-1と同じである。
出所：各種資料により筆者が作成した。詳細は本章末尾の脚注に記載した[4]。

序章
本書の課題と構成

　従来，他国への二輪車供給のほとんどを担っていたのは日本の本国生産拠点であったが，およそ1990年代からは，その役割をアジアの拠点も果たすようになってきている[5]。同時に，ホンダはグローバルモデル（世界戦略機種）の開発に着手し，それを生産し，他国へ供給するグローバル供給拠点としてアジア拠点を明確に位置付けていく。その結果，ホンダは，当初，複雑であった二輪完成車の供給網を徐々に無駄のない形へと国際生産分業体制を編成・再編成させてきた。

　のちに詳しく確認していくが，ホンダの国際的な生産分業の形成過程を概観するかぎり，初期の時点から大枠としての構想は打ち出していたものの，長期にわたる拠点の活用の形が必ずしもすべて事前に決まっていたわけではない。初期の構想通りに拠点を育成し活用した側面がある一方で，立地する市場の発展と個別拠点の成長に影響を受けて，ホンダが構想を更新し，各拠点の役割を繰り返し調整することで，市場動向に応じるように最適な国際生産分業を追求し続けてきたという側面が見受けられる。そこでは，例えば，ある拠点で生産していた二輪車が，拠点の成長によって，別の生産拠点に移り変わる，あるいは特定の拠点がより高度な二輪車生産を手がけるようになるといった変化が生じている。このように，その時々の市場環境の変化と現地生産拠点の動向に最も適合するように，ホンダは国際生産分業をアップデートさせてきた。

　産業によって具体的なありように違いがあるものの，近年，多くの日本の多国籍製造企業も国際的な生産分業の構築を試みている。藤本／天野／新宅〔2009〕は，産業内国際分業の拡大とアジア工業国の台頭を背景として，日本の多国籍製造企業が「『現地市場で作るべきものは現地で作る』という市場立地」から，「『ものづくりを国際競争優位の得られる拠点へ分散配置する』という比較優位[6]」へと海外立地の方針をシフトさせたことを指摘している。一方で，ホンダの二輪事業は，他の産業で見られない際立った特徴があると考えられる。以下にみるように，ホンダは海外への生産拠点進出の歴史が古く，しかも広範な国・地域に展開してきたために，内外に数多くの生産拠点

5

を持つ。それだけではなく，二輪車市場が国・地域ごとに独特の性格を持つことから，現地拠点は各々多様な方向に成長を遂げてきた。ホンダはこうした多様性を持つ拠点を活用し，かつ市場動向に応じながら各拠点の役割を調整し，国際生産分業体制の全体としての調和をつくり出すという極めて難しい問題に1990年代後半から取り組んできた。

　ホンダは「需要のあるところで生産する[7]」という考え方のもと，古くから海外展開を推し進めてきた。加えて，進出先の政府が輸入代替工業化を要請したことが大きく影響し，ホンダが広範な国・地域に設立した生産拠点は主として現地市場への供給を担っていた[8]。そうした海外生産拠点の発展のありようは，「小さく産んで大きく育てる[9]」という表現に端的に現れている。ホンダが進出した時点では，当該国・地域でモータリゼーションが始まっていないことが多く，したがってその二輪車市場は小さい。それゆえ，ホンダは進出当初の生産拠点への投資を小規模にとどめ，市場が成長するに伴って生産拠点の規模を拡大させてきた。さらには，「『現地市場適応』が二輪車ビジネスにおいて最も重要[10]」という指摘が示しているように，国・地域によって二輪車需要は異なる。そのため，市場シェアを獲得・維持するためには，当該国・地域に合わせた二輪車の開発とともに，需要の著しい伸びに対応できるような生産拠点の拡張が，二輪車企業には求められる[11]。市場拡大の機会を捉えて生産拠点を増強および新設させたことが，各国・地域におけるホンダの高い販売・生産シェアの獲得・維持に寄与し，その積み重ねによって，ホンダは世界シェア首位を堅持してきたのである。

　こうした背景のもと設立された海外生産拠点の主たる役割は，基本的に現地市場に向けた販売であった。しかも，現地における主要な競合他社は，ホンダと同じように現地生産・販売を展開する日本企業であった。したがって，現地で生産し販売する二輪車によって，当該市場での競争優位を獲得できるかぎり，当時のホンダにとって国際的な生産分業を築く必要性はほとんどなかった。

　ところが，1990年代後半から二輪車産業を取り巻く環境は，大きく2つの

点で様変わりする。それは，長年の事業展開によってアジア各国の生産拠点が他国に向けた二輪車供給を担うまで成長を遂げたことと，主要な競合他社が日本企業から外国企業へと変わったことである[12]。それゆえ，現地生産と現地販売を基本としてきたホンダであっても，各国に配置した生産拠点それぞれの特徴を生かし，かつ全体として調和のとれた国際的な生産分業を築き，年を重ねるごとにアップデートを図るようになる。

近年ではホンダに追随して，他の日本の二輪車企業も同様の動きをみせている。例えば，スズキは，同社のインドネシア拠点をグローバル生産拠点のひとつとして位置付け，日本，ASEAN，欧州，大洋州に向けて輸出する二輪車を開発し生産するようになった[13]。さらに，ヤマハ発動機（以下，ヤマハ）もアジアの生産拠点で生産した二輪車を，グローバルモデルとして世界各国に供給し始めている[14]。

このように，ホンダの二輪事業は，広範な国・地域の拠点を活用し，長期間にわたって国際生産分業を形成してきたという点に際立った特徴があると考えられる。さらには，ドラスティックな環境変化を受けて，国際生産分業を形成しつつある二輪車産業の中でも，ホンダの二輪事業は先駆的な事例であるといってよい。

2　本書の課題

先にみたように，ホンダは長期的に国際生産分業の再編を図り，最適を追求し続けてきた。ところが，実は，このような生産拠点の編成替え，最適な国際生産分業の実現は容易なことではない。この困難は何だろうか。

第1に，市場の変化に対応すること自体が難しい。各国市場は常に変わっていく。しかも，グローバルでみた場合，市場の変化の方向性は一様ではない。例えば，日本市場は長期にわたって縮小を続ける。一方で，欧州市場でも市場の停滞局面が続くが，そこでは売れ筋の製品ラインが変わるという日本とは異なる状況が生じる。他方，アジアのタイ市場は徐々に成熟に向かい，高い排気量の二輪車が受け入れられるようになっていく。また同時に，ベト

ナム市場では同じ排気量でもよりハイエンドの二輪車が受容されていく。このように，世界全体でみれば，市場の変化のダイナミズムは一方向ではない。企業は，これら市場の要請を同時に解決しなければならない。

　第2に，国際生産分業の中で，長期的に特定の拠点をどのような形で活用することが有効であるのか，さらに，それを踏まえていかなる役割を拠点に与えるのかを事前に完全に定めることが難しい。企業は事前に計画を策定し，資源の過度な重複が生じないように，かつ拠点間の相互連携を強めるように国際生産分業を構築していく。しかし，当該拠点の発展は，現地市場の動向と，多品種化への対応や所与の製造品質の実現に問題が生じるといった生産現場の状況に左右されてしまう。したがって，計画通りに経営資源をより高度なものにしていく拠点もあれば，そうできない拠点も存在する。後者の場合は，計画自体を練り直す事態が生じる。それとは対照的に，当初の計画を超えて高度な経営資源を蓄積することで，新たな役割を割り当てることができるようになる拠点も存在する。それゆえ，企業は個々の拠点の発展度合いを常に把握しておかねばならないし，その発展の方向性を見極める必要がある。

　第3に，常に変化する環境の中で，5年，10年といった長期的な国際生産分業の構想を描くこともまたかなり難しい。変化に応じて場当たり的に国際生産分業を編成すれば，その時々で各拠点の役割は大きく変動し，当該拠点における知識や能力蓄積を阻害することになりかねない。一方で，事前に定めた構想通りに，特定拠点の役割を厳密に固定すれば，市場環境の変化への対応を難しくする。したがって，企業は当初の構想をもとに時間の経過に伴う変化に対応しなければならないが，現実的には構想を国際生産分業にすぐに反映させられるわけではない。拠点の活用や役割の変更に向けた準備が必要であるからである。それゆえ，変化を見据えながらも，ある程度の時間的先行性をもって，いかに国際生産分業の長期構想を描くか，つまり長期的な構想力が企業に問われることになる。

　市場の変化と拠点の発展を捉え，最適な国際生産分業をつくること自体が

序章
本書の課題と構成

そもそも難しい作業である。それに加えて、そこでの最適な国際生産分業のあり方には長期性が求められるために、企業が解決しなければならない問題はさらに複雑になる。企業が進出する国が増えれば増えるほど、この国際生産分業の形成に伴う困難は錯綜する。このような困難は、市場と拠点の時間的な変化の傾向を見据えながら、国際生産分業の長期にわたる最適なあり方を構想し実現させるための極めて強い資源配置の調整の仕組み、つまり強力な調整メカニズムによって克服されなければならない。市場の変化に応じながら、国際生産分業体制全体としての長期的な調和をつくり出すこと、すなわち全体が整合的であり、拠点間の相互連携を強めるためには、強力な調整メカニズムが決定的に重要な役割を果たす。国際生産分業の形成に伴う極めて困難な課題を解決するために、この強力な調整メカニズムをいかに構築するのか。企業が強く要請されているのは、このことである。

本書を貫く狙いは、企業が最適な国際生産分業をいかに形成し、それを続けていくために、どのような調整メカニズムを構築しているのかという問題を考察することにある。具体的には、日本の二輪車企業、中でもトップシェアを誇るホンダの二輪事業を取り上げ、どのような市場の変化、どのような生産拠点の発展、どのような長期トレンドを捉えて、ホンダが国際生産分業を形成し、それに対して調整メカニズムがどのように機能したのかを明らかにする[15]。

本書では、この課題に接近するために、一企業における国際的な生産分業の変化に焦点を当て、次の２つのアプローチをとる。まず、国際生産分業の調整メカニズムの解明に際して、組織内の意思決定プロセスに注目する。いつ、誰が、どのように市場と拠点の変化を見極め、長期構想を描くのかを問うことで、調整メカニズムの具体的なありようを明確にする。

ついで、国際生産分業の変化プロセスを動態的なシステム形成過程と捉える。調整メカニズムは、当該企業が国際生産分業をどのように形成するのかに大きく関係する。それゆえ、国際生産分業の最適な形が、長期にわたってどのように編成・再編成されてきたのかを把握する必要がある。しかし、あ

る時点のスナップショットや短い期間の変化を分析することでは,これを捉えることができない。国際生産分業を互いに影響を及ぼす拠点から構成されたシステムとして捉え,やや長い時間軸で,市場と個々の拠点の役割の変化を問うことによって初めて,最適な形が移行していく姿を浮き彫りにできる。

このように,本書では,特定の企業内国際生産分業に対象を絞り,いかなる調整メカニズムのもとで,国際生産分業のシステムがどのように形成されていくのかを具体的・実証的に考察していく。これら2つのアプローチによって,シングルケースという限界はあるが,国際生産分業のシステム形成と資源配置の調整メカニズムについて深い洞察を得ることができると考えている。後述するように,これまで,本書で取り上げる調整メカニズムそのものに切り込んだ研究はないと思われる。したがって,この調整メカニズムの存在を明らかにし,具体的・実証的に解明することに本書の極めて独自的な貢献がある。現在,国際生産分業の形成に取り組んでいる多くの日本企業にとって,有益な示唆を引き出すことができるだろう。

なお,本書では主として完成車の供給に限定して分析を進めていく。したがって,部品生産の配分や相互供給体制の形成と機能については,拠点の役割に大きな影響を与えるものを除いて,本書では分析の対象としない。

II　先行研究と本書の意義

国内だけで事業を展開する企業に比べて,多国籍企業が持つ強みは,世界各国に配置され,多様な環境のもとに立地する拠点を活用できる点にある(Bartlett and Ghoshal〔1989〕)。多国籍企業が各国に配置した海外拠点は,本国拠点が有する優位性を移転し利用する存在であるだけでない[16]。海外拠点は自身の主体的な活動によって,自らの戦略的な役割を変化させていく存在でもある。このような海外拠点の役割に影響を与える要素として,Birkinshaw and Hood〔1998〕は先行研究を整理する中で,本国拠点から与

えられた役割のみならず，海外拠点自身の意思決定，現地の環境を指摘する（大木〔2008〕）。近年では，これらの要素と本国拠点の優位性が海外拠点に与える影響を，メカニズムとして把握しようとする研究も出てきている。例えば，折橋〔2008〕は，トヨタ自動車のオーストラリア，タイ，トルコ拠点を事例に，本国拠点の持つ優位性が，現地環境の変化を受ける中で海外生産拠点の組織能力の強化へと結実し，その結果として海外生産拠点が国際競争力を高めたことを明らかにしている。そうした海外生産拠点の能力向上によって，当該拠点の戦略的な役割が創発的に増大する可能性が指摘されている[17]。さらに，本国拠点の優位性がなくても，海外での事業展開を通じて獲得した海外拠点の優位性を活用する企業の存在も論じられている（Doz, Santos, and Williamson〔2001〕，浅川〔2006〕）。

本書の関心に引きつけて言えば，本国主導で計画通りに成長した拠点のみならず，創発的に成長し，ともすれば本国拠点よりも優位性を得た海外拠点をいかに見出し，国際生産分業のシステムに活用していくのかが多国籍企業に問われていると考えられよう。このように本国拠点と海外拠点それぞれが持つ独自の経営資源や能力を活用するようなシステムを築く重要性は，システムという表現を用いるかどうかは異なるが，これまでの研究で理念型・モデルとして論じられている。例えば，Bartlett and Ghoshal〔1989〕は，世界中に分散し専門化した各拠点を統合ネットワークによって結びつけ，相互依存の関係を築き，各々の拠点で生まれた知識を全世界的に活用するトランスナショナル組織を提唱している。こうしたネットワークの観点に立てば，海外拠点は他の拠点や部門と相互に結びついているだけでなく，部品サプライヤー，顧客などとも関係している（Ghoshal and Bartlett〔1990〕，Ghoshal and Westney〔1993〕，Birkinshaw〔1997〕）。そこでは，本国拠点と海外拠点は1対1の関係ではなく，様々なネットワークの中に埋め込まれていると捉える必要があるとしている。加えて，本国拠点と海外拠点との関係についても，本国拠点が一方的に定めるわけではなく，海外拠点の行動によっても創発的に変化しうる[18]。

このように，ある国・地域が有する立地優位性を踏まえた拠点配置とその調整が，国際的な競争優位の獲得にとって重要であることは，既存研究においても指摘されてきたことである。加えて，国際分業を構成する複数拠点の役割を，環境の変化や拠点の成長にしたがって時とともに変化させながらも，一方で，それら拠点を有機的に強く結びつけていくこと，あるいは，複数の拠点を統合するためのコントロールのあり方が理念型・モデルとして提唱されてきた。これらの点が多国籍企業論や国際経営論における研究で指摘されてきており，本書の分析もそうした先行研究に大いに依拠している[19]。しかしながら，国際分業全体の変化やそれを長期的に最適な形へと編成させていくという問題の実証的な解明，とりわけ最適な分業をつくり出すための資源配置の調整の仕組み，すなわち調整メカニズムの解明には，不思議なことにあまり関心が払われてこなかった。したがって，本書の課題，特に国際生産分業の調整メカニズムの解明に関しては，既存研究の中でも空白として残されていた分野であると考えられる。

　国際生産分業の調整メカニズムが実証的・具体的に解明されていないという状況は，それを構成する要素や要素間の関係性（因果関係や個別要素を成立させる基盤など）が判明していないことを意味する。つまり，理念型・モデルとしてゴールは示されていても，企業がどのようにしてそこに至ればいいのかということには，言及されていないのである。そうであれば，将来の一般化を見据えて，まずは特定1社の事例ではあっても，ケース・スタディによって調整メカニズムの構成要素と要素間の関係性を把握しなければならない[20]。本書が個別企業のケース研究という方法を採用する理由は，この点にある。

　以下では，先行研究をもとに，多国籍製造企業が国際生産分業のシステムを形成し，全体を調整していく際に直面する課題を明確にする。同時に，本書が用いる2つのアプローチ（国際生産分業の調整メカニズムへの注目，動態的なシステム形成過程としての国際生産分業理解）に分けて，分析視点を定めていこう。

序章
本書の課題と構成

1 国際生産分業の調整メカニズム

　先述のように国際生産分業の形成に伴って企業が抱えることになった問題は，市場の変化，拠点の発展とその不確実性，長期性という3つの要素から生じていた。この問題を解決するために調整メカニズムが果たすべき機能は，市場と拠点の両方を見据えながら，国際生産分業の長期にわたる最適なあり方を構想し実現させることにある。これを可能とするためには，次の3つの条件が同時に成り立てばよい。

　第1に，適切なタイミングで市場動向に即した二輪車を開発し，その生産を担うことができる拠点を選択しながら，国際生産分業の資源配置を進めていくことである。一般的に言って，製品開発にはある程度の時間を要する。二輪車の場合でも，長い期間がかかるものは，数年前から開発に着手しなければならない。生産を準備し，開発・生産に伴うコストを算出するためには，最初に拠点を決める必要がある。しかし一方で，事前に規定した個別拠点の役割が，長期的には必ずしも最適であるとは限らない。長期間にわたる国際生産分業の形成においては，事前の狙い通りに拠点を用いることもあれば，必ずしも初期の時点では明確に意図しておらず，創発的に拠点が活用できるようになることもある。それゆえ，個々の二輪車の開発着手の時点で，当該二輪車に最も適した拠点を見極めて選びながら，国際生産分業の資源配置を決定できればよい。

　このような意思決定については，多国籍企業の進化論を試論的に展開した椙山〔2007〕の指摘が示唆に富む。そこでは，製品開発の国際化を説明するための新しい枠組みとして次のような論理が導出されている。やや長くなるが引用しよう。それは，「意思決定が段階的であり，学習によって当初意図してなかった目的を新しく持ち，当初とは異なった期待を形成すること，および価値が確定しない現地での学習成果を，事後的に現地事業の発展や本国からの知識移転の吸収の土台，あるいは他国のビジネス機会への貢献などのために活用するために，国際的な資源を再配置するという論理[21]」である。要点は，事前に目的と適合するかどうかを仮定せず，事後的に個別拠点の活

用のあり方を定め，段階的に資源配置や再配置を行っていくことにあると考えられる。

　こうした事前には意図していない結果から学習し，事後的に活用していく考え方は，経営戦略論の戦略策定プロセスの研究に一定の蓄積がある。Mintzberg〔1994〕は，当初には明確に意図せず，結果として実現した戦略を創発的戦略と呼び，当初の意図がすべて実現した戦略と区別している。戦略には計画として策定される部面があるだけでなく，部分的に自然発生する，すなわち創発の部面がある。それゆえ，戦略は徐々に形成されるものであるという見方が提示されている。

　国際生産分業においても，各拠点が蓄積していく経営資源は，時間の経過とともに高度化し，当初の想定を超える活用または転用可能性が拡大していく。最新の市場の状況を捉えながら，一方でそうした拠点の発展の方向性を見極めて，段階的に資源を配置・再配置できるようにすることが調整メカニズムに求められる。

　それだけではない。ここでの拠点の選択は同時に，長期的な国際生産分業の構想に適うものでなければならない。これが調整メカニズムに求められる第2の条件である。上述のように，国際生産分業は成長を遂げた拠点を把握し，活用していくことで形成される。しかし，システム全体としての調和がつくられなければ，すなわち全体が整合的であり，かつ拠点同士が相互に強く連携しなければ，その国際生産分業は個別拠点の寄せ集めに過ぎなくなってしまう。これを解決するためには，第1の条件で述べた市場の変化と拠点の成長を見据えた段階的な意思決定が，同時に，長期的な国際生産分業の構想に適うような，つまり拠点間の相互連携を強化するようなものであればよい。

　こうしたシステム全体としての調和については，表現こそ違うものの，既存の研究で論じられてきたことである。例えば，Bartlett and Ghoshal〔1989〕は，世界各国に分散した拠点を結びつけ，統合するためには接着剤が必要となると考えた。そうして，新たな経営精神を組織の中心に据えるこ

とが重要であるとした。同様に，鈴木〔2013〕は個々の拠点が統合ネットワークの構築へと自ら取り組むようになるための精神的な基盤に着目する。その精神的な基盤として，経営理念や価値観を浸透させる必要性を指摘している。このような経営理念や価値観の浸透は，組織，あるいはシステムの一貫性を保つために重要な要素であると考えられる。しかしながら，本書の目的はシステムが持つ機能を解明することであるため，経営精神や理念を分析対象としない。

　一方で，Gemawat〔2007〕は，国によって存在する差異を克服するために，集約という考え方を導出した。さらに，この著書では企業が集約を導入するための枠組みが提示されている。集約もまた，現地への適応と，グローバルにおける標準化の中間を狙うものである。それゆえ，集約は分散した拠点の統合という従来から述べられてきた考え方と近いだろう。Gemawat〔2007〕によれば，集約はあらゆる問題の解決策ではない。集約を導入した場合，組織が複雑になる傾向にあることが，その理由のひとつである。これを回避するためには集約の基準を選択することが必要であるという。同時に，集約の基盤の構築には長い時間がかかるために，頻繁に変更せず，改革を続けることが重要だと指摘する。ここでもまた，単に集約するではなく，ひとたび選択した基準を保ち続け，長期にわたってつくり上げていくことの重要性が示唆されている。

　このように，先行研究では各国に分散した拠点を統合するという観点から，組織内部の相互連携を強めることに関心が払われてきた。しかし，このような統合が具体的にいかなる仕組みによって実現できるのかについては，ほとんど注目されてこなかったと考えられる。本書の第3章では，ホンダの組織内部の意思決定に焦点を当てて，この問題を詳しく検討していく。

　上記した意思決定を可能とするためには，拠点の情報を集約し，その発展の方向性を見極め，適切な役割を各拠点に差配できる機能が不可欠となる。このような差配の機能が備わっていることが第3の条件であり，それが調整メカニズムの根底をなす基盤である。

国際生産分業の中で，このような情報の収集と，拠点の差配を担うのは，マザー工場として位置付けられた本国生産拠点である。エレクトロニクスメーカーの拠点間関係を検討した善本〔2011〕が指摘するように，マザー工場には「事業部機能[22]」がある。この事業部機能は，各拠点のパフォーマンスを評価し，技術移転・支援の経路をコントロールするものである。したがって，事業部機能は量産を担う生産機能とは明確に異なる[23]。さらには，このような事業部機能が，マザー工場の機能面における立脚基盤であると善本〔2011〕は言及している。本書で行う分析もこの事業部機能という考え方に依拠する。ただし，調整メカニズムは，生産拠点のみならず，その他の部門が参加して初めて機能するものである。本書の分析を通じて，調整メカニズムの全体像と，その中でマザー工場の事業部機能が果たす役割を浮き彫りにできる。こうした調整メカニズムの基盤については，本書の第4章で論じる。

　こうして，国際生産分業の形成に伴う問題を解決しようとする調整メカニズムは，意思決定のタイミングで，できるだけ最新の市場と拠点の動向をつかみ，かつ長期構想を反映させながら，資源を配置・再配置していくことを目指すものであるといってよい。本書での解明作業を通じて，ホンダが有する強力な調整メカニズムが，こうした方向性で構築・洗練されていったものであることが具体的に明らかになる。

2　動態的なシステム形成過程としての国際生産分業理解

　国際生産分業の調整メカニズムの研究がそれほどなされてこなかった理由を改めて考えてみよう。大胆な推察かもしれないが，その理由は，先行研究が国際生産分業の形成を動態的かつシステム的な見方から捉えてこなかったことにあるのではないだろうか。このようにみなければ，国際生産分業の最適なあり方が長期的に実現されるものであることを把握することは難しい。それゆえ，調整メカニズムの構築がそれほど重要な問題として考えられてこなかったのではなかろうか。

　先述の通り，従来の研究では主としてネットワークという表現を用いて，

本国拠点と海外拠点の関係性が論じられてきた。しかしながら，誤解を恐れずに言えば，本国拠点と海外拠点間の関係を実証的・具体的なアプローチで分析した先行研究の多くは，多数の拠点を取り上げているものの，分析の仕方が1対1の積み重ねであり，特定の2者間の関係が，他の2者間の関係に影響を与えるといったシステム的な見方はなされていない。したがって，ネットワークと言いながら，特定の拠点間に閉じた関係性の集合を取り上げて全体と言っているに過ぎず，特定の関係性のあり方が他の関係性に影響を与えることを考慮できていない[24]。だから，国際生産分業全体を調整する必要性は出てこないし，また同時に，国際生産分業全体の構想を前提とした個別拠点の変化が問題とならなかったと考えられる。

　一方で，近年では，システム的な見方で拠点間の関係を分析した先駆的な研究が，国際的な機能配置の選択を取り扱った分野で蓄積されつつある。よく知られているように，多国籍企業が競争優位性を獲得するためには，立地優位性に基づき，個別拠点に活動を配分し調整する必要がある（Porter〔1986〕）。日本企業についても，国際的に生産機能を配置させて競争優位性の獲得を狙っていること（天野〔2005〕，大木〔2009〕），日本の大手製造企業が拠点を各国に分散配置させることで，業績を向上させたことも報告されている（中川〔2012〕）。加えて，ハードディスクドライブ業界の米国企業の動向に焦点を当てて，国際的な機能配置の変遷を詳細に描き，産業集積との関係性に言及した研究（McKendrick, Doner, and Haggard〔2000〕）も存在する。

　さらに，日本企業が国際的な機能配置を推し進める中で，拠点間の関係性に注目し検討を加えた研究として，大木〔2011〕〔2014〕が挙げられる。そこでは，海外拠点に比べて一時的に劣位に立たされた本国拠点が，拠点間競争の圧力から刺激を受けて優位性を再構築させ，それが企業全体にも良い影響を及ぼすというメカニズムが解明されている。同様に，大木/中川〔2010〕は多国籍企業内部における競争原理の導入の意味を検討し，これまで考えられてきた立地優位性に基づく合理的な資源配分に対して，拠点間で活動や目

的を重複させることのポジティブな効果を指摘している。本書の問題関心に即してみれば，これらの研究には大きく2つの意義があると考えられる。

　第1に，拠点間競争という考え方を導入することで，本国拠点と海外拠点，あるいは海外拠点と海外拠点といった特定の拠点間に閉じた関係性を超えて，国際生産分業をシステムとして捉え，その内部で生じる事象に迫ろうとしていることである。ただし，これらの研究は，研究課題の性質上，システムがいかに動態的につくられていくのかについては注目していない。大木〔2011〕〔2014〕や大木／中川〔2010〕が明示しているわけではないが，拠点間競争の結果として，効率的な国際生産分業のシステムがつくり上げられていくといったことも考えられる。しかし，そうであったとしても，大木〔2011〕〔2014〕や大木／中川〔2010〕は，国際生産分業のシステムを環境の変化に応じるように長期にわたって編成替えしていくプロセス自体を主たる論点にしているわけではない。

　第2に，拠点の優位性や役割が変わることを前提としていることである。大木〔2011〕も述べているように，ある拠点は，一時的に劣位に立たされるなど優劣が変わることがある。長期の視点でみれば，拠点が担う役割もまた一定ではないと考えられる。こうした海外拠点の戦略的な役割が権限，あるいは商圏の獲得如何によって変わりうることは，Birkinshaw〔1996〕やBirkinshaw and Hood〔1998〕などの研究ですでに論じられてきた[25]。しかしながら，このような変化を活用し，システムを形成していく点に真正面から取り組んだ研究はそれほど多くない。製品開発の国際化を説明する新しい枠組みとして多国籍企業の進化論を提示した椙山〔2007〕は，従来の理論の問題点のひとつに，直接投資を行った後に資源配置が変更されたり，役割が変わることについての議論が不十分であることを挙げている。このことは，先行研究が相対的に短い期間を対象として拠点間の関係を検討してきたことに原因があると考えられる[26]。この点において国際的な機能配置を論じた研究，とりわけ大木〔2011〕〔2014〕は，システム内部で生じた拠点のダイナミックな変化とそのメカニズムを明らかにしており，重要な意義を持つ。と

序章
本書の課題と構成

 はいえ，これらの研究も，システムの長期的な形成に着目していない。つまり，システムの変化を動態的に捉えていないために，国際生産分業の最適なあり方が長期的に実現されていくことに注目しているわけではない。したがって，拠点の優劣や役割が変わることを前提として，システムそれ自体の変化を動態的に把握しなければならない。

 このように，国際分業のシステムの形成および変化の解明については，先行研究が理念型・モデルとして論じていたものである。近年では，国際分業をシステム的な見方から具体的・実証的に明らかにしようとする先駆的な研究がいくつか蓄積されつつある。とはいえ，システムをつくり出していくという動態的な過程に注目し，実証的なアプローチをとる研究はそれほど多くはない[27]。従来の研究が着目しなかった大きな理由は，先行研究が相対的に短い期間を対象とし，主に本国拠点と海外拠点，または海外拠点と海外拠点という特定の拠点間に閉じた関係の変化やそこからもたらされた影響に焦点を当ててきたことにあると考えられる。本書では，長期にわたるプロセスを観察し，本国拠点と複数の海外拠点からなる国際生産分業のシステムをつくり出していくという視点から，その形成プロセスを明らかにする。

 これまで述べてきたことを整理しよう。先行研究に対して，本書が特に明らかにすることは以下の2点である。
1　拠点の優劣や役割が変わることを前提として，それら拠点からなる国際生産分業をシステムと捉える。さらには，国際生産分業のシステム形成を動態的に把握し，システム全体としての調和をつくり出すプロセスを浮き彫りにする。
2　国際生産分業のシステムの調整メカニズムを構成する要素や要素間の関係性を解明する。具体的には，市場の動向と拠点の成長を見据え，システム全体を最適にしていくための段階的な意思決定の仕組みと，それを支える基盤を明らかにする。

 以上のような問題意識のもと，本書では国際生産分業の動態的なシステム

形成,さらには調整メカニズムに検討を加えていく。それにより,多国籍企業の国際生産分業のシステム形成と調整メカニズムの理解をさらに精緻にできる。

III　本書の構成

　本書の構成は次の通りである。第1章と第2章では,1990年代央から現在にかけて,ホンダがつくり上げてきた国際生産分業の実態を詳細に取り上げ,動態的なシステム形成プロセスを具体的に明らかにする。第1章では,ホンダが国際生産分業の形成に着手し編成していく過程に注目する。そこでは,ホンダが世界各国に配置した拠点の中から,特定の生産拠点を国際生産分業に活用することになった要因に検討を加える。続く第2章では,ホンダが国際生産分業を再編成させていく過程に焦点を当てる。ホンダは,第1章で取り上げた期間以降,複数の生産拠点の活用を試みていく。この章では,そうした複数の生産拠点からなる国際生産分業のシステムをホンダが形成してきたこと,さらには,ホンダの国際生産分業の編成・再編成プロセスにおける特徴を明らかにする。同時に,このような国際生産分業のシステムは,ホンダの本社といった特定の機能が,必ずしも事前に長期的な姿を厳密に構想し,その構想通りにすべてを実施して形成したわけではないことを指摘する。

　そうであるとすれば,ホンダはいかなる調整メカニズムのもと,最適な国際生産分業のシステムをつくり続けてきたのだろうか。そこで,第3章と第4章では,国際生産分業の調整メカニズムを解明する。第3章では,段階的な意思決定を行うための仕組みを考察し,第4章では,その基盤を探っていく。これらの作業によって,国際生産分業の形成プロセスと全体像,さらには,それをつくり出すための調整メカニズムがより鮮明になるであろう。終章では,本書の総括と残された課題を述べ,結びとする。

〈補論：図序−1から図序−4の見方と留意点〉

　図序−1から図序−4における白丸は①当該拠点が立地する現地市場に向けて販売した二輪車を，他国に供給する形で輸出した拠点を示している。黒丸は②開発時点で，他国（単一国，複数国を問わない）への輸出を企図して生産した二輪車を輸出する拠点を示している。さらに，①の形態で他国に輸出する二輪車の供給は点線の矢印で示し，②のように他国への輸出を企図した二輪車の供給は実線の矢印で示している。ただし，②の拠点に移行しても，①の拠点としての輸出を同時並行で行っている拠点もある。例えば，2005年から2010年（**図序−3**）のタイ拠点はASEANに向けて，①と②両方の拠点として二輪車を輸出している。そうした場合，図が複雑になるために，①の拠点としての矢印は省略し，実線の矢印のみ掲載することにした。

　さらに，拠点の円の大きさは，当該拠点でつくることができる排気量の幅を示している。二輪車は排気量が高くなれば，部品点数が増加し，かつ部品の組み付け精度が高度になる。高度な二輪車を歩止まり高くつくれる能力（この能力の定義については後述する）を丸の大きさで示している。そのため，生産量の多少といった量的な生産の能力ではなく，質的な生産の能力を示していると言える。基本的には低排気量から中排気量・高排気量へと生産できる排気量の幅が広くなり，それとともに拠点の円の大きさが大きくなる。例外として米国拠点は超高排気量の二輪車のみを生産していた。加えて，1990年代後半から2015年の間に，二輪車生産を中止した米国拠点は円を点線にしている。なお，本書で用いる排気量の区分については，第1章で述べる。

　この図の見方について，以下の7点に注意がいる。第1に，この図は完成車のみの輸出を取り上げており，部品の供給は含めていない。第2に，この図は，確たる出所が確認できた輸出のみを示している。したがって，ある拠点と拠点の間に矢印を示していないからといって，全く輸出がないわけではない。この点と関連して，①と②の形態の輸出が判明しない場合は点線の矢印にした。図序−4を例に挙げると，この図では中国拠点とインド拠点がアフリカへ完成車を輸出しているが，それが①の二輪車なのか，②の二輪車な

のかは不明である。本田技研工業〔2011a〕によれば，少なくとも2011年の時点では，インド・中国拠点はアフリカに完成車を輸出しているものの，②の二輪車は輸出していない。そのため，ここでは点線の矢印で示している。とはいえ，インド拠点から②の二輪車をアフリカに輸出している可能性は高い。2016年の時点で，ホンダは南アフリカで②の二輪車であるCBR300Rを販売しているが，これを生産する拠点は限られている。当該二輪車の生産拠点として有力なのはタイ拠点だが，インド拠点も類似した二輪車（CBR250R）を生産している。ただ，この図の作成時点で，確たる情報が入手できなかったので，ここでは輸出している事実のみを踏まえ，点線の矢印とした。南アフリカの販売ラインナップの出所は，ホンダの南アフリカ現地法人・Honda Motor Southern Africa（Pty.）Ltd. webサイト（URL：http://www.honda.co.za/en/products/motorcycles/cbr/cbr-1000-rr-sp/#/model-overview/features/）（2016年1月29日閲覧）を参照した。同じく，図序-4の中国拠点から南米への輸出についても出荷されている二輪車が判明しなかったので，点線としている。中国からアフリカへの輸出は，レスポンスwebサイト（URL：http://response.jp/article/2014/11/17/237530.html）（2015年12月5日閲覧）を参照した。さらには，第3に，輸出先の地域は公表されている一方で，具体的な国名が判明しない場合は，出所にしたがって地域に矢印を示している。例えば，図序-3では中国拠点からナイジェリアへの輸出が確認できるが，2011年以降の図序-4では，アフリカへの輸出と記載されているものの，ナイジェリアやケニアなどの具体的な国名が判明しない。そのため，ここでは個別の国ではなく，アフリカに供給していることを示す矢印とした。ただし，中国拠点からナイジェリアへの輸出がなくなったことを示しているわけではないことに注意されたい。中国からアフリカへの輸出については，『日経産業新聞』2011年5月16日，レスポンスwebサイト（URL：http://response.jp/article/2014/11/17/237530.html）（2015年12月5日閲覧）も参照されたい。

第4に，1990年代後半から2015年にかけて，①の形態で幅広く輸出を行っ

ていない拠点および②の形態の拠点に移行しない拠点，さらには，①の形態で幅広く輸出していても，国際生産分業全体の変化にそれほど大きな影響を与えない拠点については，図が煩雑になるために省略した。具体的には，大洋州と中近東の国々および，アジアにおけるフィリピンやパキスタンといった国々である。この第4と先述の第3に関連して，特定の拠点から二輪車の出荷を受けていることが判明していても，1990年代後半から2015年の間に，①・②の拠点として際立った役割を果たしていない国・地域は省略した。例えば，1990年代後半に，中国拠点（当時は①の拠点）はペルーに二輪車を輸出する。しかし，ペルーはホンダの①・②の拠点として大きな役割を果たす拠点ではないため，こうした国々を記載すると，図がかなり複雑になってしまう。このような場合は，特定の国（例えば，ペルー）として記載するのではなく，地域（例えば，南米）に矢印を示している。加えて，中近東と大洋州は，そこに立地する拠点が図序-1から図序-4の期間において②の拠点として極めて大きな役割を果たすわけではないこと，どの拠点からいかなる二輪車が出荷されているのかという情報が詳しく判明しないこと，という理由で図から省略している。そうした出荷を加えたとしても，ホンダの国際生産分業の全体像の変化に対して大きな影響はない（図が複雑になるだけである）。なお，出所元によっては，ある拠点から世界数十ヵ国に出荷していると公表している場合もあるが，出荷先の国・地域が特定できないので，図に反映していない。

第5に，特に欧州でみられるような域内の出荷も省略した。加えて，実際には，ひとつの地域・国に複数の拠点をホンダが設立している場合があるが，これも省略した。例えば，2010年までの欧州（イタリア，スペイン），1990年代後半までの日本といった国・地域ではホンダは複数の二輪車生産拠点を設置していた。また，中国では現在でも複数の二輪車生産拠点を有している。第6に，この図では，2015年までに生産が開始されている二輪車だけを取り上げている。そのため，すでに輸出の計画が公表されているが，2015年時点でいまだ生産が始まってないと考えられる二輪車は省いている。例えば，イ

ンド拠点ではCB650Fの生産が計画されており、これが実現すれば、円の大きさは一段と大きくなる。しかし、2015年の時点では、インド拠点はこの二輪車の生産に着手していないので、図に反映していない。第7に、日本からの輸出については、メーカーごとに地域別の輸出台数が公表されていないので、本田技研工業広報部世界二輪車概況編集室〔各年版〕と財務省編〔各月版〕および財務省貿易統計webサイト（URL：http://www.customs.go.jp/toukei/info/index.htm）（2016年1月29日閲覧）より推察した。

注

1　アイアールシー〔1997a〕、291ページ、第Ⅴ-1図をベースに筆者が作成した。加えて、タイ拠点については『日経産業新聞』1994年4月27日によって、欧州拠点については本田技研工業への聞き取り調査によって補足した。

　なお、本書で「本田技研工業への聞き取り調査」と表記した際の本田技研工業には、本社、イタリア現地法人・Honda Italia Industriale S.P.A.、スペイン現地法人・Montesa Honda S.A.、ドイツ現地法人・Honda Deutschland Gmbh、欧州事業統括会社・Honda Motor Europe Ltd.、ベトナム現地法人・Honda Vietnam Co., Ltd.、フランス現地法人・Honda France S. A. S.、タイ現地法人・Thai Honda Manufacturing Co., Ltd.、熊本製作所が含まれる（欧州の現地法人の多くは組織改編によって、2013年よりHonda Motor Europe Ltd.の支店と位置付けられ、名称が変わっている。例えば、ドイツの現地法人は、「Honda Motor Europe Ltd. (Germany)」になっている。ここでは、旧名称で表記している）。各脚注で、聞き取り調査先の具体的な部署・拠点名を挙げることもできるが、実際には複数の拠点からの聞き取り調査の結果を複合的に用いている。そのため、本書では、聞き取り調査の出所を示す際には、部署・拠点名を省略し、本田技研工業という表記で統一する。また、聞き取り調査を実施した期間は、2004年から2017年である。上記した欧州現地法人の組織改編は、本田技研工業への聞き取り調査による。また、組織改編後のドイツ現地法人の正式名称については、本田技研工業webサイト（URL：http://world.honda.com/group/Germany/index.html）（2016年12月20日閲覧）から引用した。

2　米国拠点については、アイアールシー〔2003〕、タイ拠点とインド拠点については、アイアールシー〔2003〕、『二輪車新聞』2004年1月1日、本田技研工業webサイト（URL：http://www.honda.co.jp/news/2003/c030414.html）（2015年12月2日閲覧）、同webサイト（URL：http://www.honda.co.jp/news/2003/c030708.html）（2015年12月5日閲覧）、中国拠点については、アイアールシー〔2003〕、『二輪車新聞』2002年1月1日、2004年1月1日、2005年1月1日、『日経産業新聞』2003年7月

9日，本田技研工業webサイト（URL：http://www.honda.co.jp/news/2003/c030708.html）（2015年12月5日閲覧），同webサイト（URL：http://www.honda.co.jp/news/2004/c040624.html）（2015年12月5日閲覧），ブラジル拠点については，アイアールシー〔2003〕，本田技研工業webサイト（URL：http://www.honda.co.jp/news/2003/c030807.html）（2015年12月2日閲覧），欧州拠点については，本田技研工業webサイト（URL：http://www.honda.co.jp/news/2003/c031007.html）（2015年12月5日閲覧）を参照し，筆者が作成した。

3　米国拠点については，『日本経済新聞』2008年2月28日付け夕刊，『WEDGE』VoL.22 No.2, 2010年2月号，タイ拠点については，本田技研工業〔2009〕〔2010a〕〔2011b〕，アイアールシー〔2006〕〔2009a〕〔2009b〕，『日経産業新聞』2009年9月16日，2009年9月30日，2010年10月8日，『日本経済新聞』2010年10月28日付け朝刊，本田技研工業webサイト（URL：http://www.honda.co.jp/news/2009/c090914.html）（2016年1月2日閲覧），インド拠点については，アイアールシー〔2009a〕〔2009b〕，『日本経済新聞』2010年12月5日付け朝刊，本田技研工業webサイト（URL：http://www.honda.co.jp/news/2010/2101027.html）（2015年12月2日閲覧），中国拠点については，本田技研工業〔2011c〕，アイアールシー〔2006〕〔2009a〕〔2009b〕，『二輪車新聞』2007年1月1日，ベトナム拠点については，アイアールシー〔2006〕，欧州拠点については，アイアールシー〔2006〕，本田技研工業への聞き取り調査，ブラジル拠点については，アイアールシー〔2006〕〔2009b〕，ナジェリア拠点については，アイアールシー〔2009a〕〔2009b〕を参照し，筆者が作成した。

4　タイ拠点については，本田技研工業〔2011b〕，『二輪車新聞』2010年11月19日，2012年1月6日，2013年2月15日，2014年2月14日，2014年12月5日，『日経産業新聞』2013年3月6日，『日経Automotive』2013年7月号，本田技研工業webサイト（URL：http://www.honda.co.jp/news/2012/c121113.html）（2016年1月2日閲覧），同webサイト（URL：http://www.honda.co.jp/news/2013/2130522-grom.html）（2015年12月2日閲覧），同webサイト（URL：http://www.honda.co.jp/news/2014/2140411-pcx.html）（2015年12月2日閲覧），P.T. Astra Honda Motor webサイト（URL：http://www.astra-honda.com/produk/kategori/tipe-big-bike/）（2016年1月28日閲覧），インド拠点については，本田技研工業〔2011a〕，『日経産業新聞』2011年5月16日，本田技研工業への聞き取り調査，中国拠点については，本田技研工業〔2011a〕，『二輪車新聞』2011年7月22日，2012年4月13日，『日本経済新聞』2012年5月18日付け朝刊，レスポンスwebサイト（URL：http://response.jp/article/2014/11/17/237530.html）（2015年12月5日閲覧），本田技研工業への聞き取り調査，ベトナム拠点については，『二輪車新聞』2013年10月18日，2015年1月30日，『日本経済新聞』2014年1月18日付け朝刊，本田技研工業webサイト（URL：http://www.honda.co.jp/news/2013/2130830-shmode.html）（2015年12月2日閲覧），同webサイト（URL：http://www.honda.co.jp/news/2013/2130322.html）（2016年1月2日閲覧），本田技研工業への聞き取り調査，本国生産拠点については，

『二輪車新聞』2014年2月14日，2015年9月25日，『日本経済新聞』2012年2月18日付け朝刊，本田技研工業webサイト（URL：http://www.honda.co.jp/news/2015/c150911.html）（2015年12月5日閲覧），レスポンスwebサイト（URL：http://response.jp/article/2013/04/14/195944.html）（2015年11月25日閲覧），欧州拠点については，本田技研工業への聞き取り調査，ブラジル拠点とナイジェリア拠点については，アイアールシー〔2015〕を参照し，筆者が作成した。

5　本書では，本国拠点と本国生産拠点という表記を用いる。日本の生産拠点を述べる場合は本国生産拠点，本国生産拠点を含め，日本に立地する本社並びに諸部門（購買部門，販売部門など）を述べる場合は，本国拠点と呼ぶ。

6　藤本／天野／新宅〔2009〕，4ページより引用した。

7　このような海外展開に関するホンダの考え方は，同社の二輪車の世界生産累計が3億台に達した際のニュースリリースや同社の元副社長（1990年代前半）のインタビューなど，多くの場面で言及されている。ニュースリリースについては，本田技研工業webサイト（URL：http://www.honda.co.jp/news/2014/c141125a.html）（2015年10月24日閲覧）を，同社の元副社長のインタビューは日本経済新聞社webサイト（URL：http://www.nikkei.com/article/DGKKZO86582100Z00C15A5TY8000/）（2015年10月24日閲覧）及び『日本経済新聞』2015年5月10日付け朝刊，をそれぞれ参照した（また，元副社長が在任した年代については『日経産業新聞』2001年12月4日を参照した）。ここでの引用は，本田技研工業webサイト（URL：http://www.honda.co.jp/news/2014/c141125a.html）（2015年10月24日閲覧）が出所である。

8　太田原〔2009〕，大原〔2006〕を参照した。なお，大原〔2006〕は，このような輸入代替を基本とした海外展開を，ホンダのみならず，日本の二輪完成車企業の考え方として論じている。

9　『日経産業新聞』2006年5月29日付け12面，本田技研工業webサイト（URL：http://www.honda.co.jp/50years-history/challenge/1975cg125/page06.html）（2017年4月10日閲覧）から引用した。

10　大原〔2006〕，33ページより引用した。

11　ホンダが市場の成長に合わせて生産能力を拡大させている点に注目し，その重要性を指摘したのは，太田原〔2009〕である。

12　2013年開催のホンダ新春ビジネスミーティングにおける当時の同社・専務執行役員および二輪事業本部長のグローバル戦略についての発言が，この点を端的に示している。そこでは，2012年に掲げた「①グローバルリソースを活用し，価値あるものを期待以上の安さで提供②FUNのプレゼンスを強化③将来に向けてエントリーの拡大を図る」という日本市場における中・長期戦略の進捗を確認したうえで，「ホンダは今年以降も，この方向性をさらに盤石なものにしていく。世界中のホンダのインフラを活用して『コスト構造を変革』する。これは世界一の規模を持つホンダだからできることであり，他社には難しい課題である。これが，ホンダが世界シェ

序章
本書の課題と構成

ア No.1 を持ち続ける所以である。今後とも，このグローバルモデルのメリットである『価値あるものを期待以上の安さで』をお客様に提供していきたい。『世界中の人々をバイクで笑顔にする』この情熱を持って，我々は，今日もアジアで，インドで，そしてアフリカで事業を拡大している。もはやライバルは日系メーカーではなく，中国・インドメーカーであるが，我々はどこにおいても『良いものを，早く，安く』提供するため，戦い続けている」と，当時のホンダの専務執行役員および二輪事業本部長が述べている。括弧内はすべて『二輪車新聞』2013年1月25日付け1面から引用した。なお，引用文中のFUNについては第1章で述べる。

13 『二輪車新聞』2015年2月6日を参照した。

14 具体的には，ヤマハはインドネシア拠点でグローバルモデルであるYZF-R3およびYZF-R25を生産し，日本やアジア，欧米市場に供給するようになった。出所は『日経産業新聞』2014年5月21日，『日本経済新聞』2014年10月22日付け地方経済面（静岡）である。インドネシア拠点より前にも，ヤマハは中国拠点や台湾拠点で生産した二輪車を他国で販売していた。しかし，中国・台湾拠点は，グローバルモデルの生産・輸出拠点として明確に位置付けられていたわけではない，と考えられる。例えば，同社の社長は，2012年12月21日の本社記者会見で，中国・台湾拠点からの供給を，「求められたら売る，という消極的なグローバルモデルだった」と述べ，グローバルモデルを積極的に展開していくために「企画段階から売れる市場を考えて世界中にばらまく」開発体制を推進していくとしている。出所は『日経産業新聞』2012年12月25日付け11面であり，括弧内は同記事からの引用である。

15 2016年における世界全体の二輪車販売台数は5,177万台である。このうち，連結子会社と持分法適用会社を含めた2016年度のホンダグループの販売台数は，約1,766万台（第93期事業年度である2016年4月1日から2017年3月31日の期間の数値）である。世界全体の販売台数については，『日経産業新聞』2017年2月21日を，ホンダグループの販売台数は本田技研工業〔2017〕をそれぞれ参照した。なお，『日経ビジネス』2012年3月19日号によれば，ホンダの世界シェアは29％である。その他の日本の二輪車企業をみると，ヤマハが12％，スズキが4％，川崎重工業が1％である。二輪車は，日本企業4社で合計46％の世界シェアを有する産業である（数値はすべて，日経ビジネスが各種資料とヒアリングをもとにした推定値である）。

16 本国拠点の優位性を利用することが多国籍企業の強みであるという点については，Hymer〔1976〕を参照されたい。また，日本企業を対象に，海外拠点が本国拠点の優位性を生かして事業を展開していることを明らかにした研究としては，山口〔2006〕，折橋〔2008〕，大木〔2009〕，椙山〔2009〕，佐藤／大原編〔2006〕などが挙げられる。ただし，これらの研究では，必ずしも本国拠点から海外拠点への優位性の移転だけが取り上げられたわけではなく，本国拠点の優位性を基盤とした海外拠点自身の行動にも焦点を当てている研究があることに注意されたい。加えて，本国拠点から海外拠点への優位性の移転が容易ではないことについて，安保／板垣／上山／河村／公文〔1991〕は日本的な生産システムに焦点を当てて，有益な議論を展

開している。参照されたい。なお，日本的生産システムが持つ独自性や競争力を論じた研究としては，Womack, Jones, and Roos〔1990〕，鈴木〔1994〕が詳しい。
17 折橋〔2008〕は，既存研究の蓄積が十分ではないとして，多国籍企業が有する海外生産拠点の組織能力の構築・向上に注目した。なお，折橋〔2008〕が用いた組織能力とは，藤本〔2003〕が提示した3階層からなるもの造りの組織能力である。
18 この点を指摘したのは，海外拠点のイニシアチブによる戦略的な役割の変化に注目したBirkinshaw〔1997〕である。ここでいうイニシアチブとは，「企業を自社の経営資源を使用し充実させる新たな方法へと導く意図的・積極的な動き」（折橋〔2008〕，24ページより引用），あるいは「企業が自社の経営資源を使用し拡充する新たな方法へと導く意図的，積極的な企て」（浅川〔2003〕，111ページより引用）である。
19 多国籍企業においてコントロールの問題の重要性を指摘した研究としては，さしあたりFayerweather〔1969〕〔1978〕，Baliga and Jaeger〔1984〕を参照されたい。
20 事例研究が持つ強みについては，井上〔2014〕が参考になる。
21 椙山〔2007〕，196ページから引用した。
22 善本〔2011〕，2ページから引用した。
23 本書では，本国生産拠点が二輪車を量産する役割を，生産機能と呼ぶ。善本〔2011〕は，この生産機能を「量産機能（生産拠点）」（善本〔2011〕，6ページより引用），あるいは「工場機能（量産機能）」（善本〔2011〕，7ページより引用）と呼んでいる。善本〔2011〕は量産機能・工場機能を特に明確に定義しているわけではないが，本書が表現するところの生産機能とほぼ同一の意味であると考えられる。本書では，表記を統一するために，単に生産機能と呼ぶことにした。
24 Birkinshaw〔1997〕は，多くの研究が本社と海外子会社の関係に注目していると述べている。そこで，海外拠点のイニシアチブを考えるためには，子会社間の関係を含める必要があるとしている。しかしながら，そうしたBirkinshawらを中心とした研究もまた，1対1の関係を捉えていることが指摘されている。この点については，浅川〔2003〕を参照されたい。
25 なお，Birkinshaw and Hood〔1998〕についての解説や評論については，大木〔2008〕がかなり参考になる。
26 日本企業について言えば，上述の藤本／天野／新宅〔2009〕の指摘にあるように，海外立地の方針のシフトが比較的最近のことであり，長期的な分析ができなかったという事情があるのかもしれない。
27 一方で，国際生産分業とは分野を異にするものの，生産システムの分野では，こうしたシステムの動態的な変化に注目した研究が例外的に存在する。それは，個別企業の生産システムの形成プロセスを詳細に検討し，システム変化の枠組みと，そこで構築された組織能力を考察した藤本〔1997〕である。のちに第2章で詳しく取り上げるが，藤本〔1997〕が提示した，システムが生まれ，変化していくプロセスを捉えるための枠組みは，本書と深く関係しており，示唆に富んでいる。

第1章

国際生産分業の形成

I　本章の課題

　本章と第2章の目的は，ホンダの国際生産分業の長期的な形成プロセスを具体的に明らかにすることである。本章では，まず，1990年代央から2005年頃に至るまでの国際生産分業の形成プロセスを概観する。

　ホンダにおける国際生産分業の形成は，その予備的な段階までを含めると1990年代央にさかのぼる。ホンダの国際生産分業は，日本と欧州，アジアの市場環境の変化と海外生産拠点の発展を要因として，各拠点がそれぞれ他国に向けた二輪車を生産することによって徐々に形成されてきた。したがって，ホンダの国際生産分業の形成プロセスは，企業内における国際的な水平的生産分業を拡大する過程であるといってよい[1]。このようなホンダの国際生産分業の形成プロセスは，水平的生産分業にどのくらいの海外生産拠点が加わるのか，海外生産拠点をいかに活用するのかによって，大きく3つのフェーズに分けられる。

　フェーズⅠは，ホンダが海外生産拠点間での二輪車供給を試み，国際生産分業の形成に向けた動きが活発化する期間である。この時期，ホンダは各拠点が生産する二輪車の中から当該市場に適合する二輪車を相互に供給する段階にあった。このような期間を経て，ホンダが国際生産分業の形成に着手し，それを編成する段階であるフェーズⅡへと進む。フェーズⅡは，ホンダが国際生産分業を築く構想を打ち出す期間である。この構想にしたがって，ホンダは開発当初から供給先を明確に設定した二輪車を生産する拠点を生み出し，国際生産分業の形成を本格的に始めていく。そうした拠点をホンダが複数設定し，各拠点の役割を明確化させることで，国際生産分業を再編成していく期間がフェーズⅢである。本章では，フェーズⅠからフェーズⅡ半ばまでの期間，したがって国際生産分業の形成に着手するまでのプロセスを確認していこう。なお，フェーズⅡ半ば以降，フェーズⅢは第2章で触れる。

第1章 国際生産分業の形成

II フェーズI：国際生産分業形成に向けた動き

　よく知られているように，ホンダの二輪事業は古くから海外進出を遂げ，現地での生産体制を築いてきた。主な生産拠点だけを取り上げても，ホンダは，1960年代にはジャマイカ，ニカラグア，タイ，韓国，パキスタン，台湾，バングラデシュ，マレーシア，1970年代にはモザンピーク，グアテマラ，ブラジル，ペルー，エクアドル，シリア，インド，フィリピン，アルゼンチン，1980年代には中国，メキシコ，1990年代にはベトナムに進出している[2]。

　これら各国生産拠点が生産する二輪車は，基本的に現地市場に投入する機種であった[3]。二輪車需要は国ごとに差異があるために，海外生産拠点が主として生産する二輪車の排気量は異なる。表1-1が示しているように，大別すれば，ホンダのアジア拠点，欧州拠点，米国拠点，本国生産拠点が生産する二輪車は，その排気量と用途がそれぞれ異なっている[4]。いずれにしても，本国を除いた各国生産拠点の主な生産品目は，現地で販売する機種の中でも大きな需要が見込める，したがって大ロット生産が想定できる機種（最量販機種と呼ぶ）である[5]。一例を挙げれば，ホンダのイタリア生産拠点が典型的である。ホンダのイタリア生産拠点は，1994年に高排気量の二輪車を同拠

表1-1　2000年以前における本田技研工業の各国生産拠点・生産品目の概要

拠点	排気量	二輪車の用途	主な生産機種
アジア拠点	超低・低	Commuter	最量販機種
欧州拠点	超低・低 中・高	Commuter・Fun	最量販機種
米国拠点	超高	Fun	最量販機種
本国生産拠点	超低・低 中・高・超高	Commuter・Fun	全機種 (日本市場への最量販機種を含む。ただし，各国生産拠点で生産する最量販機種を除く)

出所：本田技研工業広報部世界二輪車概況編集室〔各年版〕，アイアールシー〔1997b〕と，本田技研工業への聞き取り調査によって，筆者が作成した。

点で初めて生産することになった。そこで、ホンダが選んだ機種は、当時、欧州で最も販売量の多かった二輪車・NX650ドミネーターであった[6]。さらに、海外生産拠点、とりわけアジアの生産拠点は、1つの生産ラインに最量販機種を割り当て、1シフトの間、継続的に同じ機種を流す傾向にある。厳密には、機種自体は同じでも、バリエーション（カラーやオプション部品の装着など）の異なる機種が混在することが多い。とはいえ、ある生産ラインで1シフトの間に機種自体を切り替えることは少ない傾向にある。例えば、ホンダが1996年に設立したベトナム生産拠点が、1つの生産ラインで異なる機種を混流させ始めたのは、2015年（フェーズⅢ）になってからのことである[7]。

一方で、最量販機種以外の機種は、本国生産拠点が生産し、日本から現地に輸出することで、現地で展開する製品ラインナップを補完していた。本国生産拠点がこれらの機種を生産した理由は、製品ラインナップとしては必要であるものの、売れ筋ではないために生産ロット（以下、ロットと記述する。特に断りのない限り、本書で用いるロットはすべて生産ロットのことである）が小さいこと、組み付け精度や加工精度が高く、現地の設備や人材では生産が難しいこと、多機種・大量生産になるために現地生産拠点の生産効率を阻害することにある[8]。

このように、従来のホンダの国際生産分業は、現地生産拠点の生産品目を特定機種の生産に絞り、それ以外の機種を本国生産拠点から輸出するものであった。その後、現地市場の拡大とともに、海外生産拠点が大きく発展を遂げる。図1-1をみると一目瞭然だが、1990年代から各国市場、とりわけアジアの二輪車需要が急速に増加する。このような現地市場の伸びに合わせて、ホンダは各国生産拠点を順調に拡張させてきた。ホンダの主要な生産拠点の生産能力・実績の推移を示した図1-2から、このことがわかる。アジア拠点の発展を背景として、ホンダは海外生産拠点から日本に、さらには海外市場に機種を輸出することを企図した。従来、現地生産拠点と本国生産拠点だけの関係であったホンダの国際生産分業が、アジア拠点の成長を起点として

第1章
国際生産分業の形成

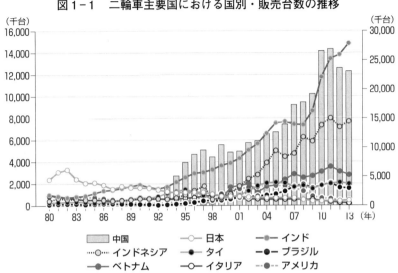

図1-1 二輪車主要国における国別・販売台数の推移

注：右軸が中国、左軸が中国以外の国の指標である[9]。
出所：一部の国を除き、2009年までの販売台数は本田技研工業広報部世界二輪車概況編集室〔各年版〕を、2010年以降は日本自動車工業会〔各年版〕をそれぞれ参照し、筆者が作成した。なお、2009年のブラジルと2010年以降のベトナムの販売台数については、出所が異なる。2009年のブラジルの数値は本田技研工業広報部世界二輪車概況編集室〔各年版〕から判明しないので、この年のみ日本自動車工業会〔2012〕を参照した。加えて、日本自動車工業会〔各年版〕は2010年以降のベトナムの販売台数を掲載していないため、アイアールシー〔2014〕の数値を参照した。

大きく変わっていくのである。海外生産拠点の中でも、アジア域内の輸出拠点に位置付けられたのが、同社のタイ拠点である。

　タイはホンダが長期的な育成を試みた拠点である。ホンダのタイ進出は1964年にASIAN HONDA MOTORを設立することから始まる。1965年にはThai Honda Manufacturing Co., Ltd.（以下、タイホンダおよびタイ拠点と記述）を設立し、1967年にタイにおける二輪車の現地生産をホンダは始める[10]。以後、その時々の市場環境の変化に応じるとともに、約50年にわたり現地調達率の向上や新機種の立ち上げにタイ拠点は取り組んできた[11]。そこでのホンダの狙いは、第2の熊本製作所（本国生産拠点のことである。以下、熊製と記述）をタイにつくることにあった[12]。ただし、そうした意図はあったものの、ホンダは他の拠点に比べてタイ拠点の育成を最優先したわけではない。

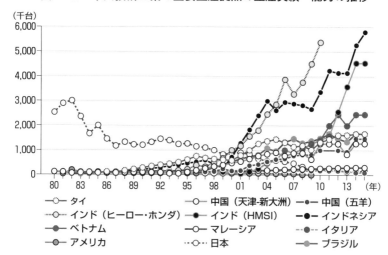

図1-2 本田技研工業の主要生産拠点の生産実績・能力の推移

出所：横井〔2010〕に記載した13。なお，横井〔2010〕で示した出所に加えて，アイアールシー〔1997b〕〔2003〕〔2006〕〔2009b〕〔2011〕〔2013〕〔2014〕〔2015〕，工業調査研究所〔2011a〕〔2011b〕〔2011c〕〔2011d〕，『二輪車新聞』2001年1月1日，2015年1月23日，『日経ものづくり』2015年2月号，本田技研工業webサイト（URL：http://www.honda.co.jp/news/2001/c010802.html）（2016年1月4日閲覧），同webサイト（URL：http://www.honda.co.jp/news/2010/c101216.html）（2016年1月2日閲覧），同webサイト（URL：http://www.honda.co.jp/news/2011/c110725a.html）（2016年1月2日閲覧），同webサイト（URL：http://www.honda.co.jp/news/2015/c150327a.html）（2016年1月2日閲覧）を参照し，図をアップデートしている。

　以下で確認することになるが，ホンダが割り当てた役割をタイ拠点は順調に達成していく。このタイ拠点サイドの努力がなければ，ホンダの計画は変更を余儀なくされていたと考えられる。

　1990年代になると，ホンダはタイ拠点がつくる二輪車NOVAを「ASEANオートバイ[14]」として定め，タイからマレーシア，インドネシアに部品を輸出する方針を表明した。その後，1990年代半ばには部品輸出を超えて，アジア域内における二輪完成車の相互供給体制をつくることにホンダは着手する[15]。そこでも，本国生産拠点に次いで輸出を担う海外生産拠点としてホンダはタイ拠点を選ぶ。タイ拠点は，それまで完成車を輸出していた中国とマレーシアに加えて，1994年に日本にも輸出を始めた。タイから日本へ出荷したスーパーカブ100は，タイで販売する二輪車を仕様変更した機種であっ

た[16]。このようなホンダの海外拠点間における二輪車の相互補完は初めてであると，当時の新聞は報じている[17]。しかしながら，実は，ホンダは1988年に2,000台限定のテストケースとして，タイから日本に二輪車・CUB100EXを輸出していた[18]。CUB100EXは，のちに日本に出荷することになるスーパーカブ100と同種の二輪車である。この二輪車もまた，タイで販売するドリーム100を仕様変更した機種であった。このように，1990年に表明された生産補完体制の構築に備えて，ホンダは周到にタイ拠点の輸出可能性を実験していたのである。このことからも，ホンダにとってタイ拠点が重要であったことがわかる。のちに確認するように，このタイ拠点がやがてホンダの国際生産分業の中核を成すことになる。

こうして，ホンダの海外拠点間における部品・完成車供給がスタートしたのだが，この時点では，現地向けに開発した二輪車を他国にも供給するという形態であった。タイ拠点が日本に出荷したCUB100EXとスーパーカブ100も，基本的には立地国市場に投入するためにホンダが開発した機種を日本向けに仕様変更したものであった。ただし，現地向けに開発した機種を後付けで他国に出荷したわけではないことに注意が必要である。のちに詳述するように，二輪車は開発に着手した時点で，出荷先を決めておかねばならない。国によって異なる騒音規制や排出ガス規制（エミッション規制）に対応するためには，それらを事前に当該二輪車の製品要件に含めることが求められる。ここでいう製品要件とは，二輪車開発に際してホンダが定める当該機種のターゲット（顧客）や製品コンセプトの概要，品質，量産開始および上市するタイミング，販売地域，年間生産台数，販売価格，コスト，利益のことである（詳しくは第3章で述べる）。このように，すでに開発した二輪車を事後的に他国に供給することは難しいのである。そのため，当時のホンダは次のような手順にしたがって，輸出用の二輪車を開発した。

ホンダは，①ある国で投入する機種を企画し，②各地域に立地する販売拠点の統括拠点（地域統括本部）に対して，いずれの国で当該機種が必要となるかの取りまとめを打診し，③各国販売拠点が当該機種を自国で必要とする

のか,さらにはデザインやカラー等の仕様変更が必要となるかを判断し,地域統括本部に伝え,④地域統括本部を通じて本国に伝わった機種構成の全体や要望を製品要件に取り入れる,という4つの手順を経て当該二輪車の開発・生産を進めていた。もしくは,すでに開発が完了し,特定の国で量産および販売が始まっている機種を,他国の法規制に適合するように再度開発あるいはテストを行い,生産・輸出するという方法もホンダは用いていた[19]。製品要件の時点で出荷先が決まっているかどうかに違いはあるものの,あくまでも①特定国の需要に向けた機種開発がベースにあることに変わりはない。したがって,そもそも①で想定された国の需要と,輸出国の需要が似ていることを前提としていた。当時は,海外生産拠点からの輸出を開始したといっても,現地販売を主軸とした二輪車開発・生産の域を出ることはなかったのである。第3章で確認するグローバルモデルでは,この点をホンダが大きく変更することになる。

　図1-3は,1990年代後半におけるホンダの国際生産分業を示している。本書では,のちの説明を簡便にするために,他国への二輪車輸出を行わず,主に現地市場に出荷する二輪車を生産する拠点を現地生産・販売拠点,他国からの要請を受けて自国向けに開発・生産した二輪車を輸出する拠点を適地供給拠点,自国のみならず,他国(複数国の場合もある)への輸出を企図して開発した二輪車を生産する拠点をグローバル供給拠点と呼ぶことにする。これら3つの拠点のうち,図1-3では適地供給拠点とグローバル供給拠点だけを取り上げている。図が複雑になるために,現地生産・販売拠点は捨象している。図から明らかなように,海外拠点間の二輪車供給が進んでいるが,ほとんどの拠点は立地国市場向けに開発・生産した二輪車の輸出拠点,したがって適地供給拠点に過ぎない(適地供給拠点からの二輪車供給は図の点線を参照)。開発時点で,他国への輸出を企図した二輪車を輸出する拠点であるグローバル供給拠点は本国生産拠点だけであった(グローバル供給拠点からの二輪車供給は図の実線を参照)。

　一方で,このような各国生産拠点の発展や拠点間供給の広がりは,グロー

第1章
国際生産分業の形成

図1-3　本田技研工業の国際生産分業の変遷　1990年代後半

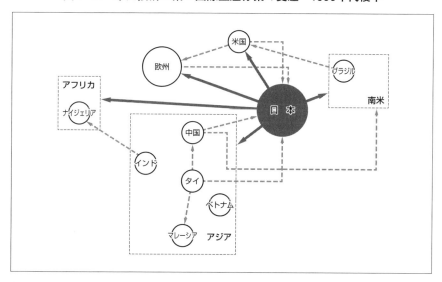

注：図序-1と同じである。
出所：図序-1を再掲した。

バル供給拠点である本国生産拠点にも影響を及ぼした。それまで，本国生産拠点の生産量に対して一定の割合を占めていた完成車の輸出が大きく減ることになったからである。企業ごとの排気量別輸出台数データは，2009年までしか入手できないため，ここでは日本の排気量別輸出台数をみよう。次に示す日本の排気量別輸出台数と，ホンダの排気量別輸出台数は，1980年代から2009年までの期間において同様の傾向にあることを確認している[20]。図1-4からわかるように，排気量50cc以下と，排気量51cc以上・排気量250cc以下の二輪車の輸出台数がかなり減ってしまった。アジアの多くの国における二輪車販売の中心は，排気量100ccから150ccである。そのため，排気量51cc以上・排気量250cc以下の輸出量の低下は，アジアの現地生産拠点の発展を反映していると考えられる。

完成車輸出の減少を受けて，ホンダはフェーズⅠの期間に本国生産拠点に対して2つの施策を講じた。ひとつは，本国生産拠点の生産の主軸を完成車

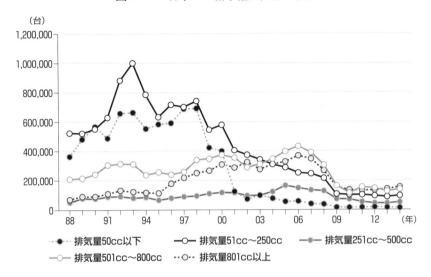

図1-4　日本の二輪車輸出数量の推移

出所：財務省貿易統計（URL：http://www.customs.go.jp/toukei/info/）（2015年12月24日閲覧）より筆者が作成した。

から部品の輸出に切り替えることである。つまり，ホンダはノックダウン（KD）部品の輸出を本国生産拠点の役割としたのである[21]。もうひとつは，今後ますます活発になる拠点間供給の調整を担う拠点へと本国生産拠点を発展させることである。ホンダは各拠点で生産する機種や生産量，生産に必要となる設備（金型や治具を含む）等の情報を，本国生産拠点に集めることにした。その狙いは，重複した機種を生産している拠点を把握することや，拠点間で必要となる設備を相互に移送したりできるような体制を築くことにあった。加えて，本国生産拠点は生産面での技術とともに管理能力を持ち，海外拠点を管轄できる人材を育成することに力を注ぎ始めていく[22]。この時点から，ホンダは将来的に海外生産拠点同士の二輪車供給が現在よりも多くなることを見越して，全世界の拠点を調整するための下地を本国生産拠点につくり始めたのである。

　以上のように，フェーズⅠでは現地市場向けに開発した二輪車ではあるも

のの，海外拠点間の二輪車供給が活発化した。当時，ホンダはタイに加えて，将来的にはインドネシア，インド，マレーシア，中国を輸出拠点として発展させることを構想していた[23]。次にみるように，その中でもホンダが中国拠点を適地供給拠点からグローバル供給拠点へと発展させたことから，国際生産分業の形成が始まる[24]。

Ⅲ　フェーズⅡ：国際生産分業の形成着手

　世界各国の拠点を活用するという国際生産分業の構想をホンダが明確に打ち出したのは，2000年頃のことである。当時，この構想をホンダは「Made by Global Honda[25]」と名づけていた。Made by Global Honda構想の一環として，ホンダは2002年に中国拠点をグローバル供給拠点として活用していく。ホンダが中国拠点に与えた役割は，日本向けの超低排気量・廉価機種の生産であった。そこでは，長期的な育成を図ってきたタイホンダではなく，中国拠点をホンダは選択した。タイホンダは，1995年にはすでに本国生産拠点の生産量を抜き，ホンダが有する生産拠点の中で世界最大の拠点となっていた[26]。しかも，1988年のテスト販売を含めて，タイ拠点はすでに日本向けの二輪車輸出を始めていた。それにもかかわらず，ホンダは日本向けの輸出拠点として中国拠点を選んだのである。以下では，ホンダが中国拠点を選択することになった要因を検討するが，その前に海外生産拠点製の機種を日本市場に投入しなければならなくなった背景を確認することから始めよう。

1　日本市場の成熟化と縮小および中古二輪車市場の拡大

　中国拠点が生産することになった二輪車は，ホンダが二輪車を初めて購入するユーザーを獲得するために開発した機種であった[27]。本書では，塩地編〔2011〕にしたがって，このようなユーザーをエントリーユーザーと表現する。加えて，エントリーユーザーの獲得を狙って開発・生産された機種をエ

ントリーモデルと呼ぶことにする。後述するように，中国拠点の活用以後，ホンダが国際生産分業の形成を進めるにつれて，海外生産拠点から日本市場への輸出機種が増えていくが，そうした機種のほとんどはエントリーモデルである。つまり，日本市場だけでみれば，国際生産分業の貢献は，エントリーモデル投入とそれに伴う製品ラインナップの拡充にあったといってよい。多種多様なエントリーモデルが必要になるほど，ホンダを含めた日本の二輪車企業3社（ヤマハ，スズキ）にとって，日本市場は深刻な状況が続いてきた。

　日本の二輪車販売台数は1982年以降，年を追うごとに少なくなっている（図1-5を参照）。1982年のピークから減少した販売台数は約87%にも達する。このような急激な二輪車市場の縮小を迎えた国は，日本市場の他にない。ただし，日本市場のピークであった1982年の販売台数は，その数年前から繰り広げられたホンダとヤマハの販売競争（HY戦争）による影響がかなり大

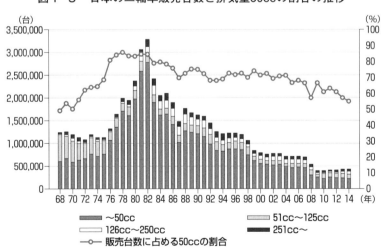

図1-5　日本の二輪車販売台数と排気量50ccの割合の推移

注：左軸が二輪車販売台数，右軸が排気量50ccの割合の指標である。
出所：1968年から2001年までの数値は本田技研工業広報部世界二輪車概況編集室〔各年版〕，2002年から2014年までの数値は一般社団法人日本自動車工業会の統計データベース（Active Matrix Database System）（URL：http://jamaserv.jama.or.jp/newdb/index.html）（2015年4月11日閲覧）より算出し筆者が作成した28。

く反映された数値である．とりわけ，排気量125cc以下の二輪車は実際の販売（登録）台数がつかめないために，工場出荷台数を販売台数として代用している．そのために，ここで販売台数として表した数量が，実際にユーザーに販売されたかどうかは定かではない[29]．HY戦争の後には膨大な在庫が発生するため，正味の販売台数は，この数値よりも少ないと考えられる[30]．その意味では1982年と現在を比べてはいけないのかもしれない．しかしながら，HY戦争以前の期間である1960年代後半や1970年代前半と比較しても，2000年以降の販売数量はかなり小さくなってしまっている．このような日本市場の縮小は，新規顧客の減少と代替サイクルの長期化に起因する．

　日本の販売量のうち多くの割合を占めるのは，排気量50cc以下の二輪車である．年によって若干の変動はあるものの，排気量50cc以下の二輪車販売量が全体の約半数を占めていることが，図1-5から確認できる．日本市場の縮小の原因のひとつは，この排気量50cc以下の二輪車の新規需要の低下にある．これには，HY戦争の反動による二輪車の利用環境の変化が大きな影響を及ぼした．例えば，高校生が二輪車を買わない，乗らない，免許を取らないという三ない運動や，1980年代半ばから排気量50cc以下に実施されたヘルメット着用義務などである[31]．

　一方，二輪車ユーザーの買い替えまでの期間が長くなっていることも，販売台数の低減を招いた要因のひとつである．日本市場の成熟とともに，二輪車需要は新規購入から買い替えへと移り変わっていく．日本自動車工業会〔隔年版〕が隔年で実施しているアンケート調査も，このことを端的に示している．この調査は新規購入者のすべてをカバーしているわけではないが，おおよその傾向はつかむことができる．日本市場における二輪車需要形態を表した図1-6から，買い替え（代替）の比率が高くなってきていることが確認できる．しかも，年を経るごとにユーザーの買い替え年数（期間）がかなり長期化していく（図1-6を参照）．

　買い替え年数の長期化は排気量50cc以下の二輪車販売にとりわけ大きな影響を及ぼした．二輪車は，排気量が高くなればなるほど，ユーザーが短い

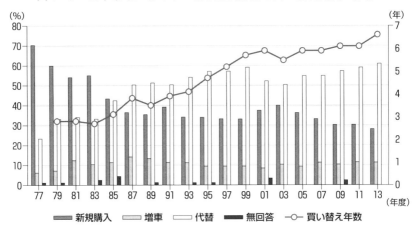

図1-6　日本市場における二輪車需要形態と買い替え期間の推移

注：左軸が需要形態，右軸が買い替え年数の指標である。
出所：日本自動車工業会〔隔年版〕より筆者が作成した[32]。

間隔で乗り替える傾向がある。それに対して，排気量50cc以下の二輪車の買い替え期間は，すべての二輪車の中で最も長い[33]。しかも，排気量50cc以下の二輪車ユーザーは，代替の際に高排気量に移行することがほとんどない[34]。したがって，二輪車企業からすれば，現在の排気量50cc以下の代替需要を獲得するだけでは，販売量の低下を抑えることが難しいのである。

ただし，こうした販売台数の低下は新車販売に限られた現象である。日本二輪車市場の成熟とともに発展した中古車市場は，この間，一定の需要規模を保っている。中古二輪車市場の統計は十分に整備されていないが，現時点で入手できる資料をもとに，その推移を確認しよう。図1-7では，日本の中古二輪車市場の動向と併せて，日本二輪車オークション協会（Japan Auction Bike Association：JABA）や二輪車新聞社がまとめた年間のオークション出品台数の推移を示している[35]。近年，微減しつつあるが，中古車市場は約60万台の規模を維持していることがわかる。同時に，オークションの出品台数は増加傾向にあることが図1-7から確認できる。新車販売台数の減少は，すでにみた二輪車の利用環境の変化だけではなく，このような中

第 1 章

国際生産分業の形成

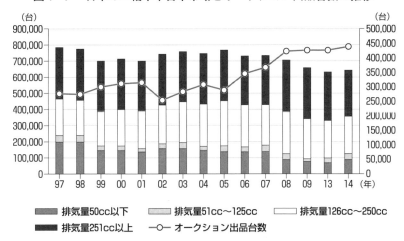

図 1-7　日本の二輪車中古車市場とオークション出品台数の推移

■ 排気量50cc以下　■ 排気量51cc〜125cc　□ 排気量126cc〜250cc
■ 排気量251cc以上　—○— オークション出品台数

注：左軸が中古車市場，右軸が出品台数の指標である。全ての数値が判明する年のみを図に掲載している[36]。
出所：『二輪車新聞』1998年1月1日，1999年1月1日，2000年1月1日，2001年1月1日，2002年1月1日，2003年1月1日，2004年1月1日，2005年1月1日，2006年1月1日，2007年1月1日，2008年1月1日，2009年1月1日，2010年1月1日，2011年1月1日，2012年1月1日，2013年1月1日，2014年1月1日，2015年1月1日，2016年1月1日から筆者が作成した。

古車市場の発展からも影響を受けてきたのである。

　二輪車の購入希望者が中古車を選択する理由のひとつは，新車の価格が高いことにある。**図1-8**は1980年から2009年の，**図1-9**は1994年から2014年の日本における二輪車1台あたりの出荷高（金額）の推移を表している。1980年から2014年にかけて統一したGDPデフレーターが入手できなかったため，ここでは2つの図を取り上げた。2つの図から確認できるように，日本の二輪車価格は1980年代から上昇傾向にある。2000年頃の時点で，状態の良い排気量50cc以下の中古車が約9万円であったのに対して，新車は約15万円になってしまっていたという[37]。このような背景から，ホンダを含めた二輪車企業各社は，新規顧客の獲得を狙いに排気量50cc以下（超低排気量）の廉価機種の投入に取り組むことになったのである。

図1-8 日本における二輪車1台あたりの出荷高（金額）の推移：1980年から2009年

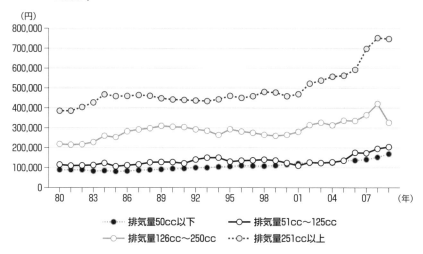

注：2000年基準のGDPデフレーターで修正した金額である。GDPデフレーターは，内閣府国民経済計算webサイト（URL：http://www.cao.go.jp）（2016年3月2日閲覧）より入手した。
出所：通商産業大臣官房調査統計部編〔各年版〕より筆者が作成した。

図1-9 日本における二輪車1台あたりの出荷高（金額）の推移：1994年から2014年

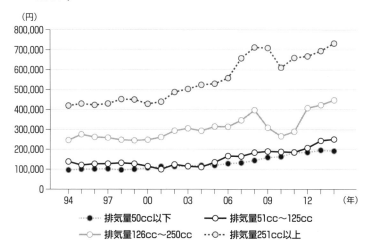

注：2005年基準のGDPデフレーターで修正した金額である。GDPデフレーターは，内閣府国民経済計算webサイト（URL：http://www.cao.go.jp）（2016年3月2日閲覧）より入手した。
出所：通商産業大臣官房調査統計部編〔各年版〕より筆者が作成した。

第1章 国際生産分業の形成

2　中国拠点における超低排気量廉価機種・Todayの生産

　超低排気量の廉価機種は，ホンダの国内二輪営業部（当時）の発案から検討が開始された。国内二輪営業部は，中古車を購入するユーザーを獲得するために，販売価格が10万円を切る排気量50cc以下の二輪車をつくることを狙った[38]。当初，ホンダは本国生産拠点である熊製で，超低排気量の廉価機種を生産することを検討したが，想定したコストの実現が難しかった。それゆえ，海外生産拠点の活用を模索することになった。当時，先進国に向けた品質の二輪車を生産できる海外生産拠点はタイ拠点の他になかった[39]。しかも，フェーズⅠでみたように，タイ拠点には日本への輸出実績があった。ところが，超低排気量の廉価機種生産拠点として，ホンダは確たる実績のない中国拠点を選んだ。

　ホンダが中国拠点を選択した理由は大きく2つである。ひとつは，市場的要因である。タイ市場における二輪車の主流は排気量100ccから130ccであった[40]。一方で，この頃の中国には排気量50cc以下の二輪車市場が存在していた。さらに，ホンダが開発・生産しようとしていた二輪車はスクータータイプであった[41]。タイでは日本の二輪車企業によって2005年頃からスクータータイプの需要が創出・拡大されることになるが，当時，タイ市場の主流はモーターサイクルタイプであった。日本と市場の類似性が高いことから，中国拠点が超低排気量・廉価機種の生産拠点の候補として挙げられた。

　いまひとつの理由は，当時のホンダが中国市場で抱えた特殊な問題である。中国市場では，日本の二輪車企業，とりわけホンダのコピー二輪車が広く販売され，ホンダのシェアは伸び悩んでいた。そうした状況の中で，ホンダは海南新大洲摩托車股有限公司（以下，海南新大洲と記述）と既存の二輪車合弁会社である天津本田摩托有限公司（以下，天津ホンダと記述）を合弁し，新大洲本田摩托有限公司（以下，新大洲ホンダと記述）を2001年に設立する[42]。海南新大洲がホンダのコピー二輪車を生産・販売していた企業であったため，この合弁は正規品を手がける企業によるコピー企業の吸収として，当時，マスコミにも取り上げられた[43]。合弁によるホンダの狙いのひとつは，

海南新大洲が持つ部品の調達網を活用することにあった[44]。ホンダは，日本向けの超低排気量・廉価機種の生産拠点として，この新大洲ホンダを選択することになる。海南新大洲の調達網を取り込むことで，廉価な二輪車をつくることをホンダは狙ったのである[45]。

当時のホンダは，海南新大洲と合弁することになる天津ホンダの他に，五羊-本田摩托（広州）有限公司（以下，五羊ホンダと記述）と嘉陵-本田発動機公司（以下，嘉陵ホンダと記述）という2つの合弁会社を中国に設立し，二輪事業を展開していた。嘉陵ホンダの生産品目はモーターサイクルタイプであったが，天津ホンダと五羊ホンダのそれはスクータータイプの二輪車であった。天津ホンダは1996年から排気量90ccのスクーターを，五羊ホンダは天津ホンダよりも古く，すでに1995年から排気量125ccのスクータータイプの二輪車を生産していた[46]。五羊ホンダはスクーターの生産実績があるために，信頼性の観点からみれば，日本向けの超低排気量・廉価機種の生産拠点に適していたという[47]。しかしながら，本国生産拠点でも達成しえなかった超低排気量・廉価機種のコストは，既存の生産拠点では実現が難しく，むしろ調達網も含めて新しい生産拠点で取り組む必要があった。このように，部品の調達網の獲得を狙った合弁によって，日本向けの超低排気量・廉価機種生産に活用可能な拠点が生まれたことが第2の要因である。

一方，これまでにない超低排気量・廉価機種に挑戦する拠点として，中国拠点以外に，インド拠点もホンダの選択肢にはあった[48]。インドはスクータータイプの需要が存在する市場である。しかし，インドでのホンダの合弁企業であるHero Honda Motors Ltd.（以下，ヒーロー・ホンダ）はモーターサイクルを手がけているのみであった。これに対して，スクータータイプを担う拠点として，ホンダが自社の100％出資で1999年に設立したHonda Motorcycle & Scoter India (Private) Ltd.（以下，インドホンダおよびインド拠点）は，まさに生産を立ちあげる時期であった[49]。ホンダがインドホンダを将来的に他国への輸出を担う拠点に育成しようとしていたとしても，この時期に日本向けのスクーター生産に挑戦することは難しかったと考えられ

る[50]。これらに加えて，インド・タイに比べて日本への輸送費用を抑えられることも，中国拠点で生産するメリットであった。

ホンダは，新大洲ホンダで生産した排気量50cc以下の廉価機種であるTodayを2002年に日本で発売する。市場の類似性から中国拠点が選ばれたものの，この時点では，ホンダはTodayを日本専用機種と位置付けた[51]。Todayの発売当初の価格は94,800円であった。したがって，当初の目標であった10万円を切る価格をホンダは達成したのである。この価格を達成するとともに，日本向けの二輪車に求められる品質も両立させることは，かなり難しい取り組みであった。新太州ホンダを設立する前後から，調達網を含めた生産拠点の評価を短期間のうちに本国生産拠点が急速に進め，品質指導がとりわけ必要であることが判明していた。しかしながら，新太州ホンダでの二輪車生産は想定以上に困難を極めた。例えば，品質指導にあたった日本からの出張者は，約100人にも上ったという[52]。しかも，そのように多大な努力が払われたにもかかわらず，ホンダはTodayの品質不良のために数回のリコールを届け出ることになってしまった[53]。このことからも，新太州ホンダでの二輪車生産が容易ではなかったことがわかる。

品質の問題解決に大きな労力を要したとはいえ，Todayの販売は発売とともに好調であった。2002年8月の発売から1年も経たない2003年6月末に，ホンダはTodayの日本向け輸出累計台数が10万台を達成したことを発表している[54]。ホンダの排気量50cc以下の販売台数は，2002年で328,221台，2003年で316,445台である[55]。つまり，ホンダの排気量50cc以下の販売台数のうち，Todayの販売量が3分の1を占めるに至ったのである。このような大規模な二輪車輸入，しかも海外生産拠点での生産を前提として，特定国（日本）への出荷を目的に開発した機種の輸入は，当時のホンダとして初めてであった。

Todayは単一機種として販売量がかなり多い機種となった。ホンダが新製品として2002年に発売した排気量50cc以下の二輪車は24機種（Todayを含む），2003年のそれは18機種（Today除く）である[56]。新大洲ホンダを含めた海外生産拠点にとって，このことが持つ意味は大きい。アジア市場に比べ

て日本市場は規模が小さい。それゆえに，日本市場向けの機種は1機種あたりの販売量・生産量が小さくなる傾向にある。一方で，表1－1で確認したように，海外生産拠点が生産する二輪車は，大ロットが見込める最量販機種であった。したがって，日本市場への輸出機種といえども，単一機種である程度大きなロットを見込めないと，海外生産拠点の生産効率が低下してしまうことになる。ホンダのエントリーモデルの海外生産は，販売面においてエントリーユーザーの獲得を狙ったものであるが，同時に，海外生産拠点が従来の大ロット生産のメリットを維持できるように工夫されたものであった。その意味で，Todayは日本の排気量50cc以下の市場におけるエントリーモデルとしての役割を十分に果たした機種であった。

　Todayの発売以後，当時の日本市場では，排気量50cc以下のエントリーモデルを巡る競争が展開されていく。例えば，スズキは2002年に既存のスクーターを改良し，部品点数を削減したレッツⅡ・スタンダードを105,000円（当時の希望小売価格）で発売した[57]。これに対して，ホンダは中国拠点からの機種投入を次々と進めていく。新大洲ホンダは，Todayに続いて，2003年に排気量50ccのスクーターであるディオを，2004年にはその派生機種であるディオチェスタを日本に輸出し始めた。五羊ホンダもまた，2003年に排気量100ccのスクーターであるスペイシー100の対日輸出を始めていく[58]。こうした中国拠点の活用は，すべてホンダが打ち出したMade by Global Honda構想の一環であった。

　同時期にホンダは，中国拠点以外の海外生産拠点から海外市場への出荷も推し進めている。このような事例はかなり多い。例えば，イタリアのHonda Italia Industriale S.P.A.（以下，イタリアホンダと記述）は，排気量600ccのモーターサイクルを初めて北米に出荷し始めた[59]。さらに，ブラジルのMoto Honda Da Amazonia Ltda.（以下，ブラジルホンダと記述）は排気量125ccのモーターサイクルを欧州に，タイホンダも排気量125ccのモーターサイクルを欧州に出荷し始めている[60]。そうして海外拠点間で相互に供給した台数は，ホンダのグローバル生産台数の約5％（2004年時点）を占めるに至って

いる[61]。ただし，中国拠点以外の海外生産拠点は，立地国市場に向けて開発された機種を他国に供給する形で輸出を始めたことに注意が必要である。すなわち，中国拠点を除いた海外生産拠点は，依然として適地供給拠点のままであった。

特定国に向けた機種の開発・生産を開始したという点で，Todayはホンダの国際生産分業にとってかなり重要な機種である。ただし，Todayは，日本での発売以後，多くの国々で販売されることになるが，結局のところ日本以外での販売量が伸びず，日本専用機種の域を出ることがなかった。ホンダは日本についで，豪州，ニュージーランド，メキシコなど世界9ヵ国へ新大洲ホンダからTodayを輸出し始める。そうしたのちに，ホンダはTodayを新大洲ホンダの立地国である中国に投入する[62]。このように，Todayは結果的に複数国に展開する機種になった。しかし，Todayの輸出のほとんどは日本が占めていると考えられる。例えば，新大洲ホンダは，2010年に排気量50ccのスクーター3機種（Today，ディオ，ディオチェスタ）の累計生産台数が100万台に到達したことを発表した。そのうち，98万台は日本向けであったという[63]。開発時点で特定国向けに開発された機種を，他国に展開するのは難しいのかもしれない。これまでも，多数の適地供給拠点が他国へと機種を輸出してきたが，その大半は現地で展開する製品ラインナップを補完することにとどまり，最量販機種になることはなかった[64]。Todayもまた同様に，日本以外の国々では，製品ラインナップを補完するための機種の域を出なかったと考えられる。その意味において，Todayの時点では，ホンダが適地供給拠点の際に行っていた輸出機種の開発・生産の進め方（特定国の需要に向けた機種開発がベース）が色濃く残っていたのである。

IV 小括

これまで明らかにしてきたように，ホンダの国際生産分業は，フェーズI

における多数の適地供給拠点による二輪車供給の段階を経て，適地供給拠点に加えて，本国生産拠点以外のグローバル供給拠点が二輪車供給を担うフェーズⅡへと進んだ。フェーズⅡ半ば時点のホンダの国際生産分業を図示したのが，図1-10である。図から明らかなように，ホンダの国際生産分業では，本国生産拠点についで，中国拠点がグローバル供給拠点となった[65]。中国拠点が適地供給拠点からグローバル供給拠点へと移行する転機となったのが，Todayの生産であった。

　Todayは，ホンダが企業内における国際的な水平的生産分業を明確に意図して開発・生産した機種という点で，国際生産分業の形成にとって大きな意味を持つ機種である。それまでホンダは，現地生産・販売拠点であっても，適地供給拠点であっても，開発する機種のターゲット市場を主として現地市場に置いていた。一方で，Todayは開発当初から他国（日本）への輸出を明確に設定した機種であった。ある国に投入することを想定して開発した機種

図1-10　本田技研工業の国際生産分業の変遷　2000年から2004年

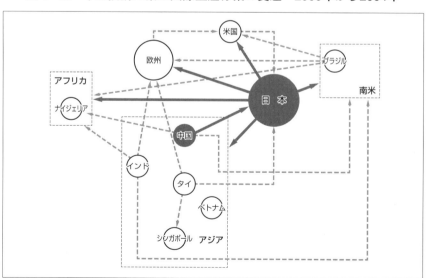

注：図序－1と同じである。
出所：図序－2を再掲した。

第 1 章
国際生産分業の形成

を，その需要国以外の海外生産拠点が生産することは，当時のホンダでは極めて珍しいことであった。図1-10からわかるように，ここまでの段階でも，なお二輪車供給の多数を占めているのは適地供給拠点である。つまり，Todayのような機種を生産する海外生産拠点は存在していない。

このような中国生産拠点におけるToday生産は，次の2つの要因が相まって生じたことである。ひとつは，国内の二輪車市場（新車）が縮小し，エントリーユーザーを獲得する必要性があるものの，エントリーモデルを本国生産拠点で生産することが難しかったことである。いまひとつは，日本と同じく超低排気量の市場が存在する一方で，コピー二輪車を生産・販売する企業が横行していた中国市場で，ホンダが部品調達網の獲得を狙いとした合弁によって，新たな拠点（新大洲ホンダ）を生み出したことである。当時のホンダは，対日輸出の実績を持つタイ拠点が存在する一方で，フェーズⅠで確認したように中国拠点を含めた複数の海外拠点からの輸出を構想していた。そうした状況において2つの要因が同時に発生したことにより，ホンダは最新の状況に即して構想を更新し，新しい中国拠点（新大洲ホンダ）でのToday生産を選択したと考えられる。つまり，長期的に特定拠点の有効な活用の形を完全に定めることが難しい中で，環境の変化に伴って生み出した拠点の役割を考え，かつ将来的な発展を見据えて，ホンダは国際生産分業を構成するグローバル供給拠点として新大洲ホンダを活用することにしたのである[66]。

以後，ホンダは，グローバル供給拠点を増やすことで，国際生産分業を編成・再編成させていく。そこでは，事前の構想をもとに計画通り国際生産分業で活用する拠点と，中国生産拠点と同じく，最新の市場の状況や拠点の動向を捉えて更新した構想にしたがって，ホンダが国際生産分業のシステムに組み込んだ拠点がある。国際生産分業のシステムに加わる契機は異なるが，総じて，従来，特定国向けに開発した機種の生産という本国生産拠点が担っていた役割を海外のグローバル供給拠点が部分的に担っていく。しかも，ホンダは出荷先が限定的であったTodayとは異なり，複数国・地域への投入

51

を前提とした機種（グローバルモデル）を開発し，グローバル供給拠点で生産することを企図する。したがって，複数のグローバル供給拠点に基づく二輪車供給網が広範な領域を占めるようになっていくのである。

注

1　国際分業の概念については，天野〔2005〕を参照した。
2　大原〔2006〕，太田原〔2009〕，アイアールシー〔2007〕〔2009a〕を参照した。なお，現地拠点の進出時期について，大原〔2006〕・太田原〔2009〕とアイアールシー〔2007〕〔2009a〕では若干違いがある。ここでの記述は，アイアールシー〔2007〕〔2009a〕に統一した。
3　本書では，二輪車の品種を「機種」と呼ぶ。自動車産業で使われている車種との違いは特にないが，二輪車産業では機種が用いられる。そのため，本書では「機種」という表現を使用することにした。なお，機種は名称で区別して数える。例えば，「NC750X」，「NC750S」（どちらもホンダの二輪車）と，名前が異なれば1機種として算出する。
4　本書では，二輪車のエンジン排気量と二輪車用途を次のように区分する。まず，排気量区分については，排気量が50cc以下の二輪車を超低排気量，51ccから250ccを低排気量，251ccから600ccを中排気量，601ccから1,000ccを高排気量，1,001cc以上を超高排気量とする。特定の排気量帯をいかなる名称で呼ぶのかについては明確な定義がない。この要因は国・地域によって排気量区分に対する感覚が異なることにあると考えられる。例えば，欧州の感覚では，250cc以下が低排気量，750cc以上が高排気量であるという。出所は本田技研工業への聞き取り調査による。また，本田技研工業〔2014〕は排気量600cc以上を中型・大型車として位置付けている。いずれの区分を用いても，その国特有の感覚と齟齬が生じる可能性がある。そのため，できるだけ細分化させた区分を本書では用いることにした。なお，一般的に小・中・大排気量や小型・中型・大型車とも言われることもあるが，本書では上記の名称に統一する。

　　ついで，二輪車の用途は次の2つに分けることにする。二輪車は，①通勤や通学，買い物など日常の移動手段としての用途，②ツーリングやレジャーなどの趣味としての用途，という大きく2つに分けることができる。本書では，二輪車業界および企業の慣行にしたがって，①をCommuter（コミューター）用途，②をFun（ファン）用途と呼ぶ。これら①と②では，車体に搭載されるエンジンの排気量と車体フレーム，価格などに違いがある。というのも，①と②とでは，顧客が要求する価格や燃費，耐久性，加速などの性能が異なるからである。一般に，Fun用途で典型的にみられる高性能・出力の二輪車を開発する場合，排気量を高めることになるが，それは結果として，エンジンが物理的に大きくなるとともに部品点数が多くなる。さら

に，エンジンが大きくなれば，それを支える車体フレームの形態を複雑に，かつ車体フレームに用いる素材の剛性を高くする必要がある。つまり，排気量が高くなればなるほど，部品点数の増加や車体フレーム素材といったコストが上昇し，販売価格は高額になっていく。このように，排気量とフレーム，価格の3つの要素は連動する。つまり，極端に言えば，3要素のひとつを取り上げることで，①と②の違いを概ね把握できる。本書では，のちの統計資料を用いた分析のために，3つの要素の中から主として排気量を用いることにした。上記の排気量の区分に従えば，①のCommuter用途の顧客は超低・低・中排気量の二輪車を選ぶことが比較的多く，反対に②Fun用途の顧客は中・高・超高排気量の二輪車を選択する傾向がある。

　なお，エンジンの性能を測る指標としては，ここで述べた排気量ではなく，最高出力や最大トルクを用いることも多い。例えば，欧州連合の統一免許制度の区分では，排気量125cc以下であり最高出力11kw以下というように，排気量だけではなく，最高出力も併せて規定している（日本では排気量だけで免許を区分している）。ただ，国内外における各種の二輪車統計で用いられる区分は排気量であることが多く，最高出力で区分・収集された統計はほとんどない。統計データの制約があるために，本書ではエンジン性能を表す指標として排気量を採用することにした。欧州連合の統一免許制度については，本田技研工業広報部世界二輪車概況編集室〔2010〕を参照した。

5　ここでは現地生産拠点が最量販機種を生産することを強調しているが，生産品目が1機種とは限らないことに注意が必要である。正確には，現地における数種類の売れ筋機種を現地生産拠点は生産していたのである。加えて，ここでは欧州諸国をまとめて欧州と表現しているが，欧州二輪車市場はそれぞれの国ごとに特有の傾向や変化があることにも注意されたい。出所は，Compagne〔2004〕の欧州二輪車業界についてのインタビュー記事である（Jacques Compagne氏は当時Association des Constructeurs Européens de Motocycles the Motorcycle Industry in Europe：欧州二輪車製造者協会の専務理事であった）。この記事はwebでも閲覧することができる（日本自動車工業会webサイト（URL：http://www.jama.or.jp/lib/jamagazine/200407/12.html）（2013年1月2日閲覧）を参照されたい）。なお，このように地域・国でかなり性格が異なるという二輪車産業の特徴は欧州に限られたことではない。アジア各国においても同様の指摘がなされている。詳しくは，タイ，台湾，インドネシアなどアジア各国の二輪車産業の発展を綿密に検討した佐藤／大原編〔2006〕を参照されたい。

6　『日本経済新聞』1994年10月4日付け朝刊を参照した。
7　日本経済新聞webサイト（URL：http://www.nikkei.com/article/DGKKZO9834963011032016FFE000/）（2016年7月8日閲覧）を参照した。
8　日本企業の二輪車生産は基本的にロット生産である。とりわけ，超低・低・中排気量までの二輪車生産では，効率的なロット組みを二輪車企業は志向する。カラーや仕様が異なる機種を特定のロットに含めることはあるが，機種自体は変更しない。

したがって，これら排気量で1個流しの生産方式を用いることはほとんどない。ただし，日本企業における高・超高排気量の二輪車生産や，これらの排気量を中心とする欧米企業の二輪車生産では，この限りではないことに注意されたい。なお，大量生産に多品種・多仕様生産を組み込む難しさについては，岡本〔1995〕を参照されたい。

9　1992年以前のベトナムと中国の販売台数は不明である。また，2010年以降のインドは4月から翌年3月までの集計値である。2009年以前の数値の集計期間は不明である。国によって，あるいは同じ国でも年によって統計基準が変わるため，ここで用いた数値は概算であることに注意されたい。例えば，二輪車統計に三輪車やモペッド，ATV（「All Terrain Vehicle不整地走行用車」出所：本田技研工業webサイト（URL：http://www.honda.co.jp/news/2000/c001013a.html）（2016年5月20日閲覧）より引用した）を含めるのかについては国ごとに違いがあるし，時が経つにつれて改定される。さらには，日本の原動機付き自転車のように，正確な販売台数が掴めず，メーカーからの出荷台数で代用している数値もある（この点は後述する）。先に述べたように，二輪車は国によって異なる特徴を持つことが，このような統計基準の違いを生みだしていると考えられる。

　加えて，2010年以降の中国の販売台数は三輪車と輸出台数を含む数値と考えられる。しかも，販売台数に何を含むのかは企業ごとに異なるとも考えられる。出所元の日本自動車工業会〔各年版〕には三輪車を含むとしか明記されていないが，同じ数値を示しているアイアールシー〔2014〕では三輪車及び輸出が含まれていることを記載している。アイアールシー〔2014〕が記載している輸出台数を差し引くと，中国の販売台数は2010年が18,161,803台，2011年が16,182,979台，2012年が14,714,780台，2013年が13,876,938台となる。この数値でみれば，二輪車の国別販売台数ランキングは，2013年にインドが中国を抜いて首位になる（インドの2013年の販売台数は14,805,481台である）。ただし，ここでの数値は，日本自動車工業会〔各年版〕を用いている。どの統計資料も集計方法を詳細に記載していないので，複数の資料を使用すると，集計方法の違いによって販売台数にばらつきが生じてしまう。そのため，できる限り出所元の統計資料を統一することにした。なお，モペッドについては，第2章で述べる（第2章・脚注5を参照されたい）。

10　この点については，大山〔2006〕および本田技研工業webサイト（URL：http://www.honda.co.jp/news/2004/c040319.html）（2016年1月2日閲覧）を参照した。

11　タイを含めた東南アジアの二輪車産業の形成・発展および，途上国産業の形成に対する外資企業である日本企業の貢献については，三嶋〔2010〕がかなり詳しく論じており，有意義な論旨を展開している。参照されたい。

12　本田技研工業への聞き取り調査による。

13　ホンダを含めた二輪車企業各社は，自社が有する各生産拠点の能力・実績を詳しく開示していない。ここでの数値は，ホンダがある生産拠点の生産能力を増強するといった理由で，同社のwebサイトや新聞・雑誌記事が適時報じた数値と，各種の

第 1 章
国際生産分業の形成

調査報告資料を集計し作成した。グラフにマーカー（●や○）が表示されているのが公表された数値である。2015年の数値が判明していない時は，直近の数値で代用している。このような集計方法を用いたため，次の2点に注意されたい。第1に，各拠点における毎年の生産能力・実績が必ずしも判明しているわけではないことである。第2に，本図で用いた数値には生産実績と能力が混在していることである。多くの場合，ある生産拠点の生産能力は生産実績よりも高い。したがって，この図では，当該年の数値が生産能力，翌年の数値が生産実績の場合，実際の生産量（実績）とは別に数値が微減することがある。このように，年ごとの変動を正確に表しているわけではない。ただ，この2点において不十分な図であるが，各拠点が生産能力・実績を長期的に増加させてきたのか，または減少させてきたのか，さらにはホンダが有する生産拠点の中で生産能力・実績の高い拠点がいかに移り変わってきたのかについて，おおよその概況はつかむことができる。各生産拠点の能力・実績を詳細に確定させ，この図をより精緻にする作業は今後の課題としたい。なお，ホンダはかつて日本に熊本製作所，浜松製作所，鈴鹿製作所と3つの生産拠点を有していたが，それぞれの生産量が判明しない。そのため，3つの製作所を統合させ，日本の生産拠点として扱った。また，アメリカ，インド（ヒーロー・ホンダ）といった完成車生産が終了した，もしくは提携を解消した生産拠点は，それら終了・解消の時点から生産量を加えていない。

14 『LA INTERNATIONAL』第27巻第5号（通巻325号），国際評論社，11ページより引用した。また，タイ拠点からマレーシア，インドネシアへの部品輸出についても，この記事を参照した。

15 当時のホンダの計画では，この供給体制を1999年までに築くとしていた。アジア域内の二輪車供給体制の構築と，タイからの完成車輸出については，『日経産業新聞』1994年4月27日を参照した。

16 小関〔2012〕を参照した。

17 『日経産業新聞』1994年4月27日を参照した。ただし，この記事でも取り上げられているが，タイ拠点よりも前に，ホンダは米国拠点から日本に二輪車・ゴールドウイングを輸出している（記事ではその理由を貿易摩擦への対応と述べている）。ホンダは，それまで本国生産拠点で生産していたゴールドウイングを1980年に米国拠点に全面移管し，1988年に対日輸出を始めている。ゴールドウイングの日本への輸出については，『日経産業新聞』1987年7月2日を参照した。この記事では，米国拠点に加えて，ホンダのイタリア拠点からも日本への輸出が始まっており，ゴールドウイングと合わせて2機種が輸入販売されることになったと報じている。つまり，実際には，1994年以前にも個々の拠点間での二輪車供給は始まっていたのだろう。ただし，ここで重要なのは，実際にホンダが拠点間で相互に二輪車を融通していたかどうかではなく，そのような生産体制を計画的につくることを初めて表明したことにある。

18 小関〔2012〕を参照した。なお，EXはEXPORTの略であるという。

19 本田技研工業への聞き取り調査による。
20 ホンダの排気量別輸出台数については，本田技研工業広報部世界二輪車概況編集室〔各年版〕を参照した。
21 『LA INTERNATIONAL』第27巻第5号（通巻325号），国際評論社を参照した。同記事で本国生産拠点（熊製）の当時の管理事務室・主査は「確かに，日本経済が内需志向に転換し，これを受け当工場も輸出から国内向けに重点をシフトした。それにホンダは消費地立地主義が基本ポリシーであり，二輪車生産拠点の海外シフトが進んでいる。が，これで熊本工場の役割は減少するか，というと決してそうではない。完成車輸出の比率は低下しているが，部品輸出は，むしろ増えてきているのが現状だ。この部品輸出は海外生産拠点向けであり，熊本は二輪の世界プロダック・ネットワークのマザー工場になっている。この役割は，ここ十年やそこらは変わらない」と述べている。引用は，同記事，11ページである。
22 この情報の集約と人材育成については，『日本経済新聞』1999年7月8日付け地方経済面（九州A）を参照した。なお，同記事は，海外拠点を管轄できる人材を，従来の300人から400人に増加させることをホンダが計画していると報じている。
23 『日経産業新聞』1994年4月27日を参照した。
24 本書ではホンダがグローバル供給拠点を生み出し，それによる二輪車供給網を展開・拡大させていく過程を国際生産分業の形成プロセスと捉えている。そのため，ホンダが初めて海外生産拠点をグローバル供給拠点化させる段階を，国際生産分業の形成着手と呼ぶ。
25 本田技研工業webサイト（URL：http://www.honda.co.jp/news/2003/c031007.html）（2015年12月5日閲覧）より引用した。ホンダは，このMade by Global Hondaを「世界中の経営資源を活かし，地域間で商品を補完しあうことで，お客様の多様化する需要に応え，最適なところで生産し，最適なところへ供給する」ことと説明している。括弧内は，同webサイトから引用した。
26 『日本経済新聞』1995年4月6日付け朝刊，1996年3月25日付け朝刊を参照した。
27 ある製品を初めて購入するユーザーとエントリーモデルの考え方は，塩地編〔2011〕を参考にした。同書では，「生まれて初めて自動車を購入する人」を「エントリーユーザー」と呼んでいる。括弧内は，同書，iページより引用した。
28 これら2つの統計資料・データベースの数値を用いる理由，さらには2001年で出所が変わる理由は次の通りである。ひとつは，本田技研工業広報部世界二輪車概況編集室〔各年版〕が2010年版より発行されなくなったため，この資料からは2009年までの数値しか入手できないことが挙げられる。いまひとつは，本田技研工業広報部世界二輪車概況編集室〔各年版〕と日本自動車工業会のデータベースでは，2002年，2003年，2008年，2009年の数値に若干の誤差が生じていることである。例えば，2002年の排気量126cc以上250cc以下の販売台数をみると，本田技研工業広報部世界二輪車概況編集室〔各年版〕では96,414台としているが，日本自動車工業会のデータベースは94,865台である。本田技研工業広報部世界二輪車概況編集室〔各年版〕

第1章　国際生産分業の形成

　　掲載の日本の販売台数はもともと日本自動車工業会が出所である（「Source：Japan Automobile Manufacturers Associations Inc.（JAMA）」と表記されている。本田技研工業広報部世界二輪車概況編集室〔2010〕，102ページより引用）。そのため，数値に違いが生じる2002年以降は日本自動車工業会の数値を用いた。なお，1993年から2001年までの数値については同じである（日本自動車工業会のデータベースからは1993年以降の販売台数しか入手できない）。

　　加えて，本書で販売台数と表現しているのは，厳密には出荷・販売（登録）台数である。日本では，排気量126cc以上の二輪車は運輸支局・自動車検査登録事務所での新規届出か新規検査が必要である（この台数が登録台数や販売台数と呼ばれている）。これに対して，排気量125cc以下の二輪車はその必要がない（市区町村への届出である）。このため，排気量126cc以上の二輪車では正確な数値が判明するが，排気量125cc以下ではそれをつかむことが難しい。それゆえ，排気量125cc以下の二輪車の販売台数は工場から卸・販売会社への出荷台数で代替するしかない（日本自動車工業会に加入している各二輪車完成車メーカーは，工場からの出荷台数を日本自動車工業会に提供している。二輪車完成車メーカーへの聞き取り調査による）。海外生産拠点で生産された国内専用の二輪車も，この出荷台数に含まれるという。ここでの出荷台数および販売（登録）台数の説明は，『二輪車新聞』2016年1月1日を参照した。

　　上記の事情を反映して，上記の2つの出所でも，日本自動車工業会では販売・出荷，本田技研工業広報部世界二輪車概況編集室〔各年版〕では「Factory Shipments to Domestic Market」と記載されている。括弧内は本田技研工業広報部世界二輪車概況編集室〔2010〕，102ページより引用した。ただし，2つの統計資料・データベースともに，どの排気量が出荷で，どの排気量が販売（登録）かは明記していない。排気量125cc以下が工場出荷台数，排気量126cc以上が登録台数だと推察するが，この点は不明である。

29　この点については，本章の脚注28も併せて参照されたい。

30　当時の総在庫量は約200万台，そのうち，ホンダが約100万台，ヤマハが60万台，スズキが40万台であったと推定されている。出所は『日経ビジネス』1983年6月13日号である。また，HY戦争の経緯と，その結果をもたらした要因については，田村〔2004〕が詳しい。

31　三ない運動については，日本自動車工業会〔2008〕〔2014〕を参照した。なお，日本自動車工業会〔2008〕はアンケート調査によって，三ない運動が継続していることを指摘している。加えて，2012年の全国高等学校PTA連合会によって，三ない運動は方向転換する。しかし，そうした動向の認知はまだ浸透していないことを日本自動車工業会〔2014〕が言及している。ヘルメットの着用義務については，『日本経済新聞』1986年3月5日付け夕刊，1986年7月4日付け夕刊，『日経流通新聞』1986年10月27日，1986年12月8日を参照した。いずれも，二輪車市場が急増する過程で生じた交通事故や暴走族が原因となったと考えられる。

32 本図の出所である日本自動車工業会〔隔年版〕では,1985年以降に新規購入を「新規購入」と「一時中断・再度購入」の項目に分けて掲載している。本書では二輪車ユーザーの購入が全くの新規であるのか,一時中断・再度購入なのかを問題としてはいない。それゆえ,これら「新規購入」と「一時中断・再度購入」をまとめて,新規購入とした。括弧内は日本自動車工業会〔2014〕,20ページより引用した。なお,年によっては,4項目(新規購入,増車,代替,無回答)の合計値が100%にならない(101%や99%になる)。日本自動車工業会〔隔年版〕が小数点以下の繰り下げ・繰り上げを行っていると考えられるが,詳細が判明しないので,そのまま算出している。加えて,買い替え年数(日本自動車工業会〔隔年版〕では「直前使用車の使用年数」と記載。括弧内は日本自動車工業会〔2014〕,24ページより引用)はすべての二輪車の平均値である。また,1977年度の買い替え年数は不明である。

33 日本自動車工業会〔隔年版〕は,全機種(図1-6)だけでなく,排気量ごとの買い替え期間を掲載している。2013年度の数値をみれば,排気量400cc以上(オンロード)の買い替え期間の平均が4.1年であるのに対して,排気量50cc以下(スクーター)は7.3年である。出所は,日本自動車工業会〔2014〕である。なお,オンロードとは,主として舗装路での走行に適した二輪車(砂利を敷き詰めた未舗装路での走行に適した車両を含める場合もある)のことである。これに対して,整地されていない道といった悪路での走行に適した二輪車をオフロードと呼ぶ。出所は出射〔1986〕,本田技研工業広報部世界二輪車概況編集室〔2010〕を参照した。これらの二輪車,とりわけオンロードには多様な製品ラインが存在する。オンロードやオフロード,スクーターを含めた二輪車のタイプについての詳細は後述する。

34 日本自動車工業会〔隔年版〕のアンケート調査を参照した。この調査は,二輪車を乗り替えた(代替)ユーザーにおける購入した二輪車と,直前(購入する前)まで乗っていた二輪車の相関を掲載している(反対の直前まで乗っていた二輪車と購入した二輪車の相関もある)。排気量50cc以下を購入し,かつ直前まで排気量50cc以下を保有していたユーザーの比率は,1980年代から現在まで一貫して約8割から9割で推移している。詳細は,日本自動車工業会〔隔年版〕を参照されたい。

35 日本二輪車オークション協会の名称については,日本二輪車オークション協会webサイト(URL:http://jaba-au.or.jp)(2016年5月14日閲覧)を参照した。

36 排気量125cc以下の中古車台数は,正確な統計データが存在しないために,二輪車新聞社の推定値を用いている。排気量126ccから250cc,排気量251cc以上については,中古新規と記載事項変更を含めた数値である。2012年から排気量251cc以上の記載事項変更に所有権解除を含むようになる。ここでは,所有権解除の分を差し引き,二輪車新聞社が推定した記載事項変更の数値を用いている。加えて,短期間で登録と抹消を繰り返す中古車があるために,ここでの数値は正確な実態を反映していない。なお,二輪車新聞社が推定値を掲載していない年がある。それゆえ,ここでは排気量別の中古車台数とオークションの出品台数の数値がすべて判明する年のみをグラフに含めることにした。

第 1 章
国際生産分業の形成

オークションの出品台数については，1997年から2001年までが二輪車新聞社が報じた年間オークションの出品台数を，2002年以降が『二輪車新聞』に掲載されたオークション各月出品台数の集計値を用いている（『二輪車新聞』の具体的な号数は図1-7の出所を参照されたい）。2002年以降のオークション各月出品台数は，2011年までが二輪車新聞社が調査した数値であり，2012年以降は日本二輪車オークション協会がまとめた数値である（2002年から2011年までの一部の年はデータの出所が明記されていないこともある）。なお，2002年以降の『二輪車新聞』では，日本二輪車オークション協会へのインタビュー記事が掲載されており，その中にもオークションの年間出品台数が掲載されている。インタビュー記事に掲載されたオークションの年間出品台数と，オークション各月出品台数の集計値には若干の誤差がある。インタビュー記事では，オークションの年間出品台数を明記されていない年があるために（前年比から何パーセント増減で記載されている），正確な数値が判明するオークション各月出品台数の集計値を，このグラフでは用いた。いずれにしても，1997年から2014年にかけて，年間におけるオークションの開催会場数が変動していることから，このグラフの数値を通じて出品台数の増減を判断するのが難しい。そのため，全体の市場規模をつかむことにとどめたい。なお，2005年のオークションの出品台数については1月から11月までの合計値である（12月分が公表されていないため，11ヵ月分の合計値である）。

37　本田技研工業への聞き取り調査による。

38　国内二輪営業部は，2001年にホンダが設立した日本の総合販売会社・ホンダモーターサイクルジャパンの前身である。ホンダモーターサイクルジャパンについては，本田技研工業webサイト（URL：http://www.honda.co.jp/news/2001/c010523.html）（2016年1月4日閲覧）を参照した。

39　中国拠点を選択するまでの経緯については，特に断りのない限り，本田技研工業への聞き取り調査による。

40　当時のタイ市場において排気量100ccから130ccの二輪車のうち，具体的にどの排気量（100cc，110cc，125ccなど）が最たる売れ筋であったのかは不明である。ホンダが超低排気量・廉価機種の検討に着手したタイミングより若干後年のことになるが，横山〔2003〕はタイの二輪車市場について，「売れ筋商品は排気量100～130cc」であると報告している。括弧内は横山〔2003〕，250ページより引用した。同時に，三嶋〔2010〕はタイの二輪車産業の長期的な発展を考察する中で，1990年代後半におけるタイ市場の特徴として，総販売台数の減少と中心となるエンジンの作動方式の変化（2ストロークエンジンから4ストロークエンジンへの変化）を指摘し，そうした販売市場の環境変化に応じるためにホンダが1997年にWAVE100，1998年にDream ExcessとNiceという二輪車を販売したことを論じている。これら機種の排気量はいずれも97ccであった（出所：スタジオ　タック　クリエイティブ〔2002〕を参照した）。さらに，三嶋〔2010〕は2002年・2003年のタイ市場における販売動向を機種別に整理している（原典はNNAニュース（2004年1月20日）。三嶋

〔2010〕が整理した表によると，2003年時点の販売台数・上位10位機種に排気量100ccから125ccの二輪車が多く占めている（三嶋〔2010〕，210ページ，表7-2を参照した）。これらから，当時のタイ市場の主流が排気量100ccから130ccであること（少なくとも排気量50cc以下が主流ではないこと）が推察できる。なお，エンジンの作動方式については，小川〔2001〕を参照した。

41　二輪車にはモーターサイクルタイプとスクータータイプという2つのタイプがある。モーターサイクルとはライダーが燃料タンクにまたがるように乗車するタイプの二輪車であり，スクーターとはライダーが燃料タンクに腰をかけるスタイルの二輪車である。どちらのタイプも多様な製品ラインが存在する。なお，オンロード・オフロードの二輪車はモーターサイクルタイプであることがほとんどである。

42　新大洲ホンダの設立については，本田技研工業webサイト（URL：http://www.honda.co.jp/news/2001/c011120a.html）（2015年12月5日閲覧）を参照した。また，この合弁会社の中国での事業展開については，すでに豊富な研究蓄積がある。代表的な研究としては，太田原〔2009〕，出水〔2007a〕〔2007b〕〔2011〕〔2013〕，向〔2007〕が挙げられる。新大洲ホンダについては，本書もこれらの研究を大いに参考にしている。また，中国の二輪車産業については，大原〔2005〕，葛/藤本〔2005〕，太田原/椙山〔2005〕が参考になる。

43　太田原〔2009〕を参照した。

44　太田原〔2009〕を参照した。加えて，ホンダも新大洲ホンダの営業開始を伝えるニュースの中で，「新大洲の調達網を活かしたコスト競争力の強化」によってユーザーのニーズに応えるといったことを挙げている。括弧内は，本田技研工業webサイト（URL：http://www.honda.co.jp/news/2001/c011120a.html）（2015年12月5日閲覧）より引用した。

45　新大洲ホンダの調達網の活用については，本田技研工業への聞き取り調査による。出水〔2007b〕もまた，この超低排気量の廉価機種・Todayが，コピー企業との合弁によって実現したことを指摘する。さらには，新大洲ホンダの調達網だけでなく，当時のホンダが有した各国の調達網を活かしたことを言及している。したがって，正確には，新大洲ホンダの調達網と自社の既存の調達網の組み合わせによって，ホンダは超低排気量の廉価機種生産を狙ったと考えられる。

46　『日経産業新聞』1996年11月5日を参照した。加えて，嘉陵ホンダと天津ホンダ，五羊ホンダの生産品目については，アイアールシー〔1997a〕〔1997b〕も参照した。

47　本田技研工業への聞き取り調査による。

48　本田技研工業への聞き取り調査による。

49　インドホンダが生産を始めるのは，2001年のことである。本田技研工業webサイト（URL：http://www.honda.co.jp/news/2001/c010412b.html）（2016年1月4日閲覧）を参照した。

50　実際，インドホンダは，欧州に向けて排気量100ccのスクータータイプを輸出することになる。それは2003年のことであった。出所は，『日本経済新聞』2002年7

月22日付け朝刊，本田技研工業webサイト（URL：http://www.honda.co.jp/news/2004/c040908b.html）（2016年1月2日閲覧）である。

51　ホンダも自社のwebサイトで，日本への投入だけを目的として開発した専用機種であることを報じている。出所は，本田技研工業webサイト（URL：http://www.honda.co.jp/news/2003/c030708.html）（2015年12月5日閲覧）である。なお，Todayの開発は本国拠点が行った。三ツ川／平山／大坪／立石〔2014〕を参照されたい。

52　本田技研工業への聞き取り調査による。もちろん，この出張者はTodayの生産のためだけでなく，新大洲ホンダが生産する全機種の品質向上が目的である。

53　本田技研工業への聞き取り調査による。リコールについて一例を挙げると，Todayのブレーキに欠陥があるとして，ホンダは2003年に国土交通省に届け出ている。出所は『日本経済新聞』2003年9月18日付け朝刊である。また，丸川〔2009〕も，中国から二輪車が輸入されている事例として新大洲ホンダが生産するTodayを取り上げた中で，リコールが相次いだことに言及している。加えて，工業調査研究所〔2011b〕も，Todayが品質問題を引き起こしたこと，2007年の新機種開発の際にもホンダが品質問題の解決にあたったことを紹介している。

54　本田技研工業webサイト（URL：http://www.honda.co.jp/news/2003/c030708.html）（2015年12月5日閲覧）を参照した。

55　本田技研工業広報部世界二輪車概況編集室〔各年版〕を参照した。

56　八重洲出版〔2007〕から算出した。なお，この数値は，当該年に新製品として発売された機種の合計値である。したがって，前年に発売され，当該年まで販売が継続されている機種は含めていない。そのため，当該年にホンダが販売していた機種は，ここで示した数値よりも多い。

57　『日経産業新聞』2002年11月5日を参照した。

58　ディオ，ディオチェスタ，スペイシー100については，『二輪車新聞』2004年1月1日，2005年1月1日を参照した。

59　『日経産業新聞』2003年10月8日を参照した。

60　なお，ブラジルホンダとタイホンダが欧州に出荷した二輪車は，排気量とタイプは同じでも，全く異なる機種である。ブラジルについては，本田技研工業webサイト（URL：http://www.honda.co.jp/news/2003/c030807.html）（2015年12月2日閲覧）を，タイについては『二輪車新聞』2004年1月1日を参照した。

61　台数を示せば，約57万台である。出所は『日本経済新聞』2005年9月17日付け朝刊である。

62　中国での機種名は，自由Todayであった。豪州，ニュージーランド，中国への投入については，本田技研工業webサイト（URL：http://www.honda.co.jp/news/2004/c040624.html）（2015年12月5日閲覧），同webサイト（URL：http://www.honda.co.jp/news/2003/c030708.html）（2015年12月5日閲覧），『日経産業新聞』2003年7月9日を参照した。

63 『二輪車新聞』2010年7月16日を参照した。
64 本田技研工業への聞き取り調査による。
65 ホンダが新大洲ホンダで獲得した調達網は，中国企業の攻勢を受けたベトナム市場でも寄与することになる。こうした事例も重要ではあるものの，本書の分析対象は，あくまでもホンダの国際生産分業にあり，特定の拠点の部品調達と競争力向上は対象ではない。なお，このようなベトナム市場におけるホンダの取り組みについては，太田原〔2009〕，三嶋〔2010〕，天野／新宅〔2010〕がかなり詳しい。
66 向〔2007〕はホンダの中国における二輪・四輪の事業展開を検討し，それは計画的な戦略と創発的な対応が結びついたものであったと指摘している。とりわけ，二輪の中国拠点について，ホンダがコピー企業を取り込み，「日本市場を含めた世界的なローエンド・バイクの開発・製造拠点として中国を活用する」ようになったことを指摘している（括弧内は，向〔2007〕，9ページから引用した）。さらには，このようなホンダの対応は，Mintzberg and Waters〔1985〕の創発的戦略の典型例であると言及する。本書は，この見方に依拠している。しかし，向〔2007〕はホンダの中国における二輪事業が創発的な対応であったこと，そのような二輪事業の経験を四輪事業の展開に反映したことを指摘するにとどまっている。したがって，二輪事業で新たに活用することになった中国拠点を，国際生産分業にどのように取り込んでいったのかについては言及していない。

　本書では，中国拠点にみられるような創発的に活用可能となる拠点をいかに国際生産分業のシステムに組み込み，計画的に育成した拠点を含めて，システム内部における拠点間の相互作用を強めていくのか，つまり最適をいかにつくり出していくのかを問おうとしている。詳しくは次章以降で検討していくが，ホンダの国際生産分業は，拠点を活用する段階では，計画の側面のみならず，創発の側面を含む。一方で，ひとたび組み込んだ拠点を持続的に活用する段階では，国際生産分業のシステム全体としての調和をつくり出すようにかなり拠点の役割を明確化・高度化させていく。これは，ホンダが極めて周到に用意した調整メカニズムが機能することによって実現したことである。特定の拠点における創発的な展開は，本書の課題にとって，確かに重要な要素のひとつではある。しかし，ホンダは創発のみによって複数の拠点からなる最適な国際生産分業を形成し続けたわけではない。繰り返しになるが，当初の構想通りに育成した拠点と，創発的に活用できるようになった拠点を含めて，拠点間の相互連携を強化するような最適な国際生産分業のシステムをいかに形成し続けていくのかが，本書の主題である。このような国際生産分業のシステムのあり方を理解するためには，システムの背後にある調整メカニズムを明らかにすることこそが必要であると考えている。

第2章

国際生産分業の編成・再編成

I　本章の課題

　本章では，ホンダが国際生産分業を編成・再編成させていくプロセスを検討する。段階としてはフェーズⅡ半ばからフェーズⅢ，年代としては2005年前後から2015年頃までが該当する。その後に，本章の最後に第1章と第2章をまとめ，ホンダが国際生産分業を形成した契機と，ホンダの国際生産分業の編成・再編成プロセスにおける特徴を検討する。

Ⅱ　フェーズⅡ：国際生産分業の編成

　2000年以後，二輪企業各社が投入した排気量50cc以下の廉価機種は，販売台数の大幅な減少を防ぐという点において一定の効果をあげた。しかしながら，第1章の図1-5からもわかるように市場全体が増加に転じたわけではなく，依然として日本市場は縮小傾向にあった[1]。とりわけ，2008年以後はリーマンショックを機に生じた経済不況によって販売台数が低迷した。そのため，フェーズⅡ半ばから，ホンダは排気量50cc以下に続いて，排気量51cc以上のエントリーモデルを次々と投入していく。こうしたエントリーモデルの投入は，Made by Global Hondaを発展させた「グローバル3戦略[2]」構想の一環であった。以後，ホンダは，このグローバル3戦略構想を推し進めていくことになる。ただし，ホンダは日本市場への対応だけのために，グローバル3戦略構想を打ち出したわけではない。ホンダは日本と同時に，以下でみるような欧州の市場環境の変化にも応じることを企図したのである。

1　欧州二輪車市場の特徴と近年の変化[3]

　ホンダを含めた日本企業は，1990年代後半以降，競合他社の攻勢を受け，それまで欧州で築いていた高い市場シェア（販売台数基準）の維持が難しく

第2章
国際生産分業の編成・再編成

なっていた。このことを，イタリア市場とスペイン市場で確認する。イタリアとスペインを取り上げるが，欧州各国，とりわけ欧州の中で販売量の多い5ヵ国（イタリア，スペイン，イギリス，ドイツ，フランス）でも概ね同じ傾向が見受けられる。もちろん，欧州市場といっても国によって，それぞれ需要が異なる。例えば，Commuter用途の販売量が多いイタリアに対して，ドイツはFun用途が販売の中心である。とはいえ，以下にみるような，二輪車市場の停滞・減少，外国資本の競合他社の攻勢，日本企業の市場シェアの停滞・減少，という3つの現象は共通している[4]。主要5ヵ国をすべて取り上げると，記述の重複が多くなるため，ここでは比較的各種データが揃い，かつ，上記した3つの現象が明確に現れているイタリアとスペインを取り上げる。

図2-1はイタリア市場，図2-2はスペイン市場の販売台数シェアと市場全体の販売量の推移を示している。両図ともに，販売台数シェアと市場全体の販売量の2つのデータが揃う期間のみを取り上げている。これらの図から

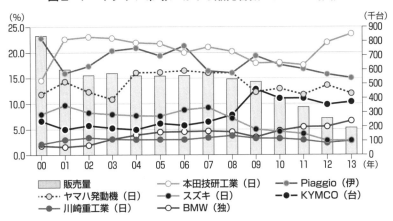

図2-1　イタリア市場における販売台数・シェアの推移

注：左軸が販売シェア，右軸が販売量の指標である。販売量は二輪車の登録台数とモペッドのメーカー申告台数の合計値である[5]。また，販売シェアは上位の二輪車企業のみを抽出している。
出所：販売シェアは本田技研工業から提供された資料，販売量はAssociation des Constructeurs Européens de Motocycles the Motorcycle Industry in Europe〔2003〕〔2005〕〔2008〕〔2011〕〔2015〕をもとに筆者が作成した。

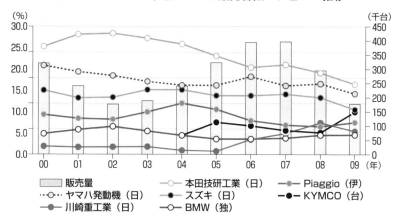

図2-2 スペイン市場における販売台数・シェアの推移

注：左軸が販売シェア，右軸が販売量の指標である。また，販売シェアについては上位の二輪車企業のみを抽出している[6]。なお，2000年から2003年におけるKYMCOの販売シェアは不明である。
出所：販売シェアは本田技研工業広報部世界二輪車概況編集室〔各年版〕，販売量はAssociation des Constructeurs Européens de Motocycles the Motorcycle Industry in Europe〔2003〕〔2005〕〔2008〕〔2011〕をもとに筆者が作成した。

わかることは，次の3点である。第1に，イタリア，スペインともに市場全体の販売量が衰退・縮小傾向にある。イタリア市場は約50万台の水準で増減していたが，2010年からさらに販売量が少なくなっている。一方，スペインは2002年から2007年にかけて販売量が増えていたが，2008年を境に減少に転じる。図2-2では2009年までしか示していないが，2010年以降もスペイン市場は15万台を切る販売量で推移しており，かつての市場規模と比べてかなり小さくなっている[7]。第2に，日本企業，とりわけホンダ，ヤマハ，スズキの3社が上位シェアを維持している一方で，その割合は徐々に少なくなっている。唯一の例外は川崎重工業（以下，カワサキと表現する）であり，シェア自体はそれほど高くないが，安定して推移している。第3に，欧州企業（Piaggio）とアジア企業（KYMCO：光陽工業）といった競合企業が販売量を増加させてきていることである。このような競合企業の攻勢を受け，日本企業3社が持つ販売シェアは，2000年から2010年にかけて停滞あるいは減少傾向にあった。

第2章
国際生産分業の編成・再編成

　イタリア，スペインを含めた欧州の二輪車市場で欧米企業，アジア企業が躍進を遂げるのは1990年代後半以降のことである。欧米・アジア企業の事業展開の方針は日本企業とかなり異なるため，この点を確認しよう。まず，欧州で二輪車市場に参入している企業は大きく2つに分けることができる。ひとつは，細分化された特定の製品ラインに集中することで，そこでのリーダーになることを狙う企業である。こうした企業を，本書ではさしあたり専門特化型企業と呼ぼう[8]。専門特化型企業には，601cc以上の高・超高排気量の二輪車（Fun用途の二輪車）に特化するBMW（独企業）やHARLEY-DAVIDSON（米企業）といった企業と，250cc以下の超低・低排気量の二輪車（Commuter用途の二輪車）を主たる事業範囲とするPiaggio（伊企業），KYMCO（台湾企業）やSYM（三陽工業：台湾企業）が存在する。いまひとつは，あらゆる範囲に製品ラインを展開する，したがってフルライン政策を採る企業である。これを本書ではフルライン企業と表現する。フルライン企業に属するのが日本企業3社（ホンダ，ヤマハ，スズキ）である。

　次に，専門特化型企業とフルライン企業が手がける製品ラインの範囲の違いをみる。図2-3は二輪車企業6社のイタリア市場における販売ラインナップを示している[9]。各社の機種数がかなり多いため，図2-3をもとに専門特化型企業とフルライン企業の違いをモデル化したものが図2-4である。両図ともに，横軸は製品ラインの幅を示している。二輪車という製品カテゴリーには，主に9つの製品ラインが存在する。それは，オフロード，スポーツ，ツーリング，ネイキッド，カスタム，オン/オフ，Light Motorcycle（図中のLight MC），Light Scooter（図中のLight SC），Big Scooter（図中のBig SC）である。各製品ラインを簡単に説明すると表2-1のようになる[10]。この表には顧客の用途（CommuterとFun）と，二輪車のタイプ（モーターサイクルとスクーター）を併せて掲載している。一方，両図の縦軸は，各製品ラインで取りそろえている機種数（これを，製品ラインの奥行きと表現する）を，さしあたり価格を指標として示している[11]。二輪車は排気量が高くなればなるほど高額になる傾向があるので，価格と排気量どちらを縦軸の指

67

図2-3 イタリア市場における販売ラインナップ

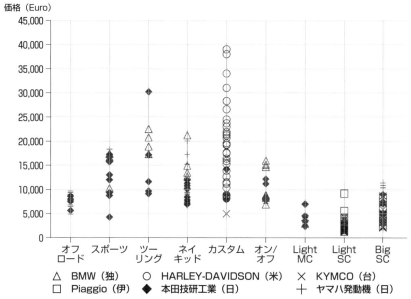

出所:『MOTOCICLISMO』2011年9月号のデータを元に筆者が作成した。なお,販売ラインナップの表し方については相原〔1989〕,94ページ,図4-2,沼上〔2000〕,19ページ,図1-1を参考にした。

図2-4 イタリア市場における専門特化型企業とフルライン企業の違い

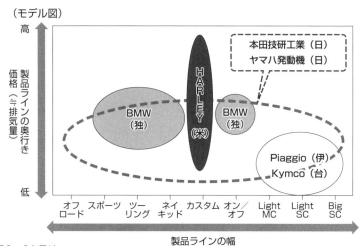

出所:図2-3と同じ。

第2章

国際生産分業の編成・再編成

表2-1 製品ラインの概要

製品ライン	概要	タイプ	用途
オフロード	山林及び砂地等で使用する二輪車である。競技使用専用車であることが多い（公道は走ることができない）。	モーターサイクル	Fun
スポーツ	高性能・出力を重視した二輪車である。高回転・高出力のエンジンを搭載し、高い強度の車体フレームが用いられる。かつて、レース車両の最新技術を転用したレーサーレプリカという二輪車があったように、レース車両をイメージしたスポーティな外観であることが多い。	モーターサイクル	Fun
ツーリング	長距離の走行に適した二輪車である。大型のカウリング（二輪車を覆う外装：フェアリングとも呼ばれる）とシートを備え、乗車した時の快適性と走行時の安定性に優れているのが特徴である。	モーターサイクル	Fun
ネイキッド	主に街中での使用に適した二輪車である。そのため、高性能・出力よりは走行の快適性を重視して開発されている。カウリングを纏わないことがデザイン上の特徴である。	モーターサイクル	Fun
カスタム	ゆったりとした乗車位置で走行する二輪車である。ハンドルグリップが通常よりもかなり上方にデザインされ（チョッパースタイルが典型的）、重心が低いことが特徴である。	モーターサイクル	Fun
オン/オフ	都会と山野どちらも走ることができるように開発された二輪車である。街中での走行に適した性能・出力を持つと同時に、優れたサスペンションの機能を有することが特徴である。	モーターサイクル	Fun
Light Motorcycle	排気量125cc以下のモーターサイクルであり、主に街中の移動手段として用いる。	モーターサイクル	Commuter
Light Scooter	排気量125cc以下のスクーターのことである。特徴はエンジンタンクに腰をかけるスタイルであることと、自動変速（Automatic Transmission）を搭載していることである。街中で使用する二輪車は、このスクータータイプ（Big Scooterも含む）が主流である。なお、スクーターとは逆に、モーターサイクルは手動変速（Manual Transmission）であることが多い。	スクーター	Commuter
Big Scooter	Light Scooterの排気量を高く（排気量126cc以上）した二輪車である。特徴はLight Scooterで述べたスタイルと自動変速に加えて、カスタマイズできる幅が広い（エクステリアとインテリア）ことが挙げられる。	スクーター	主にCommuter

注：製品ラインの名称は二輪車企業や雑誌等によって異なる（例えば、表中のカスタムをアメリカンと表現することがある）。
出所：出射〔1986〕、西村〔2008〕、本田技研工業広報部世界二輪車概況編集室〔各年版〕を参考に筆者が作成した。

標としても概ね同じになる。そのため，ここではグラフを簡潔にするために価格を用いた。これらの図から次の3点がわかる。

A) BMWとHARLEY-DAVIDSONはある特定の製品ラインしか手がけていない。しかもその製品ラインは主に高価格帯（高・超高排気量）に分布している

B) A）の企業と同じく，PiaggioとKYMCOも製品ラインを絞っている。A）の企業との違いは，主に低価格帯（超低・低排気量）の二輪車に集中していることである。

C) ホンダとヤマハはすべての製品ラインを手がけている。さらには，同一製品ラインの中でも，様々な価格（排気量）の機種を展開している。

このように，単一ブランドでフルライン展開を行っている二輪車企業は日本の3社以外に存在しない。2000年以前に日本企業が高いシェアを獲得してきた理由は，このフルライン展開にある。この時期における日本企業のフルライン展開には2つの特徴があった。ひとつは，多様な製品ラインを投入し，CommuterとFunどちらの用途でも競合企業がカバーできない市場を獲得したことである。日本企業の欧州市場参入は古く，1960年代にまでさかのぼる。それ以来，日本企業は国内向けに開発した多様な機種をもとに欧州市場での製品ラインナップを拡充し，徐々にフルライン化を進めてきた。日本の二輪車市場は1950年代後半から1980年代にかけて急速に成長を遂げた。しかも，その間，日本企業は顧客の細分された要求を充足させることを求められてきた。つまり，日本市場は顧客ニーズの多様化を促進しながら成長を遂げたといってよい[12]。このような国内市場の性格が，日本企業がフルライン政策をとりえた大きな理由のひとつである[13]。いまひとつは，競合企業よりも圧倒的に高性能・出力の二輪車を投入し，Fun用途で販売量の大きいスポーツの製品ラインで多数の顧客を獲得したことである[14]。

日本企業に転機がおとずれたのは2005年頃のことである。欧州市場は，1990年代にはすでに成熟期に達し，販売量が停滞・縮小傾向にあった。**図2**

第2章
国際生産分業の編成・再編成

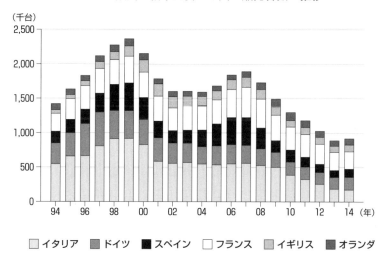

図2-5　欧州二輪車主要6ヵ国の販売台数の推移

注：数値は二輪車の登録台数とモペッドのメーカー申告台数の合計値である。
出所：Association des Constructeurs Européens de Motocycles the Motorcycle Industry in Europe 〔2003〕〔2005〕〔2008〕〔2011〕〔2015〕をもとに筆者が作成した。

－5 は2014年の数値で年間販売台数が5万台を超える，したがって市場規模が大きい6ヵ国の販売台数を示している。図2－5から，欧州の販売台数が2010年までの期間では150万台を境に増減を繰り返し，近年ではかなり減少傾向にあることがわかる。このような欧州の不況に伴う二輪車需要の変化と専門特化型企業の台頭によって，日本企業を取り巻く環境は大きく様変わりすることになった。この要因は次の3つである。以下でもまた，主にイタリア市場を例にみていこう。

第1に，日本企業が得意としたスポーツの製品ラインの需要が減少した[15]。図2－6は，2005年から2010年におけるイタリア市場の推移を製品ラインごとに示している。ここでは変化が激しいモーターサイクルのみを取り上げている。この図から，スポーツの需要は急速に減っていることが把握できる[16]。日本企業からすれば，ボリュームゾーンのひとつであった製品ラインが縮小してしまったのである。一方で，高価格帯（Fun用途）で際立った

71

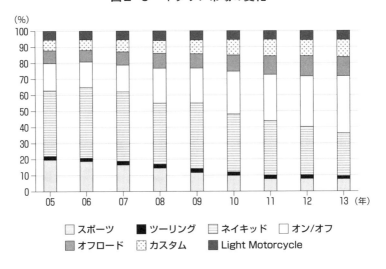

図2-6 イタリア市場の変化

注：スポーツ，ツーリング，ネイキッド，オン/オフ，オフロード，カスタムがFun用途の二輪車であり，Light MotorcycleがCommuter用途の二輪車である。
出所：本田技研工業から提供された資料より筆者が作成した。

特徴を持つ二輪車を手がける専門特化型企業（BMW，HARLEY-DAVIDSONなど）が得意とする製品ラインはボリュームが年々増加してきている。これら専門特化型企業はオン/オフやカスタムの製品ラインに注力する傾向が強く，その販売ラインナップも多い。図2-6は，ボリュームゾーンがスポーツからオン/オフやカスタムへと組み変わっている状況を端的に表している。このような需要の変化に伴う専門特化型企業の台頭によって，高価格帯（Fun用途）で日本企業が販売量を大きく伸ばすことが難しくなった。

第2に，低価格帯（Commuter用途）でも専門特化型企業の販売量が増加してきていることである[17]。具体的には，Piaggioおよび，1990年代後半に欧州市場に新規参入したKYMCOが低価格競争を繰り広げることで，その販売量を伸ばした。低価格競争の典型例としては，2011年から2012年にかけて，KYMCOがイタリア市場で行ったインセンティブキャンペーンが挙げら

第2章

国際生産分業の編成・再編成

れる。KYMCOは二輪車自体の販売価格が日本企業よりも低い（図2－3・図2－4参照）が，それに加えて，販売価格から約150ユーロ－約1,000ユーロを割り引くキャンペーンを行った（割引額は機種によって異なる）[18]。日本企業，とりわけホンダは，このような専門特化型企業の割引キャンペーンに追随しなかった。しかし，イタリアとスペインでは経済不況が続き，価格に敏感な顧客が生まれ始めている。とりわけ，移動手段を得るために，初めて二輪車を購入する層（エントリーユーザー）は，価格を購買の選択基準に据えることが多くなった。それら顧客にとっては，日本企業の二輪車が価格に比べて過剰品質として映るようになり，低価格帯でも日本企業を取り巻く環境が厳しくなったのである。こうして，フルラインを展開する日本企業3社は低価格帯（Commuter）と高価格帯（Fun）のどちらにおいても専門特化型企業の攻勢を受けることになったのである[19]。

　第3に，近年，①専門特化型企業は製品ラインを拡大させつつあるとともに，②既存の製品ラインにおいてもラインの奥行きを深める傾向にある。①については，例えば，TRIUMPH（英）は，2011年に高・超高排気量のオン/オフの二輪車を発売し，製品ラインを拡張した[20]。さらには，BMWは2012年に高排気量のスクーターを発売し，Big Scooterの製品ラインに参入した[21]。日本企業からすれば，特定の製品ラインで競合する企業が増加していることになる。②の典型例は，BMWが発売した中排気量の二輪車であるG301R（スポーツの製品ライン）である。元々，BMWはスポーツの製品ラインを手がけていたが，G301Rによって初めて排気量500cc以下の市場に参入した。しかも，BMWは，インドの二輪車企業であるTVSモーターと提携することで，この機種を市場投入したことに注目する必要がある。G301RはBMWが設計を担い，TVSモーターがインドで生産し，主として新興国市場をターゲットとした機種である[22]。このような新興国企業との提携や資本参加は，近年よく見受けられるようになったことである。例えば，KTM（澳）はインドの二輪車企業であるBajajの資本参加を受け，2011年に既存のネイキッドの製品ラインに低排気量の二輪車125DUKEを加えている。こ

の125DUKEは,Bajajが生産し,KTMが販売する機種であった[23]。専門特化型企業は,①製品ラインを拡張させるだけではなく,新興国企業との提携や資本参加によって,②既存の製品ラインにおいても機種を拡充し始めている[24]。このように,日本企業を取り巻く競争環境は激しさを増している。

　ホンダは,専門特化型企業の攻勢に対抗するために,従来のフルライン展開をよりいっそう進めることを決定する。フルライン展開は,製品ラインの幅と奥行きを広くカバーするが,一方で,特定の製品ラインに投入する機種数が少なくなる傾向にある。専門特化型企業の攻勢は,フルライン展開から生じた隙間を狙ったものであった。ホンダは,そうした隙間を埋めるように,緻密な製品ラインナップを展開しようとした。同時に,経済不況によって生じた価格に敏感なエントリーユーザーを獲得することも,その目的であった。このようなフルライン展開のさらなる拡充(これを本書ではフルラインの深化と呼ぶ)を実現するため,ホンダは従来のMade by Global Hondaを発展させたグローバル3戦略の構想を打ち出す。それは,先に確認したTodayの中国生産よりも,さらに大規模な構想であった。

2　グローバル3戦略とタイ拠点の活用

　ホンダがグローバル3戦略を推進し始めたのは,2008年頃のことである。グローバル3戦略は,①グローバルモデル,②グローバルアロケーション,③グローバル調達からなる[25]。簡単に言えば,①基本設計を全世界で共通化させた機種を開発し,その機種の生産に際して,②最も適した立地(拠点)を選ぶことである。さらには,①を含めた多くの機種の部品を世界中から調達する(③)ことが,ホンダの狙いであった。こうした戦略にしたがって,ホンダは低排気量のエントリーモデルであり,なおかつグローバルモデル(①)でもある二輪車を次々と開発し,それをタイ拠点で生産(②)することを決める。このグローバルモデルのタイ拠点生産は,ホンダ本社の二輪事業本部長が提案したことから始まったという[26]。

　ホンダが初めてグローバルモデルと謳ったのは,2009年に発売した低排気

第2章

国際生産分業の編成・再編成

量（125cc）のスクータータイプの二輪車PCX125と，2010年に発売した低排気量（250cc）のモーターサイクルタイプの二輪車CBR250Rである[27]。PCX125とCBR250Rはいずれも，開発当初から日本，欧州，米国，タイおよびASEAN地域というように広範な出荷地域が設定され，それらの地域の需要を満たす製品要件が定められた。これら2機種の生産に際して，ホンダがタイホンダを選択した理由は次の2つである。

第1に，タイホンダの成長である。これは，ホンダが長年にわたってタイでの開発・生産に注力してきたことの成果であった。ホンダは2008年から主として本国生産拠点（熊製と浜松製作所。以下，浜松製作所は浜製と記述）がつくり上げた品質管理の生産管理手法をアジア拠点に移植する取り組みを始めた。この取り組みにおいても，ホンダが最初に移植を試みたのがタイホンダであった。ホンダの狙いは，タイホンダへの生産管理手法の導入と，そこでの蓄積をASEAN地域の生産拠点に展開することにあった[28]。このように，創業から長い年月を経るにつれて，タイホンダはASEAN域内におけるプレゼンスをかなり高めていたのである。さらに，ホンダを含めた日本の二輪企業の取り組みによって，タイでは部品サプライヤーの集積が進んでいた[29]。そのことから，タイホンダはほとんどの部品を現地で調達できるようになっていた[30]。しかも，この時点で，タイホンダはすでに日本を含めたアジア域内およびブラジルへの部品輸出まで行っていた。多数の海外生産拠点の中で，部品サプライヤーを含めたタイホンダのコスト競争力をホンダが評価していたことがわかる[31]。

加えて，タイホンダの成長は開発面でも顕著であった。ホンダは，1988年に研究開発の事務所を設置して以降，1999年にHonda R&D Southeast Asia Co., Ltd.（以下，ホンダR&Dタイと記述）を設立する[32]。その後，2002年にはホンダR&Dタイにテストコースを設置するなど，外観（カラー・デザイン）変更だけでなく，エンジンの設計変更や新機種の立ち上げを見据えて，ホンダは開発機能を増強させてきたのである[33]。例えば，2007年にタイで販売開始したスクーター・iconは，ホンダR&Dタイを中心として開発

した機種であった。iconは，タイホンダが生産を担い，タイ国内での販売を始めた後に，2008年にはインドネシア，2009年にはフィリピンとマレーシアに投入された機種である[34]。本国拠点からの技術的なアドバイスをもとに，ホンダR&Dタイが企画・開発の段階からiconの開発を進めたという[35]。このようなことから，2009年には，ベースとなる機種をもとに，20以上の派生機種を同時に開発できるまで，ホンダR&Dタイは発展していた[36]。加えて，他国で立ち上げる二輪車のベースとなる機種の生産を手がけたり，新機種立ち上げに向けた機能テストを，ホンダR&Dタイは担うようになる。このような結果，タイホンダは，全拠点のマザー工場である本国生産拠点とともに，ホンダがASEAN地域に設立した各生産拠点を部分的に支援する拠点となるまでになっていた[37]。

　第2に，タイ市場の成熟である。2004年まで，タイ市場の約9割を占めていたのはモーターサイクルであった。その後，2005年に二輪企業各社がスクーターの機種を市場投入し，その需要が拡大していく。2011年には，モーターサイクルとスクーターの割合がほぼ半々になるほどであった。さらに，2010年頃になると，より高額な二輪車を求める顧客層が生じる。それまで顧客の二輪車購入金額は約3万バーツであったが，2011年には4万から5万バーツのスクーターを購入する顧客が増えつつあった[38]。したがって，スクーターや従来よりもハイエンドの機種を顧客が受け入れる土壌ができつつあった。

　このような理由から，ホンダは2種類のグローバルモデルをタイで生産することを決めた。グローバルモデル（PCX125とCBR250R）の特徴は，開発時点から複数国への市場投入が決まっていたことにある。この点は，結果として複数国に展開されたTodayとの大きな違いであった。ここではCBR250Rを例にみよう。開発に際して，ホンダはCBR250Rを先進国のエントリーモデルであり，新興国のハイエンドモデルと位置付けた[39]。従来，ホンダは日本や欧州といった先進国と，ASEAN域内の新興国では異なる機種を開発する傾向にあった。そうして，主に新興国（あるいは先進国）に向け

第 2 章
国際生産分業の編成・再編成

て開発した機種が，先進国（あるいは新興国）にも受け入れられると当該市場に立地する販売拠点が判断した場合のみ，機種を供給していた。しかし，グローバルモデルでは，これら新興国と先進国双方の顧客に受容されることが製品要件とされた。そこでのホンダの狙いは，広範な地域・国の需要を満たすとともに，タイホンダでの生産に際して，ロットを拡大させることにあった。

CBR250Rは，当初からタイホンダ（さらにはのちにみるインド）での生産を想定していたので，開発段階から日本（日本の本田技術研究所と熊製）とタイ（タイホンダおよびホンダR&Dタイ）が加わり，その仕様が決められていった。とりわけ，CBR250Rはタイホンダが初めて手がける排気量の二輪車であったため，その構造がシンプルになるように数々の設計変更が重ねられた[40]。例えば，ホンダはCBR250Rのエンジン気筒数を1気筒にすることを選択している。エンジンは気筒数が増えるにしたがって，部品点数が多くなり，機械加工と組み付けに高い精度が求められる[41]。これに加えて，コストが上昇するために，ホンダは1気筒を選んだのである。

しかしながら，タイホンダが成長を遂げていたとはいえ，CBR250Rの立ち上げはかなり困難な作業であった。いくらシンプルな構造にしても，過去に，タイホンダがつくっていた機種との工数差があまりにも大きかったからである。PCX125は従来の機種と比べて約3倍の工数差が，CBR250Rはそれ以上の工数差があった。生産量が異なることももちろん関係するが，タクトタイムは既存の機種と比較して，3倍から4倍に上昇した。さらに，外観や各部品の建て付けの品質を維持するのも難しかった。グローバルモデルは，先進国への出荷，あるいは新興国でハイエンドとして投入する機種であるために，高い品質が求められたのである。そうした困難を乗り越えて，タイホンダにおけるグローバルモデルの生産が実現した[42]。

グローバルモデルを開発・生産するホンダの狙いは，日本市場と欧州市場の縮小とタイ市場の成熟化への同時対応にあった。PCX125とCBR250Rは，タイではハイエンド機種であるために販売量が際立つことはないが，日本市

場と欧州市場の販売では大きく貢献している[43]。例えば，日本では，排気量91cc以上125cc以下の市場でPCX125は常に年間販売台数の上位にある。同じく，CBR250Rも排気量126cc以上250cc以下の市場で同様の位置にある。

　この時期のホンダの国際生産分業を図示すると，**図2-7**のようになる。フェーズⅡでは，第1章で確認した中国拠点に加えて，タイ拠点が適地供給拠点からグローバル供給拠点へと移行した。さらに，ホンダは2011年からCBR250Rをインドホンダで生産することを決定した。ホンダは2010年にヒーロー・ホンダとの合弁を解消し，インドホンダを輸出拠点にすることにしたのである[44]。インドホンダのCBR250Rの出荷地域は，タイよりも狭く，インド国内と南米である[45]。インドホンダのCBR250R生産は，2011年からであるために，図2-7には加えていないが，後の**図2-10**に反映させている。なお，ホンダのグローバル3戦略のうち，③グローバル調達についてはフェーズⅢに大きく影響するために，次節で検討する。

図2-7　本田技研工業の国際生産分業の変遷　2005年から2010年

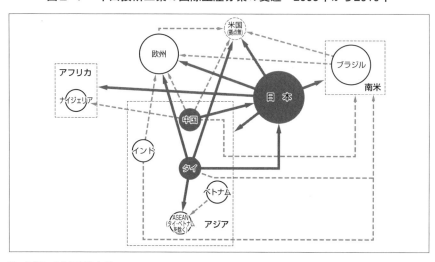

注：図序-1と同じである。
出所：図序-3を再掲した。

3 本国生産拠点と米国拠点への影響

ホンダが国際生産分業に中国拠点とタイ拠点を組み込んだことによって，本国生産拠点と米国拠点は大きな影響を受けた。すでに触れたように，フェーズⅠおよびフェーズⅡの序盤では，超低・低排気量の輸出量が減少した本国生産拠点は，部品（KD）輸出に活路を見出していた。しかし，フェーズⅡの期間を通じて，中国拠点やタイ拠点を含めた多くのアジア拠点が発展を遂げ，本国生産拠点の部品輸出は少なくなってしまった。部品輸出については，企業ごとの長期的な推移が判明しないので，日本の二輪車・部品輸出の変化を確認しよう。図2-8から一目瞭然であるが，超低・低排気量の部品輸出の落ち込みはとりわけ激しい。つまり，本国生産拠点の部品輸出の役割は，フェーズⅡが進むとともに低下してしまったのである。

そのため，本国生産拠点は，超低・低排気量の二輪車の生産を，これまでの完成車輸出や部品輸出ではなく，国内市場向けに切り替えねばならなかった。しかし，フェーズⅡでみたように，中国拠点やタイ拠点が対日輸出する

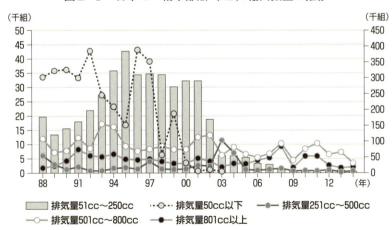

図2-8　日本の二輪車部品（KD）輸出数量の推移

注：右軸が排気量51cc以上250cc以下，左軸がそれ以外の排気量の指標である。2004年からの排気量50cc以下の輸出量は，統計項目がなくなるために不明である。
出所：財務省貿易統計（URL：http://www.customs.go.jp/toukei/info/）（2015年12月24日閲覧）より筆者が作成した。

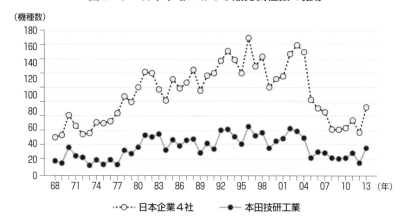

図2-9 日本市場における販売機種数の推移

注：当該年に国内向けに発売されたニューモデルのみ算出している。
出所：八重洲出版〔2007〕，枻出版社〔2006〕〔2007〕〔2008〕〔2009〕〔2010〕〔2011〕〔2012〕〔2013〕〔2014〕から算出し，筆者が作成した[46]。

機種は，最量販機種のエントリーモデルであった。本国生産拠点からすれば，最も量産できる機種が生産品目からなくなってしまった。一方で，ホンダは，日本市場でも一貫してフルライン展開を推し進めている。図2-9からわかるように，ホンダや日本企業が日本市場に投入する機種数は，毎年ほとんど変わっていない[47]。したがって，本国生産拠点は，1機種あたりの生産量・販売量が小さい超低・低排気量機種を多数生産することが要請された。さらに，中排気量以上の機種は，超低・低排気量の二輪車よりも生産量・販売量が少ない半面，機種数が多い。その傾向は高・超高排気量の二輪車になればなるほど強くなる。つまり，本国生産拠点はすべての排気量において多機種で小ロット，あるいは日単位の生産数量が数台といった極小ロットの生産を余儀なくされたのである。

このような，多機種の小ロット・極小ロットの生産（以下では，単に多機種・小ロット生産と呼ぶ）に対応するため，フェーズⅡの期間に本国生産拠点が取り組んだのは，次の通りである。詳細は第4章で述べるため，ここでは簡単に確認する。まず，2000年に入ると，ホンダは国内に設置していた7

本の生産ラインを2本に集約することを決める。当時のホンダの本国生産拠点は，2つの製作所から成り立っていた。ひとつは，排気量251cc以上の二輪車を生産する浜製であり，いまひとつは，排気量250cc以下の二輪車を生産する熊製である。浜製は既存の3本の生産ラインを1本に，熊製は4本のラインを1本に段階的に統合したのである[48]。2006年には，ホンダは2つの製作所に分かれていた二輪車生産を熊製に集約することを決定する。さらに，米国拠点（Honda of America Manufacturing., Inc.）で行っていた二輪車生産も，すべて熊製に移管することにした[49]。そうした後に，2008年から，ホンダは熊製を改編し，年間生産量が50万台でも採算が確保できる体質へとつくり変えることを狙った。本国生産拠点は最も多い時（1981年）で年間約290万台（複数の製作所の合計値）の二輪車を生産していた。当時と比べると，改編の際に狙った年間50万台の生産台数はかなり少ない。このことからも，生産量の面で本国生産拠点が直面した問題の深刻さがわかる。

　熊製の改編は，「New motor Cycle Plant[50]」（以下，NCPと記述）プロジェクトと呼ばれる。このNCPプロジェクトによって，従来のベルトコンベアを用いた生産ラインだけではなく，極小ロット機種の生産に対応するためのセル生産ラインが設置されている[51]。加えて，この一連の過程の中で，ホンダは熊製を世界の二輪車のマザー工場として位置付けた[52]。ホンダは，国内外の生産拠点を統廃合してでも本国生産拠点を残し，マザー工場として活用することに注力してきたのである。その結果，本国生産拠点は多機種・小ロット生産で採算がとれるような体制を築いてきた。以後，本国生産拠点はフェーズⅢでも多機種・小ロット生産への対応を続けていく。とりわけ，2008年からのリーマンブラザーズの経営破綻とその後に続いた世界的不況は，本国生産拠点に大きな影響を与えた。この経済不況が日本から欧米への完成車輸出の減少をもたらし，本国生産拠点の年間生産量は約14万台（2014年の時点）にまで減ってしまう[53]。生産量全体の縮小に伴って1機種あたりの生産量が少なくなり，本国生産拠点はさらなる多機種・小ロット生産への対応を余儀なくされた。フェーズⅠからⅢを通じて，本国生産拠点は生産量減少

と，それに伴う多機種・小ロット生産に対応すべく，並々ならぬ努力を続けてきたのである。

　中国拠点の活用を端緒とするフェーズⅡの事例から判明したことは，大きく3点である。これらの多くはフェーズⅢでも共通するが，フェーズⅡでは見受けられなかった現象がフェーズⅢでは生じていく。フェーズⅡとフェーズⅢで，どの点が異なるのかを明確にするため，ここでひとまず整理する。フェーズⅡの事例から明らかになったことは，第1にホンダの機種開発の仕方が発展しているが，輸出機種においては自国市場の性格が重要であること，第2に海外生産拠点が割り当てられる機種には共通した特徴があること，第3にホンダの国際生産分業の拠点活用には2通りの側面が存在することである。それぞれについて詳しく説明しよう。

　第1に，自国市場の重要性と機種開発の発展である。適地供給拠点といえども，グローバル供給拠点といえども，ホンダは常に自国（当該拠点が立地する市場）にも投入できる二輪車しか各国生産拠点の生産品目として設定しない。したがって，グローバル供給拠点においても現地生産と現地販売という従来のホンダの方針は貫徹されている。グローバル供給拠点は，現地生産と現地販売を保ち，それに重ねる形で自国・他国に向けて開発された二輪車を生産・輸出したのである。この点に関して，第1章で確認した中国拠点はイレギュラーな事例と考えられる。中国拠点は市場の類似性をひとつの要因として，日本向けの二輪車生産拠点として選ばれた。しかし，中国拠点が自国への二輪車販売を開始したのは，日本でTodayを発売した後であった。しかも，それは，豪州やメキシコなどの国々への出荷を経た後のことであった。この意味で，中国拠点が手がけたTodayの時点では，適地供給拠点の開発・生産の進め方が色濃く残っていたことは先述の通りである。これに対して，後年に開発するグローバルモデルでは，ホンダが自国を含めた出荷先を開発当初から決め，それを満たす製品要件を設定していた。つまり，中国拠点によるToday生産の時には，特定国向けの機種開発と事後的な出荷地域の設定（適地供給拠点の開発・生産の進め方）であったが，タイ拠点のグ

ローバルモデル生産では事前の出荷地域の設定と，それに基づく複数国向けの機種開発へとホンダは発展させたのである。

第2に，ホンダは，大ロットが見込める機種を海外生産拠点に振り分けたことである。グローバル供給拠点となった中国拠点とタイ拠点の生産品目は，いずれも先進国におけるエントリーモデルであり，他の機種に比べて大きな販売量・生産量が見込める機種であった。しかも，出荷地域を広範に設定することで，販売量・生産量のさらなる拡大を狙っていた。ホンダが有する多くの海外生産拠点，とりわけアジア拠点では，大ロット生産を志向し展開している。そのため，ホンダは海外生産拠点のロット効率を阻害しないように，あるいは海外生産拠点が大ロット生産のメリットを継続的に享受できるように，エントリーモデルを割り当てていたのである。

第3に，ホンダの国際生産分業には，①事前の計画通りに活用した拠点と，②最新の市場の状況や拠点の動向を捉えて更新した構想にしたがって組み込んだ拠点が存在することである。①の典型例はタイホンダである。ホンダは，タイホンダが自ら拠点の成長に注力することを前提として，この拠点を長期にわたって育成し，計画的に国際生産分業に用いたと捉えることができる。どの時点で国際生産分業に組み込むのかというタイミングは，拠点の成長スピードと，競争環境を含めた各国市場の状況による。実際，ホンダは，タイホンダを国際生産分業に活用するに至るまでの間，開発・生産面の発展と，欧州・日本市場の競争環境の変化およびタイ市場の成熟を待たねばならなかった。しかしながら，第1章で確認したように，タイホンダが古くから機種の対日輸出を試験的に始めていたことを見過ごしてはならない。国際生産分業を構想した時点から，ホンダはタイホンダを一貫して将来的に活用する拠点と位置付けていたのである。②はすでに第1章でみた新大洲ホンダである。コピー二輪車が横行する中国で，部品調達網の獲得を狙いとした合弁によって活用可能な拠点が生まれ，国際生産分業に加わったのが，新大洲ホンダの事例であった。新大洲ホンダは，ホンダがフェーズⅠで構想した国際生産分業の姿を，最新の市場と拠点の動向を元に更新したことによって活用した拠

点である。長期間にわたる国際生産分業の形成では往々にして拠点や市場の状況が変わるが、それを捉え、巧みに反映させることで、創発的に国際生産分業に活用できるようになる拠点が存在することを、新大洲ホンダの事例は示している。

このように、ホンダの国際生産分業の形成プロセスでは、①と②の2つの側面が確認できる。本書では、①を国際生産分業の形成プロセスにおける計画の側面、②を創発の側面と呼ぶことにしよう。①と②の側面は、ホンダの本社といった特定の機能が、必ずしも事前に長期的な国際生産分業の姿を厳密に構想し、その構想通りにすべてを実施して形成したわけではないことを示している。

III　フェーズIII：国際生産分業の再編成

フェーズIIIは、ホンダが国際生産分業を再編成していく期間である。この時期におけるホンダの取り組みは、アジア拠点のさらなる活用と各拠点の役割の明確化、フェーズIIで述べたグローバル3戦略の③グローバル調達の拡大とそれに関連したプラットフォーム共通化である。フェーズIIまでのホンダの国際生産分業は、主に中国拠点と本国生産拠点、タイホンダと本国生産拠点という1対1の拠点間関係に焦点が当てられた。フェーズIIIでは、3者間における拠点間関係の変化が生まれていく。さらに、フェーズIIIでは、これまでのフェーズでは見受けられなかったホンダの国際生産分業が持つ新たな特徴が浮き彫りになる。

ここでは、アジア拠点の活用をみる前に、ホンダのグローバル調達の概要を確認することから始めよう。本書では、国際生産分業の形成による完成車供給の変化を中心としているために、部品調達自体は分析の範囲を超える。しかし、このグローバル調達は大きく2つの点で、ホンダの完成車の国際生産分業の形成に密接に関わっていた。ひとつは、Fun二輪車のエントリーモ

デルを開発するために，ホンダがグローバル調達と同時に進めたプラットフォーム共通化という新たな試みが，特定の生産拠点から他の生産拠点へと波及したことである。いまひとつは，海外生産拠点でのグローバルモデル生産が完成車供給の変化をもたらし，その結果としてグローバル調達が拡大したことである。つまり，①グローバルモデルと②グローバルアロケーションの取り組みが，③グローバル調達に影響を及ぼすという関係が存在する。これらを把握するために，フェーズⅢにおける完成車供給の移り変わりを検討する前に，グローバル調達を簡単にみていく。

　ホンダが多くの生産拠点で海外調達部品の拡大を試みたのは，2006年頃のことである[54]。こうした海外部品調達の適用範囲は，CommuterとFunいずれの二輪車にも及ぶ。このうち，排気量100ccから125ccのCommuterの二輪車で実施した取り組みを，ホンダは「C8G3[55]」と呼んでいる。C8G3は，Commuterの部品の8割を対象に，1部品あたりの調達先を当時の10社程度からグローバルで約3社に絞り込むというものである[56]。例えば，従来までホンダは11社17拠点からサイドミラーを購入していたが，これを3社5拠点にまで集約するとしている[57]。加えて，3社の国・地域は分けて選択するという[58]。低コスト部品の調達先として，中国企業のプレゼンスが高まってきていたことが，ホンダがC8G3を実施する背景にあると推察される[59]。加えて，C8G3の狙いは，コスト削減もさることながら，部品の種類を絞ることにもある[60]。二輪車部品は，機能部品であるとともに，外観を左右するデザイン部品でもある[61]。そのために，ホンダを含めた日本の二輪車企業は，機種ごとに専用部品を開発する傾向にあった。日本企業は，これまでも何度か部品の種類の集約に取り組んできたが，実態としてはあまり進んでいなかった[62]。いずれにしても，このC3G8はフェーズⅠで確認したタイ拠点からの部品輸出と，フェーズⅡでみた中国拠点の調達網を拡張したものとして捉えることができるだろう。ただし，過去に各国の生産拠点が現地調達率の拡大に取り組んできたことから，ホンダがC8G3をドラスティックに進めることは容易ではなかった。そのため，ホンダは全生産拠点のマザー工場である本国

生産拠点（熊製）から大規模な海外部品調達を始めた[63]。

　本国生産拠点は，Commuterだけでなく，排気量の高いFunの二輪車でも海外部品調達を進めた[64]。海外部品を初めて大幅に取り入れたFunの二輪車は，「ニューミッドコンセプト[65]」シリーズ（以下，ニューミッドシリーズと呼ぶ）と呼ばれる。この二輪車をシリーズと呼ぶ理由は，ホンダが共通プラットフォーム（エンジンと車体フレーム）のもと3機種を同時に開発したことによる。しかも，3機種はそれぞれ異なる製品ラインに投入する機種であった。つまり，ホンダは，共通プラットフォームのもとにオン/オフ，Bigスクーター，ネイキッドのFun二輪車を開発したのである（製品ラインについては表2－1を参照）。このようにFun二輪車でプラットフォームを共通化させた機種は，ホンダとして初めてであった[66]。

　もちろん，プラットフォーム共通化それ自体は，これまでもホンダが取り組んできたことである。しかし，従来，それは低排気量のCommuter二輪車を対象としていた。例えば，ホンダは，ASEAN域内で低排気量スクーターであるWave110をコアプラットフォームに設定し，数々の派生機種を生み出してきた[67]。また，天野/新宅〔2010〕は，ホンダがASEAN域内のプラットフォーム共通化を試みていることに言及している。そこでは，同一機種をベースとしたバリエーション展開と，エンジンを流用した複数機種の開発という2つの方向性があることを明らかにしている。しかし，ニューミッドシリーズのようにFun二輪車で，複数の製品ラインにまたがってプラットフォームを共通化させたホンダの機種は，これまでにない。

　ニューミッドシリーズ開発におけるホンダの狙いは，従来の機種から約30%コストダウンさせることで価格を抑えた機種を投入し，中古車を購入するユーザーを獲得することであった[68]。こうしたコストダウンの一環として，Fun二輪車で最初となる大規模なグローバル調達をホンダは実施した[69]。すべての部品のうち，海外調達の部品が占める比率は，約4割にまで達したという[70]。ただし，このようなグローバル調達のみで，既存機種を上回るコストダウンを達成したわけではないことに注意が必要である。グローバル調達

が寄与したのは，約30％のコストダウンのうち約7％である。その他の約23％はプラットフォーム共通化による1部品あたりの量産効果の拡大や設計の工夫にあったという[71]。

　加えて，ニューミッドシリーズの開発は，開発機能を本国生産拠点（熊製）に設けたことによる成果でもある。従来，ホンダの二輪車開発機能は，埼玉県朝霞市にある本田技術研究所二輪R&Dセンターにあった。ホンダは，2012年頃から開発機能の一部を本国生産拠点に移設し，「朝霞研究所・熊本・分室[72]」を設立した。本田技術研究所二輪R&Dセンターから朝霞研究所・熊本・分室へと異動する開発人員は，増加傾向にある。2012年8月の時点で朝霞研究所・熊本・分室の開発人員は40人であった。その後，2012年10月には約250人の設計・開発担当者が朝霞研究所・熊本・分室へと異動し，2014年までの異動者数は計350人にのぼるという[73]。さらに，ホンダは，この分室に購買担当者も異動させている[74]。このような開発・生産・購買が一体となった取り組みのもと，ホンダはプラットフォームを共通化させ，海外部品を大幅に取り入れたニューミッドシリーズを開発したのである。ニューミッドシリーズの機種開発における開発・生産・購買の詳細，さらにはグローバル調達の動向については，本書の課題から離れるために，これ以上の検討は加えない。ここで重要なのは，ホンダが本国拠点で生み出したプラットフォーム共通化を，次にみるタイホンダのグローバルモデル生産に活かしたことにある。

1　アジア拠点の継続的な活用

　2010年以降，ホンダはタイホンダで生産するグローバルモデルを次々と拡充する。タイホンダは，フェーズⅡで手がけるようになった低排気量の二輪車の機種数を，フェーズⅢの期間でさらに増加させていく[75]。これに加えて，中排気量から高排気量のグローバルモデルの生産までタイホンダが担うようになる。このグローバルモデルのタイ生産も，ホンダ本社の二輪事業本部長が検討を提案したことから始まった[76]。フェーズⅡで確認したように，ホン

ダがグローバルモデル生産に取り組んだ背景には，タイ市場の成熟がある。時が進むにつれて，タイ市場では，より高い排気量の二輪車を受け入れる土壌が生まれつつあった。タイホンダが中排気量から高排気量の二輪車生産を進めるのに合わせて，そうした二輪車の専売店である「ビッグウイング[77]」を開設したことからも，このことが確認できる。タイにおける排気量の高いスポーツタイプの二輪車市場は，2012年に6,000台にも達していた[78]。

　ホンダは先述のニューミッドシリーズと同じく，タイホンダが手がけることになった中排気量（500cc）の二輪車にも，プラットフォーム共通化を取り入れ，3機種を同時に開発することにした。ホンダは，この二輪車を「ニューファンダメンタルコンセプト[79]」シリーズ（以下，ニューファンダメンタルシリーズと呼ぶ）と呼んでいる。タイホンダは，ニューファンダメンタルシリーズを2011年に新設したグローバルモデル用の工場で生産することにした[80]。ニューファンダメンタルシリーズの出荷地域は，タイ国内の他に北米，欧州である。日本では二輪車免許の区分から500ccでは需要が見込めないために，400ccに排気量を落とし，タイホンダからの部品供給を受けて本国生産拠点が組立し販売することにしている[81]。ホンダは，日本や欧州といった先進国市場では，このニューファンダメンタルシリーズをFun二輪車のエントリーモデルとして位置付けている[82]。このように，出荷地域が広範であること，エントリーモデルによってロットの拡大を狙うことは，フェーズⅡでみたグローバルモデルと同様である。これらに加えて，ニューファンダメンタルシリーズはプラットフォームを共通化させることで，それを構成するエンジンとフレームの生産量の拡大をホンダが狙ったことに特徴がある。さらに，先のグローバルモデルであるCBR250Rに対して，ニューファンダメンタルシリーズは排気量が高く，しかも2気筒のエンジンを採用したことに大きな違いがある[83]。CBR250Rの生産を実現した経験から，タイホンダはより高難度の二輪車生産に取り組むことになったのである[84]。

　その後，ホンダは，ニューファンダメンタルシリーズよりも高排気量のグローバルモデルであるCBR650FとCB650Fをタイホンダで生産することを

第 2 章

国際生産分業の編成・再編成

決める。これら機種もまた，ニューファンダメンタルシリーズと同じく，プラットフォームを同じにする機種であり，タイホンダがアジア諸国と欧米へ，タイホンダからの部品供給を受けた本国生産拠点が日本へ出荷する機種である[85]。加えて，これらの機種が狙う顧客として，ホンダはエントリーユーザーのみならず，エントリーモデルから上位機種にアップグレードするユーザーを設定している[86]。ホンダがCBR650FとCB650Fに4気筒エンジンを搭載させたため，顧客層を広げられたと考えられる[87]。このように，CBR650FとCB650Fのエンジン気筒数はニューファンダメンタルシリーズよりもさらに多い。排気量としても，エンジン気筒数としても，タイホンダがより難易度の高い二輪車生産を実現してきていることがわかる。

こうして，フェーズⅡからフェーズⅢへと移行する中で，ホンダはグローバル供給拠点であるタイホンダの役割を徐々に高度な二輪車生産へと変化させていった。

一方，この期間におけるタイホンダの他の生産拠点の動向は，次のようである。まず，フェーズⅡの最後で述べたように，インド拠点が低排気量のグローバルモデルを生産するようになる。今後，ホンダはインド拠点でもタイ拠点と同じ高排気量の二輪車を割り当てる予定であるという[88]。より高い排気量へと生産品目を広げるタイ拠点とインド拠点に対して，ホンダは中国拠点をフェーズⅢにおいても日本向けの超低排気量のグローバル供給拠点に位置付けている。厳密に言えば，中国拠点は，超低排気量から低排気量へと，生産する機種の範囲を一時的に広げる。具体的には，中国拠点は一定の期間，日本や欧州に出荷する低排気量のスクータータイプの二輪車Dio110の生産を担う[89]。しかし，のちにみるように，ホンダは中国拠点が担った低排気量の生産・輸出の役割をベトナム拠点に移す。その結果，グローバル供給拠点としての中国拠点の役割は，従来から手がけていた超低排気量の二輪車生産に特化することになる[90]。

こうして，ホンダは，国際生産分業の形成を進める中で，超低排気量を生産・輸出する中国拠点，低排気量を生産・輸出するインド拠点，低排気量か

ら高排気量を生産・輸出するタイ拠点というように，各拠点の役割を徐々に明確化させてきた。加えて，タイ拠点にみられるように，フェーズが進むにつれて，高い排気量の二輪車生産をグローバル供給拠点に割り当てた。そのことによって，ホンダはグローバル供給拠点から供給する機種を，低排気量から高排気量にまで広げ，供給網をより高度なものへと変化させていく。さらに，フェーズⅢでは，低排気量のグローバル供給拠点として，ベトナム拠点が加わることになる。

2　アジア拠点のさらなる活用：ベトナム拠点

　ホンダが，自社のベトナム拠点であるHonda Vietnam Co., Ltd.（以下，ベトナムホンダおよびベトナム拠点と記述）に割り当てた役割は，日本やタイ向けの超低・低排気量のスクータータイプのエントリーモデルの生産である。そうしたエントリーモデルの中には，グローバルモデルとしてホンダが開発した機種が含まれている。ベトナムホンダは，1997年に現地での生産を開始した[91]。ホンダが有する海外生産拠点の中では，ベトナムホンダは相対的に新しい拠点である。

　三嶋〔2010〕が詳細に描いたように，ベトナムの二輪車産業は，海外からの完成車輸入と，主として中国部品を輸入し，組み立てて販売する地場企業，さらには日本の二輪車企業を含めた外資系企業が激しく競争する中で急速な発展を遂げた。第1章でみた図1-1からも，ベトナムの二輪車販売量が著しく伸びていることがわかる。このような市場の拡大に合わせて，ベトナムホンダは生産能力を年々拡張してきた。具体的には，2000年に30万台であったベトナムホンダの生産能力は，2002年には60万台に，2007年には100万台に，2011年には200万台へと増加した[92]。加えて，この間にベトナムホンダは約9割を超えるまでに現地調達率を向上させている[93]。

　同時に，ベトナム市場では量的な拡大を伴いつつ，2006年頃から需要の変化が生じる。従来，ベトナム市場ではモーターサイクルタイプの二輪車が主流であった。2006年頃からは，二輪車企業各社がスクータータイプの二輪車

第2章
国際生産分業の編成・再編成

を市場投入したことによって，その需要が徐々に伸びていく。さらに，ベトナム市場では，同じ排気量の二輪車でも付加価値が高い機種の販売が次第に大きくなりつつあった[94]。フェーズⅡのタイ拠点と同じように，市場の発展と拠点の成長という2つの要因から，ホンダはベトナムホンダをグローバル供給拠点として活用し始めるようになる。ただし，ベトナムホンダがグローバル供給拠点としてエントリーモデルを生産するようになるまでの過程には，ベトナム特有の事情があった。やや複雑になるが，その経緯を確認しよう。

　2006年以降，ベトナムではイタリアホンダが生産する低排気量（排気量125ccおよび150cc）のスクーター・SH125/150を輸入販売する業者が多数生まれていた。これは，イタリアホンダが正式に出荷したものではなく，ベトナムの輸入業者が独自に輸入したものであった。ベトナム輸入業者の目的は，年々増加傾向にあった高付加価値の二輪車需要の獲得であった。当時のベトナムでは，こうした業者による輸入が，ホンダの想定以上に増えていたのである。そのため，2009年にホンダは，ベトナムホンダがSH125の部品をイタリアホンダから輸入（CKD）し組み立てる方法へと切り替えて，非正規輸入への対応を試みた[95]。つまり，ホンダは，イタリアホンダの生産と並行して，ベトナムホンダでもSHを生産し，現地に供給することにした。ところが，Made in Italyと刻印された機種が，一部の富裕層に受け入れられるために，業者によるイタリアからの輸入が続いていたという[96]。ベトナム市場で付加価値の高い二輪車の需要が大きくなる中で，SHの人気はかなり根強かったのである。

　このようなことから，ホンダは2012年のモデルチェンジを機に，SHをグローバルモデルとしてベトナムホンダで本格的に生産することを決める。ベトナムホンダとイタリアホンダ，日本の本田技術研究所が共同してSHを開発し，ベトナムで調達する部品を多く使用することが決まった。加えて，同年にホンダは，タイホンダが生産していたグローバルモデルPCX125/150をベトナムホンダの生産品目として加えた。タイホンダからPCXの生産が移管されたわけではなく，タイホンダに加えてベトナムホンダもPCXを生産

するようになったのである[97]。SHとPCXはいずれも，ホンダが2011年に開発した低排気量のスクーター用グローバルエンジン・「eSP[98]」を搭載した機種であった。フェーズⅡでタイホンダが生産することになったPCXは，モデルチェンジのタイミングでeSPエンジン搭載するようになっていたのである。

このように，ベトナム市場で大きくなりつつあったハイエンドスクーター需要，その中でも当初想定していなかったSHの根強い需要を取り込む形で，ホンダはグローバルモデルのベトナムホンダ生産を決定した。しかも，2機種のグローバルモデルで共通したエンジンを搭載させることで，量産効果を高めることをホンダは狙ったのである。ベトナムホンダは，2013年にSHをタイに，SHの派生機種であるSHmodeを日本と欧州に出荷する[99]。加えて，ホンダは2014年から日本に輸出するPCX125/150の生産をタイホンダからベトナムホンダに切り替えた[100]。これによって，タイホンダが生産するPCXの出荷先は，主として立地国市場とASEAN域内の一部の国になった（欧州向けは後述）。

この後，ベトナムホンダはeSPエンジンを搭載した機種の生産を増やしていく。2015年には，それまで中国拠点が担っていた低排気量のスクーターDio110の対日輸出をベトナムホンダが担当することになった。Dio110もまた，2015年のモデルチェンジの時点で新たに開発された空冷式のeSPエンジンを搭載した機種である[101]。なお，Dio110は複数国で同時に生産することを初めて設定した機種である。そのため，正確には日本に出荷する生産拠点が中国からベトナムに変化したという可能性が高く，中国拠点からは別の地域にDio110を出荷していることも考えられる[102]。加えて，後年（2015年），稼働率の低下を補うために本国生産拠点に移管されることになるが，超低排気量機種であるDUNKやタクトをベトナムホンダは生産していた。これらの機種も，ホンダが超排気量用に新たに開発したeSPエンジンであった[103]。こうして，eSPエンジンの搭載を契機として，ベトナムホンダは他国向けに開発した機種の生産を増加させていった[104]。

第2章
国際生産分業の編成・再編成

こうして、ベトナムホンダがグローバル供給拠点としてホンダの国際生産分業に加わることで、従来、タイホンダや中国拠点から日本に輸出していた機種が大きく移り変わっていった。それだけではなく、ベトナムホンダの活用は、2009年の時点でSHの部品をベトナムに輸出していたイタリアホンダにも大きな影響を及ぼした。

3 ベトナムホンダのグローバル供給拠点化とイタリアホンダの役割の変化[105]

2012年からイタリアホンダは、それまでとは逆に、ベトナムホンダからSH125/150の部品輸出（CKD）を受けることになった。ベトナムホンダのSHの輸出先に、欧州が加わらなかったのは、このためである。その後、ベトナムホンダは、2014年にイタリアホンダへのPCX125/150の部品輸出（CKD）も開始する。当初、PCXは2009年にタイホンダが生産し、欧州に完成車として輸出していた。このPCXが欧州で好評を博したことは、フェーズⅡですでに確認した通りである。当時のイタリアホンダは、SHという売れ筋機種を生産品目として有していたが、自拠点の稼働率を向上させるために、PCXを取り込むことを狙ったのである。イタリアホンダはPCXの組み立て生産をホンダに提案し了承された。そうして、2012年のPCXのモデルチェンジを機に、タイホンダから部品輸出（CKD）を受けて、イタリアホンダが組み立てて、欧州地域に出荷することになった。さらに、ベトナムホンダがPCXを生産し始めたので、2014年からはイタリアホンダの調達先がベトナムに切り替わった。このように、ベトナムホンダは、低排気量スクーターのグローバルモデルの完成車輸出だけでなく、部品輸出拠点としてもプレゼンスを高めた。一方で、イタリアホンダは結果としてグローバル調達を拡大することとなった。

イタリアホンダは、PCXだけでなく、2013年には中国拠点が欧州に完成車輸出していた低排気量のスクーターDio110の組み立ても自拠点に取り込んでいる[106]。これらの機種をイタリアホンダが担わなければならないほど、欧

州地域の需要減退が激しく,かつエントリーモデルの販売量が大きかったのである。しかし,単にイタリアホンダの稼働率を向上させるためだけの理由で,ホンダがベトナム拠点と中国拠点からの部品輸出というイタリアホンダの提案を承認したわけではない。イタリアホンダは,これまで一貫して欧州地域の売れ筋機種を生産することに注力してきたことを見過ごしてはならない。

イタリアホンダは1970年代から2000年にかけて欧州地域,とりわけイタリア市場の需要の変化に対応し,超低・低排気量のスクーターから,低・中・高排気量のスクーター・モーターサイクルの売れ筋二輪車へと生産品目の切り替えに取り組んできた。1990年代前半には超低排気量機種を生産していたが,その後,低・中排気量のスクータータイプと,中・高排気量のモーターサイクルの二輪車生産を手がけるようになる。スクータータイプの生産は,先述のSHの需要拡大を背景に一気に拡大する。スクータータイプの生産開始時点では,イタリアホンダの生産品目は,低排気量（125cc,150cc）だけであったが,のちに中排気量（300cc）まで拡大する。スクータータイプの生産品目が増えていく中で,イタリアホンダは完成車組立だけではなく,エンジンの現地生産を手がけることに注力してきた。さらに,2005年頃までには排気量500ccから650cc（中・高排気量）のモーターサイクルの生産を実現し,その後,排気量1,000ccのモーターサイクルの生産を達成している。モーターサイクルのエンジンは本国生産拠点からの輸入であったが,イタリアホンダは高排気量機種の完成車組立を担うまでになっていた。

2010年には,イタリアホンダと同様に欧州域内の二輪車生産を手がけていたスペイン拠点・Montesa Honda S.A.（以下,スペインホンダと記述）の完成車生産をすべてイタリアホンダが吸収する[107]。スペインホンダは,欧州に向けた低・高排気量のモーターサイクルの売れ筋機種を生産していた拠点である。スペインホンダからの移管を受けて,イタリアホンダは,ホンダの欧州域内における唯一の二輪車生産拠点となった。過去に超高排気量のみを生産した米国拠点,のちのタイホンダ（フェーズⅢのグローバルモデル生産）

第 2 章
国際生産分業の編成・再編成

を除けば，多種類の中・高排気量の二輪車生産ができる海外生産拠点は，イタリアホンダのみである。こうして，イタリアホンダは相対的にロットが大きい売れ筋の低・中・高排気量機種の生産を担うようにまで発展を遂げてきた。このような蓄積があればこそ，イタリアホンダの提案はホンダに受け入れられたのである。

　確かに，イタリアホンダの提案は，2000年以降に生じた専門特化型企業の攻勢と欧州市場の縮小によって生産量が減少したために，生産拠点の稼働率向上を意図したものであった。しかしながら，その提案をホンダが承認するかどうかは，当該拠点の評価如何である。詳しくは第3章以降で述べるが，ホンダは個々の生産拠点の保有設備や投資計画といった情報を収集し，常に評価する。したがって，ホンダは，イタリアホンダの提案を生産拠点の稼働率向上という観点からだけではなく，当該機種の生産に適した拠点かどうかという観点からも検討し承認したのである。つまり，この事例で重要なのは，イタリアホンダがこれまでの蓄積から当該機種の生産に適した拠点という評価をホンダから得て，PCXとDio110の生産を獲得したことである。国際生産分業の形成が進むにつれて，拠点間の役割が変動する中で，イタリアホンダは，グローバル調達による組み立て生産へと形を変えつつも，売れ筋機種の生産という特定の役割を自ら維持・獲得したといってよい。

　フェーズⅢにおけるホンダの国際生産分業を図示すると，図2-10のようになる。フェーズⅢにおいてホンダは，当初の構想通りに，より高度な二輪車生産を担うグローバル供給拠点へとタイ拠点を発展させた一方で，新たにベトナムホンダを国際生産分業に活用した。ベトナムホンダのグローバル供給拠点化は，ベトナム市場におけるハイエンド需要の拡大に伴う輸入業者の増加が契機であった。ハイエンド需要の拡大と部品調達網を狙った合弁というように拠点を活用する要因こそ異なるものの，ベトナムホンダもフェーズⅡでみた中国拠点と同じく，創発的に国際生産分業に活用できるようになった拠点であると考えられる。ベトナムホンダの事例でもまた，ホンダは当初

図2-10 本田技研工業の国際生産分業の変遷 2011年から2015年

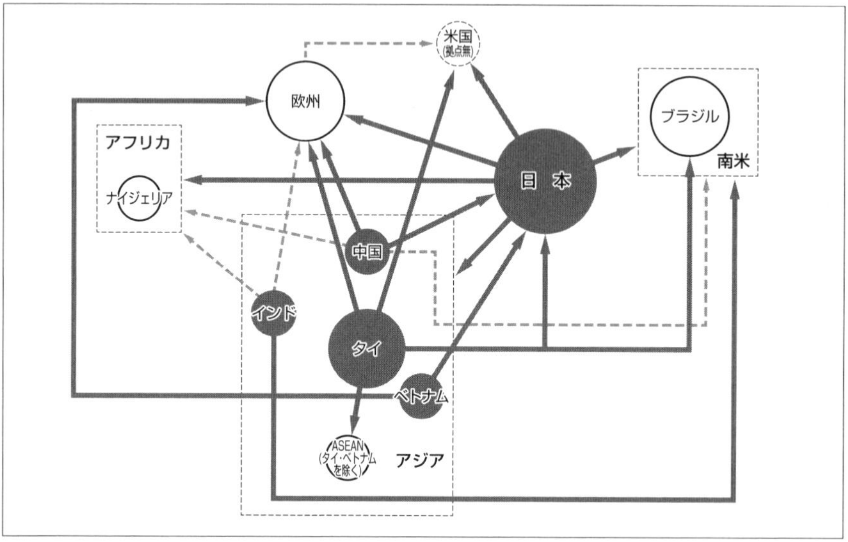

注:図序-1と同じである。
出所:図序-4を再掲した。

　予期していなかったSHの根強い需要を捉え，それをもとに構想を更新し，将来的な発展を見据えてグローバル供給拠点化を進めたのである。それは，ベトナムホンダがSHのグローバルモデル化に続いて，PCXやeSPエンジンを搭載した機種の生産を次々と担っていったことから明らかである。

　加えて，ベトナムホンダのグローバル供給拠点化は，他の生産拠点を巻き込んで展開したことに際立った特徴がある。先にみたように，ベトナムホンダの活用を起点として，それまでとは逆に，イタリアホンダはベトナムからの部品供給を受けることになった。このようなベトナムホンダのグローバル供給拠点化に伴うイタリアホンダへの影響は，従来のグローバルモデルとは異なり，SHがすでに継続的に生産・販売されていた機種であることから生じていた。そこでは，イタリアホンダの二輪車生産の蓄積を基盤としたホンダへの提案が大きく作用していた。そうしたイタリアホンダの努力がなければ，SHの生産移管だけになったであろう。

第 2 章

国際生産分業の編成・再編成

　このことは，国際生産分業の形成が進み，いずれかの拠点がグローバル供給拠点化するにしたがって，各拠点が自ら役割を獲得することを強く求められるようになったといってよい。とはいえ，このような要請自体は以前から存在していた。これまでみてきたように，本国生産拠点は常に自らの役割を探ってきた。さらには，そうした本国生産拠点の試行錯誤に伴って，二輪車生産を中止した米国生産拠点のような事例もある。ただし，現地生産・販売拠点や適地供給拠点が多く存在した時代では，立地国の需要が当該生産拠点で生産する機種をある程度規定していた。しかしながら，グローバル供給拠点化が進むにつれて，各生産拠点の当初の役割が変わり，本国生産拠点のみならず，海外生産拠点においても拠点の役割を検討し獲得するといった要請がよりいっそう強くなっていったのである。

　一方，タイホンダは，より排気量の高い二輪車，しかも本国生産拠点で生み出したプラットフォーム共通化を取り入れた二輪車の生産を担うようになっていく。したがって，タイホンダが担う役割は，フェーズⅡからフェーズⅢへと移る過程で高度になった。タイホンダが高度な二輪車生産の実現に向けて労力を費やしたことが大きく影響したものの，フェーズを通じて，ホンダは一貫して当初の構想通りにタイ拠点を成長させてきたのである。同時に，ベトナムホンダが低排気量生産を新たに開始したことで，国際生産分業の中でタイ拠点が担う低排気量生産の比重は低下していった。

　他方，これらの生産拠点に対して，若干の変動はあったものの，中国拠点の役割は変化していない。その結果，超低排気量を中国拠点が，低排気量をベトナム拠点とインド拠点が，中・高排気量をタイ拠点が担うようになり，ホンダの国際生産分業を構成する海外生産拠点の役割が徐々に明確になった。このように，フェーズⅢを通じてホンダは各国生産拠点の役割を調整し，全体が最適な形になるように国際生産分業を再編成させてきたのである。同時に，フェーズⅠの時点では複雑であったホンダの二輪車供給網は，グローバル供給拠点からの二輪車供給が拡大すればするほど，全体としてみれば次第にリーンになっていった[108]。このことは，序章でみた図序-1から図序-4ま

での一連の図から一目瞭然である。

　こうした国際生産分業の形成によって，ホンダは製品ラインナップを拡充させ，各国での高い競争力を維持・強化している。アジア諸国では，グローバル供給拠点が生産することになった高い排気量の機種や低排気量におけるハイエンド機種の需要が，一部の国で徐々に大きくなりつつはあるものの，著しく伸びているわけではない。それゆえ，グローバル供給拠点の生産機種が，アジア諸国におけるホンダの競争力に与える影響は限定的である。これに対して，欧州や日本では，グローバル供給拠点の生産機種の貢献度は高い。いずれの国も市場全体の販売量は，経済不況による影響が大きく作用し，停滞あるいは縮小傾向にある。そのことは，第1章の図1-5（日本）及び図2-1（イタリア）からみて取れる。他方で，この間，ホンダは日本や欧州のほとんどの国で高い市場シェアを維持・強化している。図2-11からわか

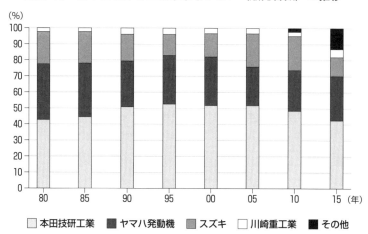

図2-11　日本における二輪車市場シェア（販売台数）の推移

注：2010年以降では，その他の項目において，一部の外国二輪車企業のシェアが判明する。一方で，2009年以前は1980年を除いて，その他の項目の詳細は不明である。それゆえ，2009年以前は基本的に日本企業4社以外の数値は含まれておらず，それら企業におけるシェアの推移である。1980年ではその他項目のシェアが把握できるが，この項目にどのような数値が算入されているかは判明しない。
出所：2009年までのシェアは，本田技研工業広報部世界二輪車概況編集室〔各年版〕から算出した。2010年以降のシェアは，2010年が日経産業新聞編〔2011〕，2015年が『日経産業新聞』2016年7月25日付け17面を参照した。なお，2010年以降のシェアは日本経済新聞社の推定値である。

るように，日本市場では，ホンダは一貫して約50％の市場シェアを獲得している。さらに，欧州では専門特化型企業との競争が激しさを増す中で，ホンダは市場シェアを高く保つことを成し遂げている（代表的な例としては図2－1のイタリア市場を参照）。

Ⅳ 小括：国際生産分業の形成の契機と編成・再編成プロセスにおける特徴

　ホンダが国際生産分業を形成する契機は，日本市場の縮小に直面したことと，欧州市場の停滞および専門特化型企業の台頭，アジア市場の成熟に伴った拠点の成長にあった。このような環境の変化に応じるために，フルライン企業であるホンダが企図したのは，フルラインを深化させ，これまで展開していた機種の間隙を埋めるように製品導入を進めていくことであった。ホンダは製品ライン全体に機種を展開するがゆえに，特定の製品ラインだけでみれば，専門特化型企業に比べて機種数が少なくなる。そのため，従来以上に密に機種を展開することで，ホンダは専門特化型企業に対抗しようとしたのである。同時に，ホンダが日本市場や欧州市場の収縮に対応するためには，エントリーモデルを拡充させることが必要であった。これらのことから，エントリーモデルを中心として，フルラインの深化をホンダは試みたのである。

　ここでホンダが持つ製品展開の2つのパターンを確認しよう。ひとつは，現地生産拠点がその拠点が立地する市場に向けた機種のほとんどを生産するパターンである。このパターンは主にアジア各国の適地供給拠点で見受けられる。この場合，現地での製品ラインナップは，当該市場に立地した拠点が生産した二輪車に留まる。このような拠点レベルで生産し提供することで構成される製品ラインナップを，本書ではひとまず拠点レベルの製品ラインナップと呼ぼう。いまひとつは，当該市場での製品ラインナップが立地国の生産拠点からの出荷のみならず，他国・地域の生産拠点からホンダブランドのついた二輪車供給を受けて成り立っているパターンである。このような場合，

当該市場で販売される二輪車の種類は立地国生産拠点の生産品目（拠点レベルの製品ラインナップ）を超える。このパターンが主に確認できる欧米市場では，拠点レベルの製品ラインナップの2倍以上の機種が販売されている[109]。このように構成される製品ラインナップを，本書ではさしあたりブランドレベルの製品ラインナップと呼ぶことにしよう。

　ホンダは，拠点レベルではなく，ブランドレベルの製品ラインナップを拡充させることで，フルラインを深化させ，各国での高い競争力を維持・強化することを成し遂げた。このブランドレベルの製品ラインナップの拡充を担う生産拠点が，ホンダがつくり出した数々のグローバル供給拠点である。従来，ブランドレベルの製品ラインナップを実現するために，現地生産拠点が手がけていない機種を生産し輸出していたのは本国生産拠点であった。このような本国生産拠点の役割を，アジアに立地する複数のグローバル供給拠点が担う中で，国際生産分業の形成が進んできた。したがって，ホンダが国際生産分業を形成する目的は，一貫してブランドレベルの製品ラインナップの追求にあったといってよい。

　このような目的を達成するために，ホンダは，アジアの生産拠点をグローバル供給拠点として活用し，それら拠点が果たす領域を徐々に明確化・高度化させるとともに，国際生産分業全体がその時々の最適な形になるように編成・再編成させてきた。こうした観点から，これまで明らかにしてきたフェーズⅠからⅢまでの過程，すなわちホンダが国際生産分業の形成に着手し，編成・再編成させていくプロセスを整理しよう。この作業から，ホンダの国際生産分業の編成・再編成プロセスにおける特徴が浮き彫りになる。その特徴は3つある。第1に計画の側面のみならず，創発の側面から活用できるようになった拠点を見出して国際生産分業に組み込んできたこと，第2に海外拠点に対して大ロット生産のメリットを享受できるように機種の要件を設定したこと，第3に活用した複数の拠点を徐々に強く束ねてきたことである。それぞれを詳しく確認していこう。

　従来，ホンダの海外生産拠点（現地生産・販売拠点）は，消費市場によっ

て棲み分けていた。フェーズⅠからフェーズⅢの期間，ホンダは，そうした現地生産・販売の方針を基本的には一貫して維持する。同時に，フェーズが進むにつれて，ホンダは現地生産・販売の方針に加える形で他国への二輪車供給を進めていく。そこでのホンダの目的は，ブランドレベルの製品ラインナップを拡充させることであった。繰り返しになるが，この目的を達成するために，ホンダは企業内における国際的な水平的生産分業をつくり，拡大させていった。フェーズⅠの時点でのホンダの国際生産分業は複雑な二輪車供給網であった。当時，唯一のグローバル供給拠点である本国生産拠点を除けば，他国拠点への輸出は多数の適地供給拠点が担っていた。消費市場に立地する拠点の要望をもとに多種多様な機種を相互に供給した結果としてつくり出されたものであるがゆえに，その二輪車供給網は錯雑としていた。

　フェーズⅠの後に，ホンダは国際生産分業の構想を鮮明に打ち出す。ここから，フェーズが進むにつれ，ホンダは国際生産分業を編成・再編成させていく。フェーズⅡ以後，ホンダの国際生産分業を主として担うのは，中国，タイ，インド，ベトナムといったアジアのグローバル供給拠点であった。グローバル供給拠点は，フェーズⅡからⅢを通じて，ホンダが生み出したものである。そこには，タイ拠点にみられるように当初の計画通りにホンダが一貫して育成した生産拠点と，中国拠点やベトナム拠点のように国際生産分業の形成が進む中で市場や拠点の動向が変化し，そうした状況を捉えて構想を更新することで，活用可能となった生産拠点が存在した（これを本書では，計画の側面と創発の側面と呼んだ）。このように数多くの生産拠点の中から，計画通りに活用を進めるのみならず，創発的に活用可能な生産拠点を見出し組み込んでいくことが，ホンダの国際生産分業が持つ第1の特徴である。

　さらに，ホンダは国際生産分業に組み込んだグローバル供給拠点の生産品目に対して，相対的にロットが大きい機種を割り当て，当該生産拠点にメリットを与えていた。フェーズⅡで，グローバル供給拠点が生産・販売することになった機種は，エントリーモデルであり，自国のみならず広範な地域に出荷できるという2つの要件が課せられていた。ホンダは，こうした要件に

よって，1機種あたりのロットを拡大させることを企図したのである。そうして，フェーズⅢになると，本国拠点で生み出したプラットフォーム共通化をタイ拠点に適用し，1機種あたりのロットのさらなる拡大を狙うようになっていく。このことからわかるように，当該生産拠点にメリットを与え，国際生産分業で活用する点が，第2の特徴である。

　一方で，国際生産分業の形成を進める中で，ホンダはグローバル供給拠点の役割を変化させ，各生産拠点の役割が明確化・高度化するように調整し，全体として最適な形を生み出してきた。例えば，タイホンダはより高度な二輪車生産を手がけるようになる。これに伴って，タイホンダが担っていた低排気量の二輪車生産をベトナムホンダが担うようになった。さらにフェーズⅢでは，国際的な水平的生産分業だけでなく，工程間の垂直的分業を担うグローバル供給拠点（ベトナムホンダ）が生まれた。このようにして，ホンダはひとたび国際生産分業で組み込んだ各拠点の役割を明確化させ，さらには高度化させてきた。その結果，ホンダはフェーズを経るにつれ，当初，煩雑であった二輪車供給網を徐々にリーンにしていった。

　このことが持つ意味はとりわけ重要である。ホンダがある生産拠点を国際生産分業に活用する機会は，拠点の成長，当該市場の発展，部品調達網の獲得を狙った合弁，当初予期せぬ需要の拡大といったように多様であった。しかしながら，ホンダは，そうして活用したグローバル供給拠点が果たす役割を重複させることなく，国際生産分業を形成してきた。しかも，当初，低排気量機種の生産がグローバル供給拠点の主たる活用領域であったが，ホンダはそれを高排気量機種の生産にまで徐々に広げていく。したがって，拠点が立地する市場の発展という制約を受けながらも，巧みに拠点の活用の形を変化させることで，言い換えれば，拠点の役割の調整を繰り返すことで，ホンダはその時々において最適な国際生産分業をつくってきた。したがって，ホンダは，国際生産分業全体としてみれば，単に個別拠点を場当たり的に寄せ集めるのではなく，拠点の役割を調整し，複数の拠点を強く束ねてきたのである。この点が，ホンダの国際生産分業が持つ第3の特徴である。

第2章
国際生産分業の編成・再編成

　3つの特徴が示しているのは，ホンダが事前に長期的な姿を厳密に構想し，その構想通りにすべてを実施してきたのではなく，ある拠点を活用するたびに，その時々の条件に合わせて構想を更新し，拠点の役割の調整を繰り返すことで，全体として調和のとれた国際生産分業を形成してきたということである。つまり，ホンダの国際生産分業は，N期の自らの選択によって来した場の変化（競合他社と市場の動向および拠点の成長）を条件として捉え，そこから構想を練り，次なる（N+1期）の選択肢を創出するという連続によって形づくられたものと考えられる。正確に表現するならば，この過程で，ホンダは構想を新たにつくり出すのではなく，変化した条件に合わせて，初期に策定した長期的な構想をアップデートしている。それゆえ，ここでは構想を練る（もしくは更新・アップデート）という表現を用いている。

　こうしたホンダによる国際生産分業のシステム形成をモデル的に示したのが，図2-12の（c）である。これは，発展を遂げた個別拠点を利用し，寄せ集めのように構築された国際生産分業の姿（図2-12の（a）），またはその時々で自社に最も都合の良い立地の拠点へと移転を繰り返す国際生産分業の姿とは大きく異なる。さらには，事前の厳密な長期構想にしたがって個別拠点を組み込み，リジッドなシステムを構築する姿（図2-12の（b））とも明らかに違う。図2-12の（c）が表しているように，ホンダの国際生産分業のシステムは，その時々の最適を目指し，連続的に拠点活用と長期構想の更新を繰り返す中で，複数の拠点を次第に強く束ねていくことでつくられたものである。こうして形づくられた国際生産分業のシステムが，結果としてホンダの高い競争力の維持・強化に結びついていることは，先述の通りである。

　これまで述べてきたことを整理し，ホンダの国際生産分業の編成・再編成プロセスにおける特徴を明確にしよう。それは，ブランドレベルの製品ラインナップを追求するために，計画通りに拠点の活用を進めるのみならず，世界各国に配置した生産拠点の中から創発的に活用可能な拠点を見出し，構想の更新と当該拠点にメリットを与えた形での活用および拠点の役割の調整を繰り返すことで，複数の拠点を次第に強く束ね，その時々の最適をつくり出

図2-12 国際生産分業の構築・形成のモデル図

(a) 場当たり的な国際生産分業の構築　(b) 事前の厳密な構想による国際生産分業のシステム構築　(c) 国際生産分業のシステム形成

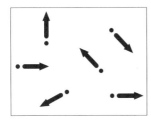
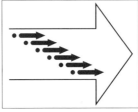
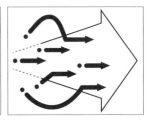

●：発展前の拠点　　➡：拠点の発展方向性　　⇨：システムの発展

出所：筆者が作成した。

していくことにある。このように，ホンダの国際生産分業のシステムは動態的に形成され，発展していく。本書が，国際生産分業を動態的なシステム形成プロセスとして捉える理由は，この点にある。

それでは，なぜ，ホンダは，このような形で国際生産分業の形成を進めてきたのであろうか。それは，ホンダの国際生産分業が，グローバル・システムであることに起因する。ひとつの国にとどまるシステムではなく，グローバルに展開したそれは，多様な環境に直面することになる。これまで詳しく確認してきたように，二輪車は市場によって競合他社の状況や需要の変化に違いがある。しかも，そうした需要の動向に伴って，拠点の発展の方向性も差異が生じる。したがって，ホンダが国際生産分業のシステムを構築あるいは形成していく際に影響する要素が大きい。このような環境では，将来的に生じる変化を見通し，事前にシステムのすべてを構想することは極めて困難である。それゆえ，ホンダは計画と創発の側面いずれであっても，ある拠点の活用を起点として，次の国際生産分業のあり方を見通し，長期構想をアップデートさせなければならないのである。

こうしたホンダの国際生産分業のシステム形成プロセスは，藤本〔1997〕が提示した「創発プロセス[110]」の枠組みに近い。藤本〔1997〕は，トヨタ自動車を事例として取り上げ，次の2つの問いの解明を試みた。それは，①「い

わゆるトヨタ的な開発・生産システムはどのような意味で競争合理性をもっていたといえるのか」と，②「このシステムはそもそもどのようにして構築されてきたのか[111]」である。このうち，②の分析において，藤本〔1997〕は「完全に偶然でも完全に決定論的でもない，また完全に事前合理的でも完全に不合理でもない，そして完全に制御可能でもなく完全に制御不能でもない，複雑なシステム変化の過程[112]」を創発プロセスと呼んだ。より詳しく述べれば，ある開発システム・生産システムが生まれ，変化していくプロセスには概ね5つのパターンがあり，そうした「システム発生のパターン（合理的計算，偶然試行，環境制約，企業者的構想，知識移転）の多様性が観測され，しかもどのようなパターンが事前には予測できなかったと推定される場合，そのような複合的なシステム変化[113]」が創発プロセスである。

　ホンダの国際生産分業のシステム形成は，藤本〔1997〕が提示した創発プロセスと同じような様相をみせる。ホンダの国際生産分業の形成のありようは，図2-12の（c）にみられるように，偶然でも決定論的でもなく，事前合理的でも不合理でもない。一方で，制御に関しては，ここまで本書では論じてこなかった。次章以降では，ホンダが国際生産分業の形成をいかに制御してきたのかを解明していこう。その際，本書では，ホンダの国際生産分業形成の制御機構を調整メカニズムと呼ぶ。これまで述べてきたように，ホンダの国際生産分業の形成はその時々の最適な形へと柔軟に編成・再編成させてきたことに際立った特徴がある。それは，次章以降でみる調整メカニズムによって恒常的に更新した構想を反映させ，絶えざる調整を繰り返してきたことが大きく寄与した。

注

1　2007年まで排気量50cc以下の市場は50万台を維持したが，その後，再び減少し，20万台強になる。出所は，三ツ川／平山／大坪／立石〔2014〕である。また，Todayは2007年に実施された排出ガス規制（エミッション規制）によって電子制御燃料噴射が搭載され，値上げを余儀なくされている。この点については，三ツ川／平山／大坪／立石〔2014〕に加えて，本田技研工業への聞き取り調査による。なお，ホン

ダは自社の電子制御燃料噴射を「PGM-FI」と呼んでいる。出所は，本田技研工業webサイト（URL：http://www.honda.co.jp/tech/motor/close-up/pgm-fi/index.html）（2016年3月4日閲覧）であり，括弧内も同webサイトからの引用である。
2 『モーターサイクリスト』2012年6月号，34ページから引用した。
3 この節については，横井〔2013〕に基づき，記述した。
4 本田技研工業への聞き取り調査による。
5 本書では，Association des Constructeurs Européens de Motocycles the Motorcycle Industry in Europe（欧州二輪車製造者協会）〔2008〕にしたがって，搭載するエンジン排気量が50cc未満であり，最高速度が45km/h以下という制限が課せられた車両をすべてモペッドと定義する。厳密に言えば，2012年までは，この定義の中でも国によって様々な免許が存在した。というのも，欧州共通の運転免許要件を定めたEuropean Union（以下では欧州連合と表現する）運転免許制度（指令91/439/EEC）は，モペッドを適用範囲から外し，その運用を各国に委ねていたからである。2013年から施行予定の免許制度（指令2006/126/EC）では，モペッドの免許についても欧州連合で共通化させる方向に進んでいる。以上は，Galliano〔1998〕，末井〔2011〕，Eur-Lex Access to European Union Lawwebサイト（http://eur-lex.europa.eu//en/index.htm）（2013年1月2日閲覧）を参照した。いずれにしても，欧州の多くの国では，上記で定義したモペッドは，各国の陸運局（各国で名称は異なる）に登録する必要がない。モペッドを購入した顧客の手続きは，例えば，ナンバープレートを取得するために各国の役所に届け出るだけである（この点も，当該国がモペッドの運転免許制度をいかに運用するかによって異なる）。そのため，ここでのデータは，メーカーが所属する業界団体に申告した数値を販売台数として代用している（業界団体への申告については，本田技研工業への聞き取り調査による）。一方，モペッド以外の車両（これを本書では「二輪車」と呼んでいる）は各国の陸運局に登録することが義務づけられているために，販売実績を正確につかむことができる。この登録の有無を分けるために，本書では上記のモペッドの定義を採用した。なお，図2-1と図2-2の原典では，ここでいう二輪車をMotorcyclesと表現している。しかし，このMotorcyclesにはモーターサイクルタイプとスクータータイプという二輪車の2つのタイプが含まれる。Motorcyclesとモーターサイクルタイプの混同を避けるために，二輪車と表記することにした。
6 2001年から2009年のホンダの数値にはMontesa（モンテッサ）社の販売量を加えてシェアを算出している。Montesa社は，1982年にホンダと二輪車の合弁事業（この時点では営業部門のみ）を始めたスペイン地場企業である。その後，ホンダは1986年にMontesa社の工場部門を吸収し，2006年にはMontesa社の全株を取得し統合した。統合後の正式名称はMontesa Honda S.A.であり，ホンダの欧州事業統括会社・Honda Motor Europe Ltd.が100%出資する現地法人となった。Montesa Honda S.A.の経緯については本田技研工業への聞き取り調査による。図2-2では，表記を統一するためにMontesa Honda S.A.ではなく，本田技研工業と記述した。

なお，2000年はMontesaの販売量が判明しないため，本田技研工業の販売量に加算していない。
7 Association des Constructeurs Européens de Motocycles the Motorcycle Industry in Europe〔2015〕を参照した。
8 かつて私は，このような企業を「専門企業」と表現していた（括弧内は横井〔2013〕，506ページより引用した）。しかし，単に専門企業とするよりは，専門特化型企業と言い表したほうが，これら企業の特徴をより正確に示している。そのため，本書では，専門特化型企業に表現を変更した。
9 ここでは，イタリア市場を取り上げたが，スペイン市場や多くの欧州市場における販売ラインナップでもほとんど同じ図が描ける。そのため，イタリア市場のみを掲載した。
10 表中のスポーツ，ツーリング，ネイキッド，カスタム，Light Motorcycleがオンロードの二輪車に分類されることが多い。
11 販売ラインナップの表し方，製品ラインの幅と奥行きについては，相原〔1989〕，94ページ，図4-2，沼上〔2000〕，19ページ，図1-1を参考にした。このうち，沼上〔2000〕は製品ラインの奥行きとしてアイテム（品目）を挙げている。そこでは，自動車の例としてナビやサンルーフなどのいわゆるオプション品が述べられている。二輪車の場合，すべての機種でアイテムが用意されているわけではない。とりわけ，Commuterの二輪車では，顧客が選択できるのはカラーだけであることが多い。二輪車の顧客は，価格（と排気量）を基準に購入機種を選択する傾向があるため，ここでは価格（排気量）を縦軸の指標として用いることにした。
12 日本では1960年代から早くも機種の多様化が進んでいる（日本自動車工業会編〔1995〕を参照した）。日本企業が開発した二輪車を簡単に振り返ると，1960年代にロードスポーツ，1970年代にオフロード，自動変速（Automatic Transmission）二輪車が生まれる。加えて，この1960年代と1970年代は，エンジンの多気筒化・大排気量化も同時に進んだ。さらに，1980年代には，Light SC，スーパースポーツ，ツーリングを日本企業は開発する。1980年代央から現在にかけて，日本市場は年を追うごとに小さくなるが，今度は需要を喚起するために日本企業は多様な二輪車を開発してきている。1990年代にはカスタムとBig SCを，2000年以降ではオン/オフを開発している。ただし，ここでの開発は新規性（日本企業が世界で初めて開発したこと）を述べているわけではない。ここで強調しているのは，市場の拡大が機種の多様化を伴っていたということである。二輪車の開発については，出射〔1986〕，日本自動車工業会編〔1995〕，高橋〔2005〕，西村〔2008〕，小関〔2009〕〔2010〕を参照した。
13 グローバルでみても，日本市場ほど多様な二輪車が受け入れられている国はない。この点については，横井〔2007〕を参照されたい。
14 日本の二輪車企業が高性能・出力に向かうきっかけをつくったのは，ホンダが1970年代に開発したCB750FOURであろう。日本企業による大型二輪車の開発と，

その後の高性能化の歴史については出水〔2011〕を，CB750FOURの開発経緯については小関〔2006〕を参照した。

15　この背景としては，技術開発が進んだことで顧客がはっきりと認識できるくらい急激な高性能・出力化が難しくなったこと，技術開発の余地は残されているが，すでに顧客が乗りこなせないくらいにまで高性能・出力化が進展してしまったこと，経済不況の影響によって高性能・出力を好む若者が二輪車を買えなくなってしまったこと，各国（とりわけイタリア）がスピード違反の取り締まりをかなり厳密に運用しだしたこと，という4つの要因が推察できる。いずれにしても，スポーツの二輪車には根強い需要が存在しつつも，現在，それはボリュームゾーンではなくなってしまった。

16　この状況はスペイン市場でもほとんど変わらない。図が重複するため，ここではイタリア・スペイン両国の代表としてイタリア市場を取り上げた。

17　正確に表現すれば，専門特化型企業の販売量は微増，あるいは市場が縮小する比率（同時に，日本企業の販売量が減少する比率）よりも販売量が落ちていない。市場が縮小局面にあるため，それらの動向が日本企業の販売シェアに直接的に影響する。

18　具体例を示すと，Agility 50 R16 2T-ATという機種では，販売価格1,612.33ユーロを1,461.08ユーロにまで割り引いている。このKYMCOのキャンペーンは，正確には2回に分けて行われた。第1弾は2011年1月から2011年半ばまでのキャンペーンとして打ち出され，その後，2011年半ばから2012年1月までの第2弾を発表した。ここでは，第2弾キャンペーンの割引価格を示している。出所はKYMCOwebサイト（http://www.kymco.it/）（2011年12月22日閲覧）である。KYMCOと同じく，Piaggioも特定機種のインセンティブキャンペーンを打ち出している。例えば，Beverly300という機種を4,345ユーロから3,990ユーロに，Liberty125という機種を2,550ユーロから1,990ユーロにまで割り引いている（期間は不明）。Piaggioについての出所は，Piaggiowebサイト（http://www.it.piaggio.com/it_IT/promozioni/nuovo_beverly.aspx）（2011年12月22日閲覧）である。

　さらに，2011年以前にもKYMCOやPiaggioは車両価格を値引きしている。代表的な事例は，2009年の値引きである。この頃，イタリア政府は，二輪車に対する排出ガス規制（エミッション規制）を，当時最も強い基準であったEURO3へと引き上げることを予定していた。そこで，イタリア政府は，EURO3に対応していない車両（EURO0およびEURO1の車両，最大出力60kw以下など対象が設定されていた）からEURO3対応車両に乗り換える顧客に対して，一律約500ユーロを補助するというスクラップキャンペーンを実施した（実施期間は2009年2月から12月であった）。スクラップキャンペーンは，政府の奨励金補助制度であったため，対象車両を手がけるすべての二輪車企業が利用できるものであった。KYMCOは，スクラップキャンペーンに加えて，自社独自の車両価格の値引きを実施した。先述の通り，そもそもKYMCOは二輪車の販売価格が日本企業よりも低い。それゆえに，スクラップキャンペーンと車両価格の値引きを組み合わせれば，KYMCO車両はかなりの

第 2 章

国際生産分業の編成・再編成

低価格となった。一方で，この当時も，日本企業，とりわけホンダはイタリア政府のスクラップキャンペーンを利用するものの，値引き競争には追随していない。いずれにしても，過去にもKYMCOやPiaggioは車両価格を値引きし，販売量を増加させることを狙っていたのである。また，イタリア政府によるスクラップキャンペーンは2009年が初めてのことではなく，1997年および1999年にも実施されている。スクラップキャンペーンや当時のKYMCOやPiaggioの動向については，本田技研工業への聞き取り調査による。なお，排出ガス規制（エミッション規制）については，赤松／河野／浦木／宮田／山崎〔2004〕を参照した。

19　カワサキはCommuterを大規模に手がけていないので，日本企業3社とは状況を異にする。先にカワサキの販売シェアが比較的安定していることを確認したが，それは事業範囲を主としてFunに絞っていることが奏功している。イタリアの二輪車市場を排気量別にみると，高排気量の販売量はそれほど減少していない。ただ，もちろん，安定した販売シェアを獲得していることの大きな要因には，カワサキの経営努力があり，それは今後検討していかなければならない。

20　Motorbooks〔2015〕，『二輪車新聞』2012年6月8日を参照した。

21　ここでの発売年は日本市場に投入された時点を取り上げている。出所は，『二輪車新聞』2012年11月9日である。

22　G301Rの概要およびTVSモーターとの提携については，webオートバイwebサイト（URL：http://www.autoby.jp/blog/2015/11/bmw-g310r-d99d.html）（2015年11月13日閲覧），レスポンスwebサイト（URL：http://response.jp/article/2013/04/09/195573.html）（2016年5月28日閲覧），日本経済新聞webサイト（URL：http://www.nikkei.com/article/DGKKASGM12H0I_S5A111C1EAF000/）（2016年5月28日閲覧），Bike Broswebサイト（URL：http://news.bikebros.co.jp/model/news20151112-08/）（2016年5月28日閲覧）を参照した。

23　ここでの発売年は日本市場に投入された時点を取り上げている。125DUKEおよびBajajによるKTMの資本参加については，枻出版社〔2014〕，『日経産業新聞』2011年7月27日，2012年9月11日，『二輪車新聞』2011年5月27日，2013年1月5日を参照した。

24　BMWの高排気量スクーターの製品ラインへの進出も，他の二輪車企業が関係している可能性が高い。というのも，この高排気量スクーターのエンジン（ガソリン）は，KYMCOが受託生産していると言われている。このエンジンの受託生産については，日本の二輪車企業への聞き取り調査から得たが，他の資料によって確たる裏付けができなかったので，今後の課題としたい。ただし，KYMCOジャパンwebサイトでは，同社がBMWやカワサキの受託生産およびODMを行っていることを明記している（機種名は不明である）。出所はKYMCOジャパンwebサイト（URL：http://www.kymcojp.com/aboutus.html）（2016年5月28日閲覧）である。なお，専門特化型企業による製品ラインの拡張および製品ラインナップの拡充は，部品サプライヤーの動向も関係していると考えられる。とりわけ，専門特化型企業がより低

排気量の分野に進出する要因のひとつは，日本企業が新興国市場で育成した地場の部品サプライヤーの活用にあるだろう。もしくは，日本の部品サプライヤーが新興国市場に設立した生産拠点を専門特化型企業が活用する動きも大きく寄与していると考えられる。例えば，BMWは，同社にとって2ヵ国目となる海外二輪車生産拠点をタイに設立した。従来，日本の部品サプライヤーは，日本からBMWのタイ生産拠点に部品を輸出していたが，部品サプライヤーのタイ生産拠点からの納入に切り替えることを要請されているという。専門特化型企業が製品ラインの拡張や製品ラインナップの拡充を実施できた要因についても今後の課題としたい。BMWのタイ生産拠点設立については，newsclip.debウェブサイト（URL：http://www.newsclip.be/article/2013/12/08/20009.html）（2016年5月28日閲覧）を参照した。BMWから日本の部品サプライヤーへの要請については，部品サプライヤーB社への聞き取り調査による。

25　グローバル3戦略については，『二輪車新聞』2011年1月7日および『モーターサイクリスト』2012年6月号におけるホンダの二輪事業本部長（当時）の挨拶・インタビューを参照した。加えて，本田技研工業への聞き取り調査による。なお，ホンダがグローバル3戦略を推進し始めた年については，『モーターサイクリスト』2012年6月号を参照した。この記事では「ホンダは4年前から戦略を切り替えた。グローバル3戦略と呼ばれるものだ。」と報じている。出所は，『モーターサイクリスト』2012年6月号，34ページから引用した。

26　本田技研工業への聞き取り調査による。

27　日本での販売開始は2機種とも翌年である（PCX125が2010年，CBR250Rが2011年である）。出所は，PCX125が『二輪車新聞』2011年1月7日，2011年2月11日，本田技研工業〔2010a〕であり，CBR250Rが本田技研工業webサイト（URL：http://www.honda.co.jp/news/2010/2101027.html）（2015年12月2日閲覧），『二輪車新聞』2010年11月19日，2011年2月11日である。

28　本国生産拠点の生産管理手法の移植については，アイアールシー〔2009a〕を参照した。

29　タイにおける日本企業の動向については，三嶋〔2010〕がかなり参考になる。

30　2011年時点で，タイホンダの現地調達率は9割を超えている。本田技研工業への聞き取り調査による。この現地調達率はタイホンダが1次部品サプライヤーから調達する部材を対象とした数値と考えられる。そのため，2次以下の部品サプライヤーまでさかのぼった付加価値当たりの数値ではないだろう。新宅/大木〔2015〕が指摘するように，付加価値でみると，1次部品サプライヤーから調達する部材の数値を取り上げただけでは，現地調達率を過大評価する恐れがある。この点，ここで示した数値には注意が必要である。なお，タイホンダの付加価値当たりの現地調達率は定かではない。

31　タイホンダは部品サプライヤーの部品を集約し，他国への輸出を行っている。本田技研工業への聞き取り調査による。なお，タイホンダは2002年からCBR250Rの兄

弟機種であるCBR150Rを生産・販売していた。CBR150Rはグローバルモデルではないが，このことも，タイホンダがCBR250Rの生産を担うことになった要因であると考えられる。CBR150Rの概要については，工業調査研究所〔2011a〕を参照した。

32　本田技研工業webサイト（URL：http://www.honda.co.jp/news/2003/c031015.html）（2016年1月2日閲覧）を参照した。なお，厳密には，ホンダR&Dタイはホンダの子会社である本田技術研究所が設置した。

33　出所は，『日経産業新聞』2007年11月30日，大山〔2006〕および本田技研工業への聞き取り調査である。

34　アイアールシー〔2009a〕を参照した。

35　アイアールシー〔2009b〕を参照した。

36　アイアールシー〔2009b〕を参照した。

37　本田技研工業への聞き取り調査による。なお，このようなタイホンダの役割を，ホンダは「地域マザー機能」と呼んでいる（括弧内の引用は，本田技研工業への聞き取り調査による）。

38　タイの二輪車市場及び二輪車購入金額については，本田技研工業への聞き取り調査による。

39　CBR250Rのスタイリングや開発については，飯田〔2011〕，スタジオ タック クリエイティブ〔2012〕を参照されたい。

40　CBR250Rがタイで生産する最大排気量であることは，本田技研工業webサイト（URL：http://www.honda.co.jp/news/2010/2101027.html）（2015年12月2日閲覧）を参照した。設計変更については，『日経産業新聞』2011年3月16日を参照した。

41　本田技研工業への聞き取り調査による。

42　PCX125およびCBR250Rの工数差・タクトタイム，生産の難しさについては，本田技研工業への聞き取り調査による。

43　日本市場におけるPCX125とCBR250Rの販売量の出所は，『二輪車新聞』2011年1月1日，2012年1月1日，2012年4月13日，2013年1月1日，2013年3月22日，2014年1月1日，2014年5月16日，2015年1月1日，2015年5月15日である。また，欧州については，本田技研工業への聞き取り調査による。

44　ヒーロー・ホンダとの合弁解消については，『日経産業新聞』2010年12月17日を参照した。

45　本田技研工業webサイト（URL：http://www.honda.co.jp/news/2010/2101027.html）（2015年12月2日閲覧）を参照した。

46　これら2つの出所では，紙面に掲載する機種の範囲が異なる点に注意されたい。例えば，2005年のホンダの販売機種は，八重洲出版〔2007〕では65機種であるが，枻出版社〔2006〕では22機種である。したがって，枻出版社〔2006〕に比べて，八重洲出版〔2007〕は広範な機種を掲載している。しかし，八重洲出版〔2007〕は2007年までの数値しか掲載されていない。一方で，枻出版社の雑誌は，2005年以降から現在までの数値が入手できる。そのため，2005年以降は枻出版社の数値で統一

している。なお，本図は資料の制約から，その年にホンダが発売したニューモデルのみを算出している。当該年よりも前にホンダが発売し，販売を継続している機種があるために，実際の販売機種数はさらに多い。

47　ただし，この傾向は，2017年以降に若干変化するかもしれない。2016年以降，とりわけ2017年から二輪車企業各社は，日本における販売ラインナップを見直しており，多くの既存機種の生産を終了させている。この理由は，国内市場の縮小とともに，2015年に公布・施行された排出ガス規制（エミッション規制）の強化（新機種については2016年10月１日以降から適用，既存機種については2017年９月１日以降から適用），2020年に国内で導入されることが予測されている新しい排出ガス規制（エミッション規制）へ対応することにある。このような販売機種数の減少が一時的なものであるのか，それとも継続的なものであるのかについては，現時点では判断が難しい。ある機種が生産終了しても，モデルチェンジして新たな基準を満たし，市場投入されることがある。この点については，今後の動向を注視していきたい。二輪車企業各社における既存機種の生産終了および排出ガス規制（エミッション規制）は，『日経産業新聞』2017年３月22日を参照した。また，各社が生産終了させた機種数については，レスポンスwebサイト（URL：https://response.jp/article/2017/09/25/300218.html）（2017年10月17日閲覧），2015年に公布・施行された排出ガス規制（エミッション規制）については，国土交通省webサイト（URL：http://www.mlit.go.jp/report/press/jidosha10_hh_000148.html）（URL：http://www.mlit.go.jp/common/001094623.pdf）（2017年10月17日閲覧）をそれぞれ参照した。

48　『日本経済新聞』2000年７月４日付け地方経済面（九州Ａ），2001年１月25日付け地方経済面（九州Ａ），『日経産業新聞』2000年９月28日，本田技研工業webサイト（URL：http://www.honda.co.jp/news/2000/c000710.html）（2015年12月５日閲覧），同webサイト（URL：http://www.honda.co.jp/news/2001/c010124.html）（2016年１月２日閲覧），および本田技研工業への聞き取り調査による。

49　浜製は四輪車のＡＴミッションの生産を，米国拠点はＡＴＶの生産を手がけることになった。出所は，『日本経済新聞』2008年２月28日付け夕刊，『WEDGE』Vol.22 No.2，2010年２月号，本田技研工業webサイト（URL：http://www.honda.co.jp/news/2005/c050715.html）（2016年１月２日閲覧），同webサイト（URL：http://www.honda.co.jp/news/2006/c060920.html）（2016年１月２日閲覧），および本田技研工業への聞き取り調査による。

50　本田技研工業〔2007〕，19ページより引用した。

51　熊製の改編については，『日本経済新聞』2006年９月20日付け夕刊，2007年２月10日地方経済面（九州Ｂ），『日経産業新聞』2010年６月28日，『日経ビジネス』2008年７月28日号，本田技研工業〔2007〕，本田技研工業webサイト（URL：http://www.honda.co.jp/news/2008/c080414.html）（2016年１月２日閲覧），本田技研工業への聞き取り調査による。

52　国内に製作所が２つあった時点では，ホンダは排気量251cc以上の二輪車生産の

マザー工場として浜製を，排気量250cc以下の二輪車生産のマザー工場として熊製を，それぞれ位置付けていた。例えば，完成車生産を続けていた頃のスペインの生産拠点であるMontesa Honda S.A.のマザーは浜製であったという。当時，Montesa Honda S.A.は高排気量の二輪車を生産品目としていたためである。後述するが，この後，Montesa Honda S.A.は完成車生産機能をイタリアホンダに移管し，二輪車・四輪車部品の生産に特化することになった。出所は，本田技研工業への聞き取り調査による。

53　日本経済新聞社webサイト（URL：http://www.nikkei.com/article/DGKKASDZ11HOP_R10C15A9TI1000/）（2015年12月5日閲覧）を参照した。

54　東洋経済オンラインwebサイト（URL：http://toyokeizai.net/articles/-/3435）（2015年12月29日閲覧），『日経産業新聞』2009年5月25日を参照した。

55　東洋経済オンラインwebサイト（URL：http://toyokeizai.net/articles/-/3435）（2017年10月20日閲覧）より引用した。

56　東洋経済オンラインwebサイト（URL：http://toyokeizai.net/articles/-/3435）（2015年12月29日閲覧），『日経産業新聞』2009年5月25日を参照した。

57　『日経産業新聞』2009年5月25日を参照した。

58　東洋経済オンラインwebサイト（URL：http://toyokeizai.net/articles/-/3435）（2015年12月29日閲覧）を参照した。

59　実際，ホンダの部品受注に際して，中国製部品との競合が激しくなってきているという。部品サプライヤーA社への聞き取り調査による。また，『日経産業新聞』2010年9月21日は，中国企業が生産する部品の価格を，ホンダが部品調達の基準値に設定したと報じている。

60　『日経産業新聞』2009年11月17日を参照した。

61　五十嵐〔1982〕は，「二輪車の大きな特徴として機能構造，性能のための構造がほとんどデザイン要素に直結している」ことを指摘している。引用は，五十嵐〔1982〕，798ページである。

62　二輪車部品サプライヤー数社への聞き取り調査による。なお，二輪車部品の共通化の必要性は1980年代に早くも指摘されている。この点については，千葉/佐々木/加藤〔1989〕を参照されたい。

63　東洋経済オンラインwebサイト（URL：http://toyokeizai.net/articles/-/3435?page=2）（2015年12月29日閲覧）を参照した。

64　Commuterの二輪車で，海外からの部品調達を進めた典型例はスーパーカブである。従来，スーパーカブの部品のうち，海外調達部品の割合は約5％であったが，その割合を60％程度にまで高めたという。海外調達部品の多くはタイからの輸入であった。出所は，『日経産業新聞』2009年11月17日である。その後，ホンダはスーパーカブの生産を本国生産拠点から新大洲ホンダへと切り替えた。出所は，本田技研工業〔2012b〕〔2013〕，『日経産業新聞』2012年5月18日である。また，2017年10月には，モデルチェンジを機に，スーパーカブの生産を新大洲ホンダから本国生産

拠点に移管することが発表された。出所は,本田技研工業webサイト（URL：http://www.honda.co.jp/news/2017/2171019-supercub.html）（2017年10月21日閲覧），レスポンスwebサイト（URL：https://response.jp/article/2017/10/20/301331.html）（2017年10月21日閲覧）である。

65 『二輪車新聞』2011年2月11日に掲載されたホンダモーターサイクルジャパン新春ビジネスミーティングにおけるホンダの当時の二輪事業本部長の挨拶から引用した。ニューミッドシリーズについては,ホンダのwebサイトに掲載されている「ニューミッドコンセプトシリーズ開発プロジェクト」も参照した。出所は,本田技研工業webサイト（URL：http://www.honda.co.jp/environment/face/2012/case18/episode/episode01.html）（2015年12月2日閲覧）である。なお,具体的な機種名は,NC700S, NC700X, INTEGRAである。これら機種は,のちに排気量を上げて,NC750S, NC750X, INTEGRAとなる。

66 本田技研工業への聞き取り調査による。なお,従来,ホンダはコアとなる機種を開発し量産した後に,そのコア機種のプラットフォームに基づいたバリエーション展開を行っていた。しかし,こうした開発では,バリエーション展開する機種に求める仕様次第で,プラットフォームにまで変更が加わってしまい,共通化が十分に達成できないことがあったという。そのため,ニューミッドシリーズでは,当初から3機種を同時開発することにしたという。出所は,小林/根来/大須賀/三堀/大島〔2012〕である。

67 本田技研工業〔2010b〕を参照した。

68 約30％のコストダウンについては,スタジオ タック クリエイティブ〔2014〕を参照した。中古車を購入するユーザーの獲得については,『二輪車新聞』2012年2月17日におけるホンダモーターサイクルジャパンの当時の社長の挨拶を参照した。

69 スタジオ タック クリエイティブ〔2014〕を参照した。

70 『日経産業新聞』2011年9月26日を参照した。なお,二輪車の製造原価にうち,購買部品が占める割合は9割である。出所は東洋経済オンラインwebサイト（URL：http://toyokeizai.net/articles/-/3435?page=2）（2015年12月29日閲覧）である。

71 本田技研工業webサイト（URL：http://www.honda.co.jp/environment/face/2012/case18/episode/episode03.html）（2015年12月2日閲覧），レスポンスwebサイト（URL：http://response.jp/article/2012/02/23/170395.html）（2015年11月25日閲覧）を参照した。実際,ニューミッドシリーズの開発当初は1機種の開発を想定していたが,コストダウンを達成するために,シリーズとしてプラットフォームを共通化させて3機種を開発することにしたのだという。出所は,スタジオ タック クリエイティブ〔2014〕である。

72 『日経産業新聞』2012年3月30日付け15面から引用した。朝霞研究所・熊本・分室については,この他,『日経情報ストラテジー』2012年8月号,『日本経済新聞』2012年2月24日付け朝刊,『日経産業新聞』2012年8月22日,日本経済新聞社web

第 2 章
国際生産分業の編成・再編成

サイト（URL：http://www.nikkei.com/article/DGXNASFK1502H_V11C12A1000000/）（2015年12月5日閲覧）を参照した。

73 『日本経済新聞』2012年8月22日付け朝刊，2013年2月21日付け地方経済面（沖縄九州経済），『日経産業新聞』2012年8月22日，2012年10月1日，2014年3月12日を参照した。

74 その後，2014年4月には，マーケティング担当者も埼玉県朝霞市から熊製に異動することになった。『日本経済新聞』2014年3月8日付け朝刊，『日経産業新聞』2014年3月12日を参照した。

75 タイホンダが新たに手がけるようになった低排気量の二輪車には，例えば，排気量125ccのMSX125，排気量250ccのCB250Fがある。MSX125については，『二輪車新聞』2013年2月15日を，CB250Fについては本田技研工業webサイト（URL：http://www.honda.co.jp/CB250F/spec/）（2015年11月25日閲覧）を参照した。

76 本田技研工業への聞き取り調査による。

77 『日経産業新聞』2013年3月6日付け1面より引用した。

78 『日経産業新聞』2013年3月6日を参照した。

79 東京エディターズ〔2013〕，188ページより引用した。具体的な機種名は，CBR500R，CB500F，500Xである。日本市場にホンダが投入した際の機種名は，CBR400R，CB400F，400Xである。名称が異なるの点は後述する。出所は，本田技研工業〔2013〕，本田技研工業webサイト（URL：http://www.honda.co.jp/news/2013/2130412-cbr400r.html）（2015年12月2日閲覧）である。

80 アイアールシー〔2013〕を参照した。

81 排気量を400ccに落としたために，機種名も若干変更が加えられた。出荷地域および本国生産拠点での生産については，日経テクノロジーオンラインwebサイト（URL：http://techon.nikkeibp.co.jp/article/NEWS/20130412/276692/?rt=nocnt）（2015年12月5日閲覧）を参照した。なお，この記事によれば，本国生産拠点は，約60％（コストに占める割合）の部品をタイホンダとタイの部品サプライヤーから輸入し組み立てている。

82 『二輪車新聞』2013年6月14日を参照した。

83 『日経産業新聞』2013年1月29日，および本田技研工業webサイト（URL：http://www.honda.co.jp/400X/spec/）（2016年3月7日閲覧）を参照した。ニューファンダメンタルシリーズは，スクーターの3倍から5倍の部品が必要である。出所は，『日経産業新聞』2013年3月6日である。

84 タイホンダは，ニューファンダメンタルシリーズの生産に合わせて，グローバルモデル用の新工場を建設した。出所は，本田技研工業webサイト（URL：http://www.honda.co.jp/news/2012/c121113.html）（2016年1月2日閲覧）である。

85 CBR650FとCB650Fについては，『二輪車新聞』2014年2月14日，2014年4月25日，本田技研工業webサイト（URL：http://www.honda.co.jp/news/2014/2140418-cbr650f.html）（2016年6月11日閲覧）を参照した。なお，タイでの低排気量

（250cc）および高排気量の二輪車生産は，ホンダよりも早くからカワサキが実施していた。『日経産業新聞』2009年9月30日，『日本経済新聞』2012年8月25日付け朝刊を参照した。このことは，カワサキが中排気量以上の二輪車を中心に製品を展開する企業であることが影響しているだろう。ただし，カワサキの製品開発体制を把握できていないために，同社がタイで生産する機種が，本書でいうグローバルモデルかどうかは不明である。

86　本田技研工業webサイト（URL：http://www.honda.co.jp/factbook/motor/CBR650F-CB650F/201404/201404_CBR650F-CB650F.pdf）（2016年6月11日閲覧）を参照した。

87　本田技研工業webサイト（URL：http://www.honda.co.jp/CBR650F/spec/）（2016年6月4日閲覧），同webサイト（URL：http://www.honda.co.jp/factbook/motor/CBR650F-CB650F/201404/201404_CBR650F-CB650F.pdf）（2016年6月11日閲覧）を参照した。

88　レスポンスwebサイト（URL：http://response.jp/article/2014/10/23/235704.html）（2016年1月27日閲覧）を参照した。

89　ここでの中国拠点とは五羊ホンダである。出所は，『二輪車新聞』2011年7月22日である。機種名は出荷地域によって異なり，日本向けの機種名がDio110，欧州向けのそれがVisionである。東京エディターズ〔2013〕を参照した。

90　ここでは，本書の分析対象である国際生産分業に関連する動きを取り上げている。そのため，中国拠点が国内だけに出荷する機種，あるいは適地供給拠点として手がけている機種は捨象している。実際，中国拠点は超低排気量以外の機種も生産している。さらには，アフリカの生産拠点向けの部品輸出を手がけている。しかし，それらはグローバル供給拠点としての役割ではないために，ここでは除外した。中国拠点の生産品目とアフリカ向けの部品輸出については，アイアールシー〔2013〕〔2014〕，『日本経済新聞』2013年3月27日付け夕刊，『日経産業新聞』2013年4月4日を参照した。

91　本田技研工業webサイト（URL：http://www.honda.co.jp/news/2014/c140321b.html）（2016年1月2日閲覧）を参照した。

92　本田技研工業webサイト（URL：http://www.honda.co.jp/news/2000/c000929.html）（2016年1月4日閲覧），同webサイト（URL：http://www.honda.co.jp/news/2002/c020510.html）（2016年1月4日閲覧），同webサイト（URL：http://www.honda.co.jp/news/2007/c070718d.html）（2016年1月2日閲覧），同webサイト（URL：http://www.honda.co.jp/news/2011/c110725a.html）（2016年1月2日閲覧）を参照した。

93　本田技研工業への聞き取り調査による。

94　2012年の時点でベトナムホンダの生産する二輪車のうち，スクーターが約4割，モーターサイクルが約6割であった。ベトナム市場とベトナムホンダの生産の動向については，本田技研工業への聞き取り調査による。

第2章
国際生産分業の編成・再編成

95 NNA.ASIAwebサイト（URL：http://news.nna.jp/free/news/20091112icn001A.html）（2016年3月8日閲覧）を参照した。

96 イタリアのホンダ系二輪車部品サプライヤーであるC.I.A.P.（Costruzione Italiana Apparecchi Precisione S. p. A.）社への聞き取り調査による。

97 ただし、タイホンダはPCX125の生産を中止し、タイ市場で訴求力の高い排気量を有するPCX150のみ生産することになった。ベトナムホンダにおけるSHとPCXの生産については、本田技研工業への聞き取り調査による。

98 「eSP」は、「enhanced Smart Power」の略称であるという。括弧内は、本田技研工業〔2012a〕、33ページから引用した。ただし、SHとPCXのeSPエンジンでは基本は同じであるものの、若干形状が異なる部分もあるという。また、ホンダはeSPエンジンをタイ生産のPCXに搭載した後に、モデルチェンジを機に水平展開でSHに搭載させた。本田技研工業への聞き取り調査による。

99 SHmodeもeSPエンジンを搭載した機種である。『二輪車新聞』2013年10月18日を参照した。SH及びSHmodeの発売年は、本田技研工業〔2013〕、本田技研工業webサイト（URL：http://www.honda.co.jp/news/2013/2130830-shmode.html）（2015年12月2日閲覧）を参照した。加えて、この年に、ベトナムホンダはeSPエンジンを搭載した二輪車・Leadを日本に出荷し始めている。出所は、本田技研工業webサイト（URL：http://www.honda.co.jp/news/2013/2130322.html）（2016年1月2日閲覧）である。

100 本田技研工業への聞き取り調査による。

101 モデルチェンジ前のDio110については、本田技研工業webサイト（URL：http://www.honda.co.jp/news/2013/2130522-dio110.html）（2015年12月2日閲覧）を、モデルチェンジ後のDio110については、本田技研工業webサイト（URL：http://www.honda.co.jp/news/2015/2150227-dio110.html）（2015年12月2日閲覧）、『二輪車新聞』2015年4月10日を参照した。なお、PCXのeSPエンジンは水冷であるのに対して、Dio110のそれは空冷である。レスポンスwebサイト（URL：http://response.jp/article/2015/01/16/241817.html）（2015年11月25日閲覧）を参照した。

102 Dio110の複数国での生産については、『二輪車新聞』2011年7月22日を参照した。

103 DUNKについては、三ツ川/平山/大坪/立石〔2014〕を、タクトについては、本田技研工業webサイト（URL：http://www.honda.co.jp/news/2015/2150116-tact.html）（2015年12月2日閲覧）を参照した。DUNKは日本への出荷を専用とした機種であることも、本国生産拠点に移管する要因のひとつであろう。また、このDUNKとタクトに先駆けて、新大洲ホンダが生産し日本に輸出していた超低排気量機種であるジョルノも本国生産拠点に移管された。出所は、『二輪車新聞』2015年9月25日、2015年10月23日、本田技研工業webサイト（URL：http://www.honda.co.jp/news/2014/2141113-giorno.html）（2015年12月2日閲覧）を参照した。

104 なお、eSPエンジンは、輸出専用にホンダが開発したエンジンではなく、現地市場向けの機種にも搭載されている。加えて、この間、タイホンダが生産する機種も、

117

順次,eSPエンジンを搭載していく。したがって,ベトナムホンダがeSPエンジンの生産を一手に引き受けているわけではないことに注意されたい。ここで強調しているのは,ベトナムホンダがeSPエンジンを搭載したSHの生産を獲得したことが起点になり,同種のエンジンを搭載するグローバルモデルPCXを手がけるようになったことである。タイホンダについては,本田技研工業への聞き取り調査による。

105　ここでの記述は,特に断りのない限り,本田技研工業への聞き取り調査による。

106　先述のように,2015年からはDio110の日本への出荷をベトナムホンダが手がけている。そのため,イタリアホンダへのDio110の部品輸出も,中国拠点からベトナムホンダに切り替わっている可能性が高い。そうであるならば,ベトナムホンダの部品輸出はますます拡大することになるが,この点の詳細は不明である。

107　スペインホンダは,二輪車・四輪車の部品生産を担うことになった。

108　なお,ホンダは2016年7月に,自社のインドネシア生産拠点であるPT Astra Honda Motorで,低排気量機種であるCBR250RRを生産することを発表した。CBR250RRは,同拠点で生産する機種の中で最大の排気量であるという。ホンダは,このCBR250RRをインドネシア国内向けに発売し,2017年には日本でも販売を開始した。また,日本向けに関しては,インドネシアからの部品供給を受けて,本国生産拠点が塗装・組み立てを行うという。インドネシア生産拠点によるCBR250RRは,機種が異なるものの,タイホンダのCBR250R生産と類似した事例であるかもしれない。そうであれば,国際生産分業のグローバル供給拠点がさらに増加することになる。ただ,このインドネシア生産拠点のCBR250RR生産は,直近の事例であり,詳しい情報をつかめていない。そのため,ここでは取り上げなかった。CBR250RRについては,本田技研工業webサイト（URL：http://www.honda.co.jp/news/2016/2160725.html）（2016年8月20日閲覧），同webサイト（URL：http://www.honda.co.jp/news/2017/2170418-cbr250rr.html）（2017年10月21日閲覧），レスポンスwebサイト（URL：http://response.jp/article/2016/07/26/279005.html）（2016年8月20日閲覧）を参照した。加えて,本国生産拠点が塗装・組み立てを行うことについては,MotorFanwebサイト（URL：https://motor-fan.jp/tech/10000309）（2017年10月21日閲覧）を参照した。

109　本田技研工業への聞き取り調査による。

110　藤本〔1997〕,13ページより引用した。なお,藤本〔1997〕は,この創発プロセスを「システム創発」とも呼んでいる。引用は同じく,藤本〔1997〕,13ページである。

111　いずれも藤本〔1997〕,3ページより引用した。

112　藤本〔1997〕,13ページより引用した。

113　藤本〔1997〕,16ページより引用した。

第3章

国際生産分業の調整メカニズム

I　課題設定

　本章[1]の目的は，国際生産分業の調整メカニズムを解明することにある[2]。ここではまず，本書の冒頭で述べた最適な形を目指して国際生産分業のシステムを形成する難しさを，二輪車産業に即して具体的に捉えることから始めよう。

　国際生産分業を形成する際，ホンダはある時点で当該機種の生産に最も適した拠点を決める必要がある。ホンダが生産拠点を選択する機会は，主要には新機種開発か，モデルチェンジ機種の開発時点である。この他に，第1章・第2章で述べたように，既存機種を他国で販売するために，モデルチェンジの前に当該機種を再度開発あるいはテストを行うこともある。しかし，そうした場合に，ホンダが生産拠点を変更することはごく稀である。ある機種のモデルチェンジから次なるモデルチェンジまでの期間をモデルチェンジサイクルと呼べば，ひとつのモデルチェンジサイクルごとに，ホンダは生産拠点と開発拠点を選択する。実際には，のちにみるようにエンジン開発の有無（新規開発か既存のエンジンか），モデルチェンジによる変更の大きさ（フルモデルチェンジかマイナーモデルチェンジか）によって，現時点と同じ拠点で当該機種を開発・生産することもある。とはいえ，モデルチェンジであっても，製品要件が全く同じ機種は存在しないので，当該機種の生産拠点・開発拠点として現時点と同じ拠点をホンダが選択したと捉えることができる。このように，ホンダは新機種開発とモデルチェンジサイクルのタイミングで，個々の機種の生産拠点・開発拠点を選択する。そうした意思決定の連続によって，ホンダは国際生産分業を形成してきたのである。

　ホンダの生産拠点の決定は，拠点の成長を捉え，または将来的な拠点の発展を見据え，かつ国際生産分業内部の拠点間の相乗効果を生むものでなくてはならない。すなわち，国際生産分業のシステム全体としての最適をつくり出すものでなければならない。しかも，ブランドレベルの製品ラインナップ

第3章
国際生産分業の調整メカニズム

であれ，拠点レベルのそれであれ，その時々の市場動向に対応するためには，拠点を決めた後に当該拠点からの迅速な機種投入を要する。むしろ，競争を有利に進めていくためには，市場投入から逆算して，生産拠点を選ばなければならない。しかし，このような拠点選択の意思決定には以下の困難がある。

①拠点の活用可能性を完全に見極めてから，当該機種の生産拠点を決定していては，迅速な機種投入が難しくなる。二輪車企業，とりわけホンダでは，当該機種の開発に着手する前に生産拠点を決めなくてはならない。各生産拠点では，保有する機械・設備や人件費，生産性もさることながら，周辺に立地する部品サプライヤーや購買部品の入手可能性などが異なる。それゆえ，生産拠点が決まっていなければ，当該機種に設定した目標コストの実現に向けた開発を始めることができない。その目標コストは当該機種の販売開始から終了までの総販売量と，その機種で実現するコンセプト・仕様および収益を想定して算出する。さらに，総販売量は当該機種で狙うターゲット層や，それに訴求するための価格，販売促進のマーケティングにも連動する。このように，ホンダは特定の生産拠点を前提として，ある機種の製品要件を考案し，開発を進める。つまり，生産拠点の選択は，当該機種の製品要件と強くリンクする。そのため，開発が始まってから生産拠点を変えることは容易ではない。

しかも，ひとたび生産・販売が始まれば，当該機種の生産が終わるまで，つまり次のモデルチェンジのタイミングまで生産拠点を変えることは難しい。ホンダは当該拠点が持つ設備や工程レイアウトを前提として特定の機種を開発・生産し，テストや品質保証を行う。そのため，ある機種の生産・販売が継続している間に，生産拠点を変更しようとすれば，当該機種を再度テストしなければならない。国際生産分業の中で活用可能な拠点が生まれたからといって，その拠点に現行機種の生産を切り替えることは困難を伴う。したがって，実際に開発を始める時点は，開発から次のモデルチェンジのタイミングまでの間における生産拠点を確定させるタイミングを意味するのである。

一方で，二輪車は企画・開発から量産準備を経て生産が始まるまで，概ね

半年から2年半の期間を要する。本書では，この新製品の企画・開発から量産開始までの期間を，「ディベロップメント・リードタイム（以下，DLTと記述する）[3]」と表現する。当該機種の量産が始まれば，ほぼ同時に市場での販売を開始することになる。それゆえ，本書では量産開始を市場での発売開始と同じものとして捉える。このDLTが存在するために，ホンダが当該機種の生産拠点の決定を遅らせば遅らせるほど，開発着手の時点を先延ばしすることになり，市場投入のタイミングを逸する可能性が高くなる。市場動向に機敏に応じようとすれば，ホンダはある程度の時間的先行性をもって生産拠点を決めなくてはならない。

しかしながら，②早い時点で生産拠点を確定すれば，国際生産分業の中で，潜在的に活用可能な拠点を用いる機会を失ってしまう。もしくは，拠点の育成計画に沿って，特定の拠点に今後数年間で生産する機種を事前に決めていたとしても，それが計画通りに実現できるかどうかはわからない。第1章と第2章でみたように，国際生産分業の形成には計画の側面と創発の側面がある。計画的に拠点の育成を狙ったとしても，当該拠点がいつ次のステップに進められるのかどうかは予測が難しい。例えば，低排気量の機種から中排気量へ，さらには高排気量へと生産品目をより高度にしていく計画を立てていたとしても，中排気量の機種の生産が順調に進むとは限らない。これに対して，ベトナム拠点のように，国際生産分業の形成が進む中で，創発的に活用できるようになった拠点については，そもそも事前予測が困難である。ある拠点が活用できるかどうかに対して不確実性がある限り，①の市場投入のタイミングを重視するからといって，開発着手よりも前の段階で拠点を確定させることは難しいのである。

このように，ホンダは生産拠点を確定する開発着手の時点で，各国市場と拠点の最も新しい動向をもとに，当該機種の生産に最適な拠点を選択する必要がある。同時に，③そうした拠点の選択は，国際生産分業内部における拠点間の相互連携を強化するものでなければならない。ホンダの国際生産分業は，この個別機種の拠点選択という意思決定を繰り返し行うことで形成され

てきた。そのため，ひとつひとつの拠点の選択は，当該時点で，長期的な国際生産分業のあり方を見据えたものでなければならない。しかも，そうして開発する機種は，ホンダのブランドレベルや拠点レベルの製品ラインナップ全体の中での位置付けを明確にされる必要がある。だから，開発着手の時点で拠点を選択するといっても，その時々で活用可能な拠点を場当たり的に選ぶわけにはいかないのである。開発着手のタイミングで個別機種に最適な意思決定を繰り返すだけでは，長期的な製品ラインナップを組めないし，最適な国際生産分業のシステムを形成することが難しくなる。このことは，当該時点における国際生産分業のシステム全体を見据えた長期的な構想から，特定機種にとって最適な拠点を選択するという意思決定を行うことをホンダに要請する。

　二輪車産業において，常に最適な国際生産分業の形成を追求すれば，したがって最適な形へと国際生産分業のありようを柔軟に変えていこうとすれば，以上のような困難が生じる。ここでの困難とは，具体的には，新機種開発やモデルチェンジサイクルのたびに訪れる拠点選択の機会に対して，恒常的に更新されていく長期的な構想をもとに，その時々の最適な拠点をいつ，誰が，どのように決定するのか，である[4]。ホンダの国際生産分業の調整メカニズムは，この困難な課題を可能な限り解決するものである。次節からは，ホンダの国際生産分業の調整メカニズムを具体的に把握していく。ホンダの調整メカニズムは，ブランドレベルの製品ラインナップ計画を策定する段階と，個別の機種の開発・生産を進めていく段階という2つの段階からなる。Ⅱではブランドレベルの製品ラインナップの計画策定を，Ⅲでは個別機種の開発・生産プロセスを素画する。それらを踏まえて，Ⅳではホンダの国際生産分業の調整メカニズムの特質を検討する。最後に，Ⅴでは，第3章で判明したことをまとめる。なお，調整メカニズムの全体像に対する考察は，それを支える基盤が明らかになる第4章で行うことにする。

II 製品ラインナップ計画の策定とラインナップローリングによる調整

　ホンダの機種開発には，大きく4つのタイプがある。順に確認すると，Aタイプがフレームとエンジンを新規開発する機種，Bタイプがフレームかエンジンのどちらかを新規に開発する機種，Cタイプがエンジンとフレームを変えずに，外観や性能に若干の変更を加えるために開発する機種，Dタイプがカラーを変えるために開発する機種である。AタイプからDタイプでは，必要となる人員・部門と投資金額，企画・開発から量産に至るまでの期間（DLT）に差異がある。Aタイプが最も多くの人員・部門と投資金額，最も長いDLTを要する。AタイプからDタイプになるにしたがって，人員・部門や投資金額が少なく，DLTが短くなっていく。例えば，AタイプのDLTは約2年半，Dタイプのそれは約半年である。もちろん，機種によって，あるいは早期に市場投入しなければならないといった機種開発の緊急度によって，同一タイプでもDLTは変動する。

　個別の機種開発に先立って，ホンダは今後，約10年先までに全世界で販売する機種の計画（本書では，これを製品ラインアップ計画と呼ぶ）を策定し，全拠点に発行する[5]。以下では，この製品ラインアップ計画の策定プロセスをみていこう。

1 製品ラインナップ計画の策定プロセス

　製品ラインナップ計画は，全くの新機種や既存機種のフルモデルチェンジ（AタイプとBタイプ），既存機種のマイナーモデルチェンジ（CタイプとDタイプ）といったすべての二輪車の開発・生産・販売のスケジュールを機種ごとにホンダが定めたものである。モデルチェンジまでの間隔は，FunとCommuterで違いがあるものの，製品ラインごとに概ね決まっている。そのため，すでに生産・販売している機種を継続するのであれば，モデルチェンジの開発・生産・販売のスケジュールを製品ラインナップ計画に組み込む。

生産・販売を中止する機種は，そのスケジュールが製品ラインナップ計画に記載される。一方で，新機種，または大幅に二輪車の構造が変わるフルモデルチェンジの場合，ホンダは次のプロセスを通じて，製品ラインナップ計画に機種を加えていく。

　新機種やフルモデルチェンジ機種の検討は，現地販売拠点が本社に出す要望か，本社が実施するフィージビリティスタディのいずれかを契機に始まる。現地販売拠点からの要望は地域統括本部を通じて本社に伝えられる。現在，ホンダは，日本，中国，欧州，北米，南米，アジア・大洋州という6つの地域統括本部を有する。1990年代前半ではホンダの地域統括本部は4つであった。その後，それまでの地域統括本部から南米と中国を独立させた。このように，地域統括本部を細分化させたために6つになっている[6]。これら地域統括本部は複数の販売拠点を統括し，各国の市場動向や各拠点の収益を把握し，当該地域における共通の施策を考案する。さらに，地域統括本部は個別の販売拠点からの要望を集め，本社と交渉するための窓口となる。このような地域統括本部が伝達する各販売拠点からの要望が起点となり，本社と地域統括本部で機種の検討が始まる。これに対して，主として本社で実施するフィージビリティスタディからも機種の検討作業が開始される。フィージビリティスタディは，上記した4つのタイプの開発によって関わる部門が異なる。新機種やフルモデルチェンジ機種の場合は，本社の販売（Sales：S），生産（Engineering：E，後述する生産企画部），開発（Development：D，本田技術研究所）と，二輪事業企画室（後述）および当該機種を投入予定の地域統括本部が参加する[7]。これらのメンバーが，既存の販売ラインナップや市場シェア，各国における需要の変化などを踏まえて次なる機種を考えていく。メンバーそれぞれが果たす役割を以下で詳述していくが，ホンダの組織において各メンバーがどこに配置されているのかを先に示しておこう（図3-1参照）。

図3-1 本田技研工業における各メンバーの配置

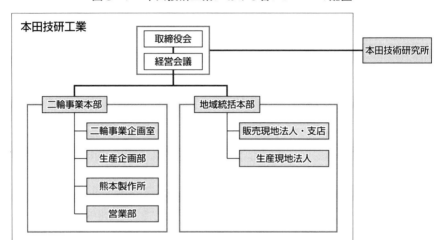

注：この図は，国際生産分業の調整メカニズムに関わる主要な部門・子会社だけを取り上げ，2015年頃の組織をモデルとして描いたものである。したがって，ホンダの組織をすべて網羅しているわけではないし，詳細を省略している。そのため，次の5点に注意されたい。それは，①二輪だけでなく，四輪，汎用といった事業本部が存在すること，②事業本部を縦軸に地域統括本部を横軸としたマトリックス組織であること，③二輪事業本部にはここで示している部門以外に多数の部門が存在すること，④部門・本部などの名称や配置が時とともに変化していること，⑤地域統括本部が統括する現地法人が販売現地法人か支店かは地域によって異なること，また，図を簡単にするために地域統括本部が統括する現地法人を生産現地法人と販売現地法人に分けているが，ひとつの現地法人に生産機能と販売機能が一体となっている場合もあることである。なお，①②③についてはアイアールシー〔2015〕および長沢／木野〔2016〕を，④はアイアールシー〔2007〕〔2015〕をそれぞれ参照し，⑤は本田技研工業への聞き取り調査による。
出所：アイアールシー〔2014〕，138ページ，第Ⅰ-1図，143-147ページ，第Ⅰ-2図，アイアールシー〔2015〕，138ページ，第Ⅰ-1図，144-148ページ，第Ⅰ-2図，長沢／木野〔2016〕，12ページ，図表1，本田技研工業への聞き取り調査をもとに筆者が作成した。

　機種を検討していく過程では，ホンダの二輪事業企画室と生産企画部，本田技術研究所が密接に関わる。これは，各販売拠点の要望と本社のフィージビリティスタディのどちらから機種の検討が始まっても同じである。二輪事業企画室は，本社・二輪事業本部が管轄する部門であり，本田技術研究所が手がける先進技術の研究開発の動向を随時確認し，把握することを役割のひとつとする。本田技術研究所は，特定の機種開発に先行して，新技術の基礎研究に取り組む（ホンダはこの基礎研究を「R研究[8]」と呼んでいる）。むしろ，R研究は機種を特定せずに進められ，製品ラインナップ計画の策定時点やある機種の企画・検討に着手した時点で，R研究が生み出しつつある，も

第 3 章
国際生産分業の調整メカニズム

しくはプールした技術の搭載可能性をホンダが検討すると表現したほうが正確である。R研究の成果適用を探る作業は，製品ラインナップ計画の策定時点のみならず，特定の機種の企画・検討が始まり，製品コンセプトを洗練する過程でも継続して行われる。ただし，製品ラインナップ計画の策定時点で，ホンダがR研究の成果の適用をすでに決めている機種もある。このようなケースは，エンジンの新規開発に多い。そうしたエンジンの新規開発を除けば，当該機種に対して新技術の搭載を決定するタイミングは，R研究の進捗次第である。R研究の進捗が遅れれば，特定の機種の企画・検討の時期をホンダが延期することもある。ある機種の製品魅力を向上させるためにはR研究の成果がかなり重要である。それゆえ，機種の検討作業には，二輪事業企画室と本田技術研究所の参加が必須となるのである。

　研究開発の成果を検討する二輪事業企画室に対して，当該機種の生産拠点の選定を担うのが生産企画部である。生産企画部は，ホンダが本国生産拠点である熊製に設置した部門であり，海外生産拠点の工程レイアウトから保有設備・機械，周辺部品サプライヤーから調達できる部材といった情報をすべて保有する。詳しくは第4章で論じるが，生産企画部は，そうした海外生産拠点の情報を常にアップデートし，ある機種の生産に活用可能な拠点を見出すことを担う。第1章で確認したように，フェーズⅠおよびそれ以前では，需要のある国・地域で生産することがホンダの方針であった。当時は，当該機種に対して最も需要のある国に立地する拠点が，その生産を担うことが決まっていた[9]。その後，国際生産分業の形成が進むにつれて，ホンダは現地生産・現地販売の方針に加えて，当該機種の生産に最も適した拠点を選択するようになった。複数の選択肢の中から，当該機種に適する生産拠点の候補を挙げ，選定することが生産企画部の役割である。

　生産企画部は，各拠点のインフラ・設備と投資計画を踏まえて，当該機種の製品要件，とりわけコストを達成するのはどの拠点かを検討する。この検討に際して，生産企画部は，既存機種（モデルチェンジかどうか）とエンジンの新規開発の有無を踏まえて，生産拠点の候補を選出していく。モデルチ

ェンジ機種の場合，生産企画部はひとまず現行機種を生産している拠点を，新たに開発する機種の生産拠点の候補とする。加えて，既存機種がない新機種の開発であっても，搭載する予定のエンジンがすでに開発・生産済みであった場合，生産企画部はその時点で当該エンジンをつくっている拠点を生産拠点の候補に挙げる。このように候補として挙げた生産拠点をもとに，当該機種の製品要件を達成できるかどうかを検討し，その拠点での実現が難しければ，他の拠点というように生産企画部は拠点を選定する。こうした過程で，生産企画部は，当該生産拠点のインフラ・設備を踏まえて，当該機種を生産した場合のシミュレーションを実施し，コストを算出する。もちろん，この時点では，製品要件が固まっていないために，生産企画部が算出するコストは概算にとどまる。その結果，現行機種・エンジンを生産する拠点から別の拠点に変わることもある。ただし，生産企画部は単純にコストだけで生産拠点を選ぶわけではないことに注意が必要である。第1章と第2章で確認したように，各国生産拠点は他国への輸出のみならず，自国にも投入できる機種を生産する。そのため，どの国・地域を中心に販売する機種なのかという販売部門の要望も生産拠点の選定に反映される。この点は後述する。

　このような生産企画部による生産拠点の選定と時を同じくして，ホンダの二輪事業本部は当該機種の開発拠点を選ぶ。開発拠点は生産拠点よりも選択肢が少ないために，開発の種類（先述のAタイプからDタイプ）と当該機種の生産・販売地域によって，ほとんど特定の拠点に絞られる。ホンダは，日本，中国，タイ，イタリア，ブラジル，インド，ドイツに開発・テスト拠点を有するが，そのうち開発機能を持つのは中国とタイと日本だけである。その他の拠点は，テストのみであるとか，デザイン開発のみといったように，二輪車開発における一部の機能しか有していない。さらに，開発機能を持つ3拠点の中で，現時点で新規のエンジンを開発できるのは日本だけである。もちろん，長期的には新規のエンジン開発ができるように，ホンダはタイ拠点や中国拠点を育成している。しかし，現段階では，従業員やテスト・設備の環境が新エンジンを開発できるまでには整えられていないという。したが

って，新エンジンを搭載する機種は，自ずと日本が開発拠点になる。既存のエンジンを搭載する機種については，各拠点が抱えている負荷と生産・販売地域を踏まえて，二輪事業本部が開発拠点を定める。

　上記したR研究と生産拠点・開発拠点の検討と同時並行で，ホンダは当該機種の販売国・地域を設定する。これは，新機種の開発，とりわけAタイプの開発を実施する機種にとって重要となる。モデルチェンジの機種は，すでに特定の販売国・地域が存在するため，これまでの実績から販売量と生産量をある程度想定できる。これに対して，新機種は販売実績がないために，販売量・生産量の予測が難しい。ところが一方で，販売量・生産量を想定しなければ，生産拠点選択の前提条件である新機種のコストを設定できない。しかも，二輪車の法規（排出ガス規制（エミッション規制）や騒音規制など）が国ごとに違うので，生産拠点の変更と同じく，ホンダは当該機種の企画・開発に着手するまでに販売国・地域をあらかじめ決めておかねばならない。当該機種の生産が始まってから販売国・地域を新たに追加した場合，既存の販売国と当該国の法規が同じでなければ，機種の仕様を変更するため，再度の開発あるいはテストを要する。このような開発やテスト，とりわけテストは新機種開発よりも大幅にDLTが短く，人員や投資金額も少ないが，開発および生産準備に追加コストがかかることに変わりはない。そうしたコストは，販売先の追加を要望した販売拠点および地域統括本部が支払うことになる。したがって，相当の販売量が見込めない限り，販売先の追加は現実的ではない。

　そのため，ホンダは新機種の企画・開発よりも前に，すべての販売拠点に機種の概要を周知する。各販売拠点は，自国に当該機種が必要かどうかを判断し，かつ必要であれば当該機種の想定販売台数を算出し，地域統括本部を通じてホンダに伝える。この販売台数の合計から，ホンダは新機種のコストを算出し，それを実現できる生産拠点を生産企画部が選定するのである。さらに，当該機種を所望する販売拠点があった場合，その国を統括する地域統括本部が代表して製品ラインナップ計画の調整や，その後に続く機種開発に参加することになる。

こうした過程を経て定められた機種の製品要件と生産拠点・開発拠点に対して，二輪事業企画室と地域統括本部，開発・生産を担う各拠点が合意すれば，その機種が製品ラインナップ計画に盛り込まれることになる。こうしたプロセスによって，製品ラインナップ計画にホンダが組み込んだ機種を，本書では開発予定機種と呼ぶ。製品ラインナップ計画の時点でホンダが選定した開発予定機種の生産拠点と開発拠点は仮決めであり，最終確定ではない。先に述べたように，開発拠点については選択肢が少ないために，製品ラインナップ計画策定時点からの大きな変更はあまりないが，生産拠点については頻繁に見直しをかけていく。というのも，製品ラインナップ計画を策定する時点では，開発予定機種の製品要件は詳細に定まっていないからである。

　ホンダは計画策定時点から約10年先に市場投入する機種まで製品ラインナップ計画に組み込む。直近の開発・生産機種であれば，市場動向や各生産拠点の状況を概ね予測できるが，5年先や10年先の予測は確度が低くなる。そうした5年先・10年先の機種の生産拠点を早い時点で確定させると，成長した拠点を活用する可能性を排除してしまう。当該機種の製品要件は，その機種の生産を担う拠点の状況と強くリンクする。したがって，生産拠点の早期確定は，実現可能な製品要件の幅を狭めることを意味する。ただでさえ，数年先の需要の変化を見込むこと自体が困難な作業である。それに加えて，市場予測をもとに設定する製品要件と生産拠点を，ホンダが早い時点で確定させることは極めて難しい。そのため，ホンダは製品ラインナップ計画それ自体を頻繁に修正するとともに，開発予定機種の企画・検討が始まり，開発に着手するまでの期間にも調整を加えていく。ホンダが企画・検討開始後に実施する開発予定機種の生産拠点・開発拠点の調整については，Ⅲの製品開発・生産プロセスで確認する。ここでは，製品ラインナップ計画それ自体の修正をみていく。

2　ラインナップローリングによる調整プロセス

　図3-2は，製品ラインナップ計画をモデルとして示している。4つの開

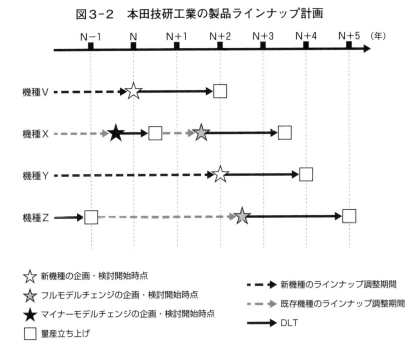

図3-2 本田技研工業の製品ラインナップ計画

出所:本田技研工業への聞き取り調査をもとに筆者が作成した。

発予定機種のスケジュールのみ取り上げたが,実際には,ホンダが現時点（N）において各国で生産・販売する100以上の機種と,開発予定機種が製品ラインナップ計画に記載される。つまり,製品ラインナップ計画は,現時点から約10年後までのブランドレベルの製品ラインナップをすべて網羅する。図中の機種Vと機種Yが,既存の機種がない新機種である。機種Xは既存の機種をマイナーモデルチェンジした後にフルモデルチェンジを,機種Zが数年後にフルモデルチェンジを予定する機種である。黒の実践矢印が,当該機種の企画・検討から量産立ち上げ（≒市場投入）までの期間,すなわちDLTを表している。マイナーモデルチェンジ（C・Dタイプの開発）はDLTが短く,フルモデルチェンジおよび新機種（A・Bタイプの開発）はDLTが長い。図が煩雑になるために記載していないが,DLTを構成する4

つのステップも，ホンダは製品ラインナップ計画に盛り込む。DLTの4つのステップとは，1）企画・検討スタート（図の☆印），2）開発着手，3）開発完了・量産準備，4）量産立ち上げ（図の□印）である。いずれの開発予定機種も販売国・地域と生産拠点・開発拠点が仮決めされている。それゆえ，各生産・開発拠点は，どの時点で，どの機種の業務に携わるのかが製品ラインナップ計画から読み解くことができる。

ホンダは製品ラインナップ計画全体を頻繁に見直し，個別の開発予定機種の製品要件と生産拠点・開発拠点を調整していく。ここでの調整は，特定の機種に焦点を当てれば，主要には製品ラインナップ計画に記載した時点から，当該機種の企画・検討が始まる時（DLTの開始時点）まで続く。ホンダが製品ラインナップ計画で実施する調整期間を示したのが，点線の矢印である。モデルチェンジの調整期間を灰色の点線で，新規機種の調整期間を黒色の点線で示した[10]。モデルチェンジと新機種では，生産拠点の調整の初期条件が異なるために，点線を色分けした。ホンダは，モデルチェンジ機種の生産拠点として，現時点で既存機種を生産する拠点を候補とする。一方で，新機種には既存機種がないので，生産拠点選択の判断は多様である。製品要件で狙ったコストを達成できることを前提としたうえで，開発予定機種の販売量（予測）が最も大きい国に立地する生産拠点という選択の仕方もあれば，グローバルモデルのタイ生産のように，長期的に育成する目的から拠点を選択する場合もある。ただ，初期条件が異なるものの，モデルチェンジ機種と新機種の調整プロセスに大きな違いはない。当該機種の企画・検討に至るまでに，ホンダは以下の手順で製品ラインナップ計画を調整していく。

A）地域統括本部は，概ね週に1回の頻度で二輪事業企画室と打ち合わせの場を設ける[11]。そこでは，製品ラインナップ計画のうち，むこう5年分の開発予定機種の製品要件に対して意見交換および相談を行い，すでに開発に着手した機種については進捗を確認する。ここで解決できない問題については，改めて緊急会議が開かれる。地域統括本部は，当該地域における複数の販売拠点の代表として，この打ち合わせに参

加する。地域統括本部が提示する意見は，地域執行会議で定めた当該地域の今後の方針が基盤にある。ホンダが設置した6つの地域統括本部は，それぞれ毎月1回の頻度で地域執行会議を開催し，当該地域における各事業（四輪・二輪・汎用）の投資案件の承認や今後の販売方針などを定める[12]。地域執行会議の参加メンバーは各地域統括本部の本部長が決めるために，地域によって異なる。いずれにしても，各販売拠点から伝えられる各国需要の変化や競合他社の動向，今後，必要とする機種の概要をもとに，当該地域における事業展開の経営判断を行うことに変わりはない。各地域統括本部は，地域執行会議で定めた方針にしたがって開発予定機種の製品要件を見直す。そうした内容を二輪事業企画室と開発を着手した機種の進捗も含めて検討するのが，ここでの打ち合わせである。地域統括本部が開発予定機種の中から，この打ち合わせでどの機種に焦点を当てるのかは，その時々の市場環境次第であり，一様ではない。

B）二輪事業企画室は各地域統括本部から得られた意見に基づき，二輪事業本部が開催するラインナップ調整会で開発予定機種の製品要件の修正を検討する。特定の機種の製品要件に変更が加わった場合は，その生産に適した拠点を生産企画部が再度選定することになる。この過程で行われるラインナップ調整の意思決定には，各地域統括本部の意見だけではなく，二輪事業本部長の判断も反映される。二輪事業本部長は，当該機種の収益性のみならず，ホンダが今後展開する製品ラインナップ（ブランドレベル・拠点レベル）の構成や，個々の生産拠点の育成，さらには，当該時点における本国生産拠点も含めた国際生産分業の全体像という長期的な構想から開発予定機種の製品要件と拠点を判断する。このプロセスにおける二輪事業本部長の役割は，大きく次の2つである。

ひとつは，生産企画部による現時点の拠点の評価をもとに，その時々で更新した国際生産分業の長期構想と，それに伴った拠点活用の方向

性という視点から，特定の拠点を育成する方針を示すことである。こうした二輪事業本部長の役割が発揮された事例としては，第2章で確認したグローバルモデルのタイ生産が挙げられる。グローバルモデルのひとつであるCBR250Rは，海外生産に適するように二輪車の構造をシンプルにした機種であった。タイ拠点は大変な苦労の末，CBR250Rの生産を達成した。この実績を踏まえて，その後，タイ拠点は高排気量機種の生産を担うようになった。二輪事業本部長は，将来的にタイ拠点に高排気量機種の生産を託すために，その前段としてCBR250R生産の検討を提案したという。つまり，CBR250Rの生産は，タイ拠点の長期的な育成計画の一環であったのである。このように，拠点を育成する目的から，当該拠点にとって現状よりもチャレンジングな開発予定機種の生産を委ねるという方針を示すことが，ラインナップ調整における二輪事業本部長のひとつの役割である。この方針に沿って，開発予定機種の生産を達成するための具体的な施策を生産企画部が提案する。そうした提案が二輪事業本部長および二輪事業企画室に了承されて生産拠点が変更される。

　いまひとつの役割は，ホンダの製品ラインナップの将来像をもとに，製品要件を定めることである。つまり，開発予定機種を第2章の図2-4で示した製品ラインの奥行きのどこに位置付けるのかという判断を二輪事業本部長が下す。これは上記の拠点の育成方針と密接に関係する。例えば，ある機種の製品要件をエントリーモデルに位置付けた場合，当該機種の生産を達成できるかどうかとともに，その機種を生産することで拠点を育成させられるかどうかを同時に検討し，アジア拠点の活用を示すことが考えられる。二輪事業本部長は，のちにみる個別の機種の開発・生産プロセスにおいても，ここで述べた2つの役割を一貫して担う。

　さらに，こうした一連のラインナップ調整の過程では，後述するR研究の動向も含めて研究開発を担う本田技術研究所も密接に関わる。

第3章　国際生産分業の調整メカニズム

C）このように修正した製品ラインナップ計画に対して，地域統括本部，本田技術研究所，開発拠点・生産拠点が了承すれば，二輪事業企画室は新たな製品ラインナップ計画を正式に全拠点に発行する。二輪事業企画室が製品ラインナップ計画を発行する頻度は年2回である。つまり，製品ラインナップ計画は，半年に一度アップデートされる。この製品ラインナップ計画が開発・生産拠点の長期的な指針となる。開発拠点は，製品ラインナップ計画から自拠点が担う開発予定機種を読み解き，将来的に自拠点にかかる負荷を算出する。生産拠点もまた，製品ラインナップ計画から自拠点が担当する開発予定機種を割り出し，長期の生産計画を組み立て直す。同時に，生産拠点は既存機種のモデルチェンジによって，いかなる変更が加えられるのかを読み取る。既存機種のカラーだけが変わるのか，それとも法規対応でエンジンが新しくなるのかといったモデルチェンジに伴う既存機種の変更の程度によって，生産拠点にかかる負荷が変化するからである。さらには，モデルチェンジのタイミングで既存機種の生産を打ち切ることが決まれば，生産拠点は長期の生産計画の修正を余儀なくされる。各開発・生産拠点は，このような計画の修正を製品ラインナップ計画がアップデートされるたびに実施する。

D）新しく発行した製品ラインナップ計画をベースに，次の発行（半年後）のタイミングまで，A）で述べた地域統括本部と二輪事業企画室との調整が続く。さらに，ここでの調整には，次の2つのことをホンダは検討する[13]。第1に，C）の製品ラインナップ計画の発行を受けて，各生産拠点が企図した量産移管の提案である。この典型例としては，第2章でみたイタリアホンダのPCX125/150の生産が挙げられる。PCX125/150は，もともとグローバルモデルとしてタイ・ベトナム拠点で生産する機種であった。これに対して，イタリアホンダは，タイ・ベトナム拠点から部品を受け取り，自拠点で組み立て生産することにメリットがあることを二輪事業企画室に提案した。PCX125/150が欧

135

州で人気を博したために，それを自拠点に取り込むことによる生産ラインや設備・機械の稼働率向上をイタリアホンダは狙ったのである。イタリアホンダの他にも，本国生産拠点（熊製）が為替相場の変化を捉えて，ある機種の自拠点への量産移管を提案するなど，こうした事例は数多く存在する。さらには，既存機種の量産移管だけではなく，新機種の生産拠点として，ある拠点が自ら手を挙げて，自拠点で生産するメリットを提案することもある。このように各生産拠点から二輪事業企画室にもたらされた提案を検討するのは生産企画部である。生産企画部が拠点を変更するメリットを確認できれば，ホンダは次の製品ラインナップ計画に反映させる。

　第2に，本田技術研究所のR研究の動向である。R研究はスケジュール通りに進まない場合がある。R研究で新技術の開発が想定よりも早く実現できることになれば，開発予定機種のいずれかに搭載することを二輪事業企画室が検討する。その場合，製品要件が変わるので，生産企画部が生産拠点を再度選定することになる。実際，新技術の開発が早期に実現し，それを搭載することが決まった開発予定機種の生産拠点を本国生産拠点に変更したというケースがある。逆に，R研究の進捗が遅れた場合，ホンダが開発予定機種の企画・検討の開始時期を延期させることは先述の通りである。

　ホンダはA）からD）の手順を繰り返し，製品ラインナップ計画を調整していく。ここでの調整主体は，地域統括本部，生産企画部，本田技術研究所，二輪事業企画室の4者である。本書では，これら4者をグローバルSED（地域統括本部・二輪事業企画室がSを，生産企画部がEを，本田技術研究所・二輪事業企画室がDを代表する）と呼ぶ[14]。直近5年分の製品ラインナップ計画は，グローバルSEDによって，かなり頻繁（概ね週に1回の頻度）に調整され，半年に一度，全拠点に向けて正式に発行される。さらに，正式な製品ラインナップ計画を発行すると同時に，再びグローバルSEDによる頻

第3章
国際生産分業の調整メカニズム

繁な調整が始まる。本書では，この半年に一度アップデートする過程をラインナップローリングと表現する。

明らかなように，ラインナップローリングは，できるかぎり直近の市場環境の変化に応じるように，かつ拠点の活用機会を逸しないように，グローバルSEDが開発予定機種の製品要件とそれを担う拠点を組み替えていくものである。このような組み替えを，ホンダはラインナップローリングだけでなく，特定の開発予定機種の開発・生産プロセスでも続けていく。したがって，ホンダはラインナップローリングの期間では当該機種の製品要件と開発・生産拠点を確定させない。ラインナップローリングによってラフに定めた製品要件と開発・生産拠点を確定させるのは，特定の開発予定機種の開発・生産プロセスの段階である。Ⅲでは開発・生産プロセスの流れを確認していこう。

Ⅲ 個別機種の開発・生産プロセスとプロジェクトチームによる調整

すでに確認したように，ホンダが策定した製品ラインナップ計画には，市場投入から逆算した企画や開発着手の時期が機種ごとに定められている。ある機種の開発・生産プロセスは，1）企画・検討スタート，2）開発着手，3）開発完了・量産準備，4）量産立ち上げというステップを踏む。ここでは，1）企画・検討スタートの時期を迎えたAタイプの開発予定機種V（図3-2）を事例に，開発・生産プロセスのおおよその流れをみていこう。Aタイプを取り上げる理由は，アジア拠点が担うエントリーモデル（第2章）が基本的に新機種であったこと，Aタイプがその他のタイプで必要となるプロセスをすべてカバーしていることにある。加えて，すべてのタイプの開発・生産において，海外生産拠点が生産する場合と，本国生産拠点が生産する場合では，開発・生産に関わる参加者が変わる。具体的には，海外生産拠点が生産する機種の場合は，開発・生産に関わる参加者が増加する。そのため，以下では，海外生産拠点が生産する場合の開発・生産プロセスを概観する。

1）企画・検討スタートの時期になると，ホンダは機種Vの開発・生産を担うプロジェクトチームを立ち上げる。AタイプからDタイプすべてにおいて，ホンダは二輪車の開発・生産プロセスをプロジェクト単位で進める。プロジェクトチームには，当該機種の開発・生産プロジェクトを束ねるリーダーと，主にSED（販売・生産・開発）の部門からそれぞれリーダーを選出する。このプロジェクトチーム（以下，SEDチームと呼ぶ）が1）から4）のプロセスに携わることになる。ただ，各ステップでは，SEDそれぞれの部門が関与する度合いは変わる。1）から2）のステップでは販売部門および企画部門（S）と開発部門（D）が中心となってプロジェクトを展開する。その後，ステップが進むにつれて，生産部門（E）へと比重が移行していく。SEDチームは，ホンダが設定したイベント（本書では，SED評価会と呼ぶ）で，チームの提案が二輪事業本部から承認を得られなければ，次のステップに進むことができない。ホンダがSED評価会を開催するタイミングは，大きなものだけを取り上げれば，1）から4）の4つである。SED評価会のメンバーは，Aタイプ・BタイプではSEDの各リーダーと二輪事業本部長，二輪事業企画室であり，二輪事業本部長が最終決裁者である。Cタイプ・Dタイプでは，SEDの各リーダーと二輪事業企画室が参加し，二輪事業企画室が最終決裁を行う。海外で生産・販売する機種の場合は，現地法人（地域統括本部と生産拠点）も評価に加わる。厳密には，ホンダは1）のイベントをSED評価会と位置付けていない。しかし，二輪事業本部からの承認を得るという意味では同じなので，本書では1）のイベントもSED評価会に含めている。

　以下では，SEDチームが進める開発・生産プロセスを，1）企画・検討スタートから2）開発着手の期間，3）開発完了・量産準備から4）量産立ち上げの期間と大きく2つに分けて確認する。先述のように，ホンダは生産拠点と開発拠点を2）開発着手までに確定させる。そのため，1）企画・検討スタートから2）開発着手の期間を重点的に考察する。

第3章
国際生産分業の調整メカニズム

1 企画・検討スタートから開発着手の期間

　機種Ｖの企画・検討は，販売部門が開発部門に機種Ｖの開発依頼を発行した時点で始まる。開発依頼と同時に，ホンダは機種Ｖのプロジェクトを立ち上げ，それを遂行するチーム（SEDチーム）を編成する。チーム編成に際して，ホンダは各部門からプロジェクトリーダー（Project Leader：PL）を指名するとともに，PLを束ねるプロジェクト全体のリーダー（Large Project Leader：LPL）を開発部門の中から選出する。LPLは機種開発プロセス全体を通じて，ひとつひとつの部品や完成車の仕様を判断し，製品全体をまとめあげていく存在である[15]。新機種のプロジェクトに専任として関わるのは，LPLだけである。このLPLのもと，各部門から選出された機種ＶのPLがプロジェクトを進めていく。

　開発拠点が日本の場合，ホンダはSEDチームおよびPLを本国拠点に設ける。PLが指名される各部門とは，販売（S），生産（E），開発（D），購買（Buy：B），サービス（Service：SV）のことである[16]。これら部門それぞれにPLをホンダは指名する（さしあたり，これらPLを順にS-PL，E-PL，D-PL，B-PL，SV-PLと呼ぶことにする）[17]。これらPLをどの拠点に設定するのかは開発のタイプと開発拠点によって異なるが，E-PLに関しては，ほぼすべての機種開発で本国生産拠点に設置する[18]。日本で開発した機種を海外生産拠点が生産するのであれば，生産拠点が決まり次第，本国生産拠点とともに海外生産拠点でもE-PLを選出する。したがって，海外生産機種では，本国生産拠点のE-PL（本書では，KE-PLと呼ぶ）と海外生産拠点のE-PL（本書では，OE-PLと呼ぶ）が連携して開発・生産に従事する。さらに，当該機種の海外販売が決まっている時には，地域統括本部もSの一員として参加する。なお，詳細に言えば，プロジェクトを遂行するチームはＳ・Ｅ・Ｄ・Ｂ・SVからなるが，本書では短縮してSED（チーム）と表現する。その理由は，ホンダの四輪車開発を取り上げた研究の多くが短縮した表現を用いていること，ホンダの社内的にも短縮して呼んでいることである[19]。

　SEDチームは，Sからの要望である機種Ｖの概要，販売台数，市場投入の

139

タイミングなどをもとに，1）企画・検討スタートのSED評価会に向けて機種Vの製品要件を考案する。ホンダはすでに製品ラインナップ計画で機種Vの製品要件の大枠を決めている。それを踏まえて，SEDチームは，機種Vの製品要件の詳細を徐々に定めていく。これに並行して，SEDチームは，R研究の成果検討と販売地域の選定を再度行う。これらの作業はラインナッププローリングですでに実施していることであるが，今度は，特定機種を対象とし，製品要件の詳細を次第に詰めていくとともに，SEDチームが確定させる。R研究の成果適用は，機種Vに具現化する製品の魅力，それに伴ったコスト，販売価格，販売数量を大きく左右する判断である。そのため，SEDチームは，機種Vの製品コンセプトと収益性を照らし合わせながら，R研究の中からどのような新技術を搭載するのかを決めていくことになる。製品ラインナップ計画の策定時点で，機種Vに搭載する技術が決まっていれば，それが製品コンセプトと収益性に適うものであるかをSEDチームが検証する。一方で，機種Vの販売地域の設定もまた，製品要件の販売数量やコストに影響を与える。それゆえ，この時点で，販売地域と想定する販売台数を再び集計する。その結果から，開発サイド（D）は，製品魅力の向上に向けて，金型の新規投資や二輪車の構造を決めていく。加えて，機種Vの生産を担う拠点（E）は，他の機種の生産も含めて，機種Vで想定される生産量に対して，いかに応じるのかを準備する。

　機種Vを所望する販売拠点があった場合，その国を統括する地域統括本部が代表して，Sの立場で機種開発に参加する。地域統括本部を含め，Sはプロジェクトが終了するまで（量産立ち上げまで）関わることになるが，プロジェクトの企画・検討から開発着手までの期間に最も強く関与する。したがって，Sは開発・生産プロセスに常に携わるわけではなく，SED評価会の直前のタイミングや，開発を進める中で企画・検討で定めた要件に変化が生じた時に関わることになる。例えば，開発で予期せぬ事態が生じた際，その時々の市場の状況を確認しながら，販売台数や売価の再設定をSが行う。地域統括本部の要望や予想される販売数量はSEDチームのS-PL（日本開発の場合

第 3 章
国際生産分業の調整メカニズム

は日本に設置される）が取りまとめ，プロジェクトの企画・検討に反映させていく。そうして，SED評価会の前のタイミングで，DとEの状況や目標コストが達成できるかをS-PLを含めたSが確認し，その結果を地域統括本部に報告する。地域統括本部の了承を得て，SEDチームは提案を1）企画・検討スタートのSED評価会にかけるのである。

こうして，SEDチームは，当該機種のターゲット（顧客），製品コンセプトの概要，品質，量産開始および上市するタイミング，販売地域，イニシャル台数（機種の発売直後に生産・販売予定の台数），モデルチェンジまでの販売台数，年間生産台数，販売価格，コスト，利益という製品要件を定め，SED評価会への提案を立てる。SEDチームの提案がSED評価会で承認されると，機種Vの企画・検討が本格的に始まることになる。1）企画・検討スタートのSED評価会では，製品の魅力（製品のおおよそのコンセプト）はもちろんのことながら，二輪事業として投資に見合う収益（販売価格，販売台数，コスト，利益）を上げることができるかという事業の観点からの評価に重きが置かれる[20]。それゆえ，SEDチームは，この段階で，二輪事業企画室および生産企画部と連携し，生産拠点と開発拠点を概ね決める。収益性を算出するためには，SEDチームが機種Vのコスト目標を設定し，特定の開発・生産拠点を想定したうえで，コストを算出しなければならないからである。製品ラインナップ計画の策定と同じく，この拠点選択に際して，中心的な役割を果たすのが生産企画部である。生産企画部は，徐々に定まっていく製品要件をもとに，各生産拠点のインフラ・設備および投資計画を踏まえて，シミュレーションによってコストを概算する。そうして，コストを達成できる拠点を生産企画部が選定していく。特定の生産拠点から機種Vの生産に対する提案（量産移管や当該機種の生産拠点候補として自ら手を挙げる）があれば，それも同時に生産企画部が検討する。

このようにSEDチームは生産拠点・開発拠点を決め，SED評価会に提案する。しかし，SED評価会では，チームの提案した生産拠点・開発拠点が変わることもある。そうした変更は，SED評価会の最終決裁者である二輪

事業本部長の意思決定によって実施される。製品ラインナップ計画と同様，SED評価会での二輪事業本部長の役割は大きく2つである。それは，当該時点における国際生産分業の長期構想という視点と，製品ラインナップにおける当該機種の位置付けという視点から機種Vの提案を評価することである。SED評価会は，SEDチームが立案した個別の機種の提案を承認する場であるが，そこには二輪事業本部としての長期的な視点による意思決定が介在する。グローバルモデルのタイ生産については先述したため，ここではブランドレベルの製品ラインナップの視点から二輪事業本部長が判断を下した事例を確認しよう。第2章でみたニューミッドシリーズは，二輪事業本部長によって販売価格を下げることが決められた。実際，この機種の開発に際して，当時の二輪事業本部長は，「私が決めたのは，価格を安くすること[21]」と述べている。このような判断を受けて，海外から多くの部品を調達することを試みたため，ニューミッドシリーズは開発期間が1年から1年半伸びたという[22]。

　開発依頼とSED評価会で承認された提案が，SEDチームの指針となり，いわばバイブルとして機能する。企画・検討のSED評価会が終了した後に，SEDチームは次の手順で製品コンセプトを具現化させ，洗練させる。まず，Dが機種Vのコンセプトモデルをつくる。ついで，コンセプトモデルをSが顧客とディーラーにみせて反応を確かめる。そこで得られた反応をSからDにフィードバックする。Dがフィードバックをもとに製品コンセプトを修正し，それを実現するための費用算出をE（生産企画部）に打診する。Eが算出した費用次第で，Dは製品コンセプトの修正の度合いを探る。このように，Dのコンセプトモデルを起点とし，SEDが連携することで製品コンセプトを仕上げていく。

　こうした過程で，SEDチームはR研究の成果検討と販売地域の確定作業を継続して進める。これらの結果，二輪車の仕様に変更が加わった場合，SEDチームは再び生産拠点と開発拠点を見直すことになる。そうして修正した提案が，2）開発着手時点でホンダが開催するSED評価会で承認され

第3章　国際生産分業の調整メカニズム

れば，SEDチームは実際に開発に取り掛かる。この時点で，ホンダは機種Vの開発拠点と生産拠点を確定させる。したがって，2）開発着手のSED評価会終了後，開発拠点と生産拠点の変更はほとんどない。開発を始めるにあたり，ホンダが開発拠点を確定させるのは当然であるが，一方で，生産拠点を確定させる理由は次の2つである。

　第1に，各生産拠点が有する設備・機械と生産ライン，当該拠点の周辺に立地する部品サプライヤーには違いがある。開発が進むにつれて，機種Vを担当する生産拠点は，機種Vの生産を想定し，KE-PLとOE-PLを中心として稼働率の予測と生産計画のバランス調整を行うとともに，コストを含めて最も効率の良いつくり方をデザインする。このうち，機種Vのつくり方を含めた工程設計については，本国生産拠点である熊製と当該生産拠点が連携し，準備を進めていく。さらには，部材の手配や材料に対する保障の取得，部品納入の仕方を生産拠点が考案する。これらの作業を進めるためには，生産拠点を決めていなければならない。

　第2に，機種Vの生産にあたって，当該生産拠点に新たに設備・機械を導入する必要がある場合，設備投資や金型投資などの費用が発生する。そうした費用は機種Vのコストに計上される。そのため，費用を算出し確定させなければ，開発を進めることができない。とりわけ，新機種を立ち上げる時には，全体でどのくらいの投資額になり，それが何年で回収できるのかを判断しなければならない。第1で述べたように各生産拠点の設備・機械と生産ラインが違うので，どの拠点を選択するのかによって投資額は変動する。このように，投資と回収期間を想定するためにも，SEDチームは開発着手の段階で生産拠点を決める必要がある。投資額の算出については，機種Vを生産予定の拠点が担うことができれば，その拠点が行う。一方で，当該生産拠点で初めて導入する設備である場合や，従来の設備よりも高度である場合には，その拠点での投資額の算出が難しいこともある。その際には，生産企画部が本国生産拠点から人員を派遣し，コスト算出を行う。こうした新規投資は，3）開発完了・量産準備のSED評価会で，最終的に承認される。

2　開発完了・量産準備から量産立ち上げの期間

　機種Ｖの開発が完了すれば，生産拠点は量産に向けた準備を始める。この段階で，ＳとＤから，Ｅへと比重が移行する。開発によって生み出した機種Ｖの図面は一度，本国生産拠点である熊製に送られる。ホンダが新機種を開発した際には，熊製が生産する機種であっても，海外生産拠点が生産する機種であっても，開発部門（研究所）から熊製に図面を送った後に当該生産拠点へ渡るというプロセスを経る。熊製は，図面を１枚ずつ認証・検定し，量産として成り立つ仕様かどうかを最終確認するとともに，機種Ｖの生産に際して必要となる生産ラインでの作業や部品の流し方といった工程設計を確定させる。そうして，熊製は考案した機種Ｖの工程設計と認証・検定済みの図面を，機種Ｖの生産を担当する生産拠点に伝達する。

　機種Ｖの生産を担当する生産拠点では，熊製から伝えられた図面と工程設計をもとに，もう一度，図面を１枚ずつ認証・検定する。当該拠点の生産ラインや設備・機械と照らし合わせて，再度，図面を認証・検定するのである。図面は量産準備に対してとりわけ重要であるために，このような熊製と当該生産拠点での二重の確認を実施している。図面の認証・検定が終わり次第，当該生産拠点はOE-PLと，OE-PLの下に設置したQ-PL（品質領域）およびB-PL（購買領域）の３者を核として，大きく６つの部門（完成車組立，エンジン組立，鋳造，機械加工，塗装，溶接）が密接に連携して量産準備を進めていく。この後，生産拠点内部および部品を受注した部品サプライヤー内部でそれぞれ実施する３つのイベントと，当該生産拠点と部品サプライヤーが共同して実施する３つのイベントを経る。ホンダと部品サプライヤーは，３）開発完了・量産準備のSED評価会終了後に金型を手配する。そうして，ホンダと部品サプライヤーは金型を用いて試作をつくり，当該部品の設計図面と同一であることを確認し，量産準備を進めていく。この間に，ホンダと部品サプライヤーはいずれも，❶量産試作が製品要件を満たしているのか，❷量産する前の段取りができているのか，❸予定した生産台数の量産ができるのか，狙った品質が実現できているのかを確認するという３つのイベント

を社内で実施する[23]。つまり，ホンダの生産拠点内部で実施する3つのイベントと同様のイベントを，部品サプライヤー内部でも行っている[24]。同時に，生産拠点内部，部品サプライヤー内部で事前検証を行った後に，上記した❶から❸の内容をホンダと部品サプライヤーが共同で確認するイベントを設定している。さらに，3つのイベントと同時並行で，生産拠点は部品や完成車をDと熊製に送り，製品コンセプトが実現できているか，図面通りに生産できているのかについて最終確認を得る。

こうしたイベントを経て，4）量産立ち上げのSED評価会が開催される。SED評価会が量産立ち上げの準備状況を承認すれば，機種Vの量産が始まる。量産開始および市場投入から数ヵ月が経過した後に，SEDそれぞれが事後検証作業に着手する。Sはターゲットとした顧客にどのくらい売れたのか，Dは二輪車のコストが達成できたのか，Eは量産準備で確認した内容が順調に進行したのかを評価・検証する。

このように，開発・生産プロセスは，ある機種の製品コンセプトに基づく製品要件をSEDチームが具体化していくとともに，生産拠点と開発拠点を決定する過程である。製品ランナップ計画のラインナップローリングによってラフに決めた機種の製品要件と開発・生産拠点が，時の経過にしたがって煮詰められていく。したがって，ホンダは，ラインナップローリングと開発・生産プロセスという2段階の意思決定プロセスによって，機種の製品要件と開発・生産拠点を決めていくのである[25]。このような開発・生産プロセスにおいても，ホンダは機種Vの製品要件だけを捉え，それに最適な拠点を決めているわけではないことに注目する必要がある。SEDチームの提案は，SED評価会によって今後の二輪事業の展開を踏まえた視点から評価され，承認されていた。SED評価会は，長期的な視点から個別機種の製品要件と生産・開発拠点を決定するための方法と捉えることができる。

Ⅳ 国際生産分業の調整メカニズム：SEDによる段階的な意思決定

　国際生産分業を形成する難しさは，繰り返し述べてきたように，恒常的に更新されていく長期的な構想から，最適な拠点をいつ，誰が，どのように決定するのかにある。ホンダの国際生産分業の調整メカニズムは，段階的な意思決定を通じて，この問題を解決する仕組みである。これまでに確認した製品ラインナップ計画の策定と個別機種の開発・生産プロセスから判明したことを整理してみよう。

　ホンダは，市場動向の予測をもとに，現在から約10年先までの開発予定機種を設定し，製品ラインナップ計画を策定する。製品ラインナップ計画はブランドレベルの製品ラインナップを網羅するものである。このうち，むこう５年分の開発予定機種は，グローバルSEDが主体となり，概ね週に１回の頻度で見直される。グローバルSEDは販売部門，生産部門，開発部門を代表して，それぞれの立場から意見を出す。修正が生じた開発予定機種をラインナップ調整会で検討する。この一連のラインナップ調整の意思決定には，二輪事業本部長の判断が反映される。そうした結果，修正が加わった新たな製品ラインナップ計画を，ホンダは半年に１度のタイミングで全拠点に対して正式に発行する。この後も，１週間単位の調整と６ヵ月単位の調整結果の公表というサイクルで，ホンダは製品ラインナップ計画をアップデートしていく（これをラインナップローリングと名付けた）。製品ラインナップ計画の策定時点で，ホンダは機種の製品要件の大枠を定め，開発拠点と生産拠点を仮決めする。この後，ラインナップローリングを繰り返す中で，つまり当該機種の開発が近づくにつれて，その時々の市場環境と拠点の成長を踏まえて，ホンダは製品要件と拠点を改更する。ただし，ラインナップローリングの段階では，ホンダは製品要件の詳細や開発・生産拠点は確定させず，ラフなままにとどめる。

　ある機種に焦点を当てた場合，ラインナップローリングでの調整は，主と

第3章
国際生産分業の調整メカニズム

して当該機種の企画・検討が始まる時期まで続く。図3-3は、ある機種がラインナップローリングの期間を経て、量産開始（≒市場投入）に至るまでのプロセスを概念図として示したものである。図中の調整期間aが、ラインナップローリングでの調整期間である。調整期間aは、機種ごとにばらつきがある。企画・検討の開始時期は機種によって異なり、量産開始から約2年半前から約半年前である。加えて、ホンダがどの時点で開発予定機種を製品ラインナップ計画上に記載するのかも機種ごとに違う。市場環境が大きく変化し、それまで予定していなかったが、急遽、ホンダが製品ラインナップ計画に組み込むこともある。このように、機種によって異なるものの、ホンダが製品ラインナップ計画に開発予定機種として記載し、その機種の企画・検討が始まるまでの間が調整期間aである。例えば、ホンダがすでに製品ラインナップ計画に組み入れ、5年後に市場投入を予定する機種の場合、量産開始から2年半前に企画・検討を開始する必要があるとすれば、調整期間aは2年半となる。調整期間aにおいては、いずれの機種もグローバルSEDが調整主体である。

ラインナップローリングの期間を経て、企画・検討の時期を迎えた機種の調整主体は、グローバルSEDから当該機種のためにホンダが編成したプロジェクトチームに重点がシフトする。このプロジェクトチームもまたSEDから選出されたリーダーによって構成される。したがって、ブランドレベルの製品ラインナップから個別の機種へと対象は変わるものの、SEDの相互連携による調整に違いはない。SEDによるプロジェクトチーム（SEDチーム）は、ラインナップローリングによって定められたラフな製品要件と開発・生産拠点を煮詰めていく。SEDチームが製品要件と開発・生産拠点を確定させるのは、開発着手の段階である。このようなSEDチームが主体となって進める調整期間を示したのが、図3-3の調整期間bである。

ホンダはSEDチームに当該機種の調整を大きく委ねるものの、すべての決定を任せるわけではない。SEDチームの調整には、地域統括本部や生産企画部、本田技術研究所、二輪事業企画室、二輪事業本部長の意思決定が介

図3-3 ラインナップローリングから量産開始に至るプロセス

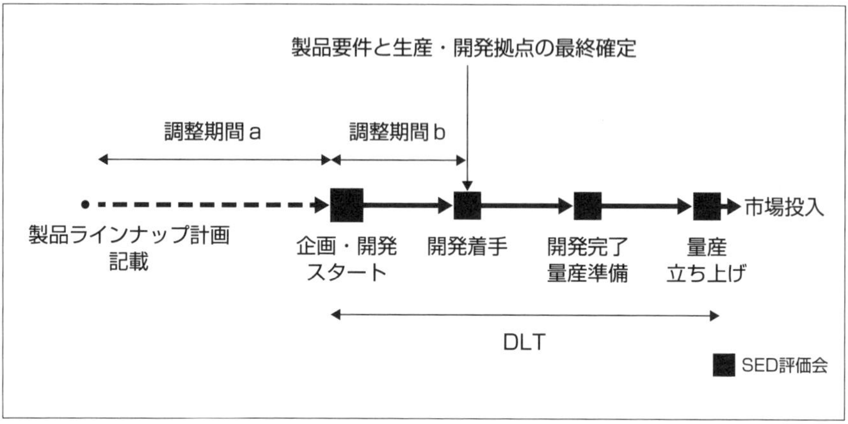

[図：製品要件と生産・開発拠点の最終確定／調整期間a／調整期間b／製品ラインナップ計画記載→企画・開発スタート→開発着手→開発完了量産準備→量産立ち上げ→市場投入／DLT／■SED評価会]

出所：本田技研工業への聞き取り調査をもとに筆者が作成した。

入する。その典型的な機会がSED評価会である。SED評価会は，SEDチームの提案を，当該機種だけに焦点を当てて評価するのではなく，二輪事業全体を捉えた視点からも評価し，承認する場といってよい。つまり，ホンダは製品要件や開発・生産拠点の確定に際して，2つの視点から評価するのである。

このように，ホンダはラインナップローリングと，個別機種の開発・生産プロセスという2つの機会を通じて，段階的に製品要件と開発・生産拠点を確定させる。こうした段階的な確定プロセスが持つ意義は次の2つである。個別機種の製品要件と拠点に対する意思決定に，最新の市場と拠点の動向を継続的に取り入れることができる点が，ひとつ目の意義である。同時に，拠点間の相互連携を強化していくことにも寄与する点が，ふたつ目の意義である。より詳細にみていこう。

最新の市場と拠点の動向を反映する意思決定

まず，できるかぎり拠点の確定タイミングである開発着手の時点まで調整を続け，かつ，そうした過程で選択の機会を増やすほど，市場動向に即した

製品要件を創出できるとともに，拠点の成長を取り込むことができる。製品ラインナップ計画の策定時点で，ホンダはある機種に対する拠点を定めなければならない。いずれかの拠点を仮定しなければ，機種の製品要件の前提条件となるコスト算出ができないからである。しかしながら，その時点で定めた拠点を固定すれば，ラインナップローリングから開発着手までの期間（調整期間 a と b の間）に生じた各国市場と拠点の動向を反映させることができない。とりわけ，拠点の成長は事前に厳密には想定できない部分がある。直近になればなるほど，市場環境に応じた製品要件を設定できるのは当然であるが，同時に，その製品要件に適合する拠点を選ぶことができる。

　しかも，単に開発着手の段階で製品要件と生産拠点を確定させるだけではない。ホンダは，製品ラインナップ計画に当該機種を加えてから，継続的に製品要件と生産拠点を見直した後に，それを確定させている。つまり，ラインナップローリングから開発着手までの期間，ホンダはグローバルSEDおよびSEDチームによって頻繁に調整し続けるのである。このことの持つ意味は重要である。

　ある機種の製品要件は，その機種自体が持つ製品魅力やコストなどを規定するものであるが，同時に，他の機種との相対的な違いも規定していなければならない。フルライン企業であるホンダにとって，ブランドレベルあるいは拠点レベルの製品ラインナップのどこに当該機種を位置付けるのかは，製品戦略を展開するうえでかなり重要である[26]。開発予定機種は，開発予定機種間のみならず，それ以前に市場投入された機種との相対的な違いが必要となる。例えば，4年先に市場投入する開発予定機種T_4は，2年先に市場投入する開発予定機種T_2との違いが求められる。市場環境の変動に伴って，開発予定機種T_2や他機種の製品要件を変えた場合，開発予定機種T_4の製品要件にも影響を及ぼす。開発予定機種T_4の製品要件の変更次第では，すでに定めていた生産拠点が必ずしも最適とは言えない状況が生じるかもしれない。それゆえ，開発予定機種T_4の製品要件は，製品ラインナップ全体の枠組み中で恒常的に検討していかねばならない。こうして，選択の機会を増加

させるほど,ホンダは,製品戦略により適した開発予定機種T_4の製品要件を定めることができる。

　これは,製品要件だけでなく,生産拠点についても同じことが言える。各生産拠点が持つ設備・機械や生産ラインと,それに連動する生産可能な排気量は,時間とともに変化する。典型的な事例は,グローバルモデルを生産することになったタイ拠点である。タイ拠点は,国際生産分業の形成が進むにつれて,より高排気量の機種を生産可能とする設備・機械や生産ラインを持つようになっていった。通時的に捉えれば,どの機種の生産を担うのかによって,各生産拠点の設備・機械や生産ライン,生産可能な排気量は変わりうる。例えば,開発予定機種T_2で,いずれかの拠点に新たな設備投資を承認すれば,その拠点(仮に機種T_2生産拠点とする)は他拠点に対して,生産可能な排気量の幅が広くなるといったケースが考えられる。さらには,機種T_2生産拠点が開発予定機種T_2の設備投資を行うことで,数年先の開発予定機種T_4にとって最適な生産拠点となる可能性もある。ただし,機種T_2生産拠点による開発予定機種T_2の生産が順調に進むとは限らないし,そもそもR研究の進捗次第では,開発予定機種T_2の開発が伸び,開発予定機種T_4の開発を先に開始することをホンダが決めるかもしれない。そのため,頻繁に拠点の情報をアップデートし,製品ラインナップ全体の枠組み中で,各開発予定機種の製品要件が変わる度に拠点を見直すことが重要となる。他の開発予定機種の影響を受けて,開発予定機種T_4の最適な生産拠点は時間とともに変化する。それだけでなく,開発予定機種T_4に対する生産拠点の選択は,その他機種の最適な生産拠点を変動させるのである。ここまでのことが,第1の意義である。

　ただし,第1の意義に関して注意したいのは,ここでは生産拠点の選択や見直しの機会を増加させる意義を強調しているが,すべてを頻繁に変更するわけではないことである。ホンダが全拠点に発行する製品ラインナップ計画は,生産拠点の長期的な指針となる。各生産拠点は,製品ラインナップ計画をもとに長期の生産計画を組む。製品ラインナップ計画が発行される度に,

第 3 章
国際生産分業の調整メカニズム

全機種の拠点が変わるようでは，各生産拠点は長期の生産計画を見通すことができない。そのため，既存機種，特に既存エンジンを搭載する機種の場合，ホンダは基本的には現時点でモデルチェンジ前の機種を手がける拠点を生産拠点の候補に挙げていた。このことによって，各生産拠点は長期の生産計画を安定させることができる。

さらに，第1章と第2章でみてきたように，国際生産分業の形成過程において，システムを構成する生産拠点の変動はそれほど激しくない。確かに，国際生産分業に生産拠点が加わる際には創発の側面がある。しかし，創発的に成長を遂げた生産拠点を用いたとしても，それはホンダが既存の生産拠点での二輪車生産を取りやめたことを意味するわけではない。ホンダは生産拠点を頻繁に切り替えてはおらず，計画的な育成を試みた既存の生産拠点であれ，創発的に成長した拠点であれ，ひとたび国際生産分業に組み込んだ後には，それら拠点を継続的に活用していた。したがって，ホンダが選択の機会を多く設定するからといって，実際に生産拠点の変更を実施するとは限らないのである。

このように，選択の機会を増やすことと，生産拠点の変更を決めることは分けて捉える必要がある。国際生産分業の形成プロセスをみる限り，ホンダは生産拠点の頻繁な変更を避け，各拠点の生産計画の安定を図りつつ，このシステムを形づくってきたのである。

拠点間の相互連携の強化

生産拠点の変更の決定それ自体は，拠点間の相互連携を強めるシステムをいかにつくり出すのかに関連し，誰が，どのような視点から行うのかが重要となる。ホンダの段階的な確定プロセスのあり方は，国際生産分業を構成する拠点間の相互連携を強化することにも大きな役割を果たしている。これが第2の意義である。

ラインナップローリングから開発・生産プロセスに移行するにしたがって，製品ラインナップ全体から個別機種へと検討の対象が小さくなる。二輪車の

開発・生産は，SEDの相互連携によって進むため，あるひとつの部門が製品要件と拠点を決定することが難しい。そのため，ラインナップローリングも個別機種の検討も，市場の情報を最も保有するS（販売部門および地域統括本部，二輪事業企画室）と，研究開発を担うD（開発部門および二輪事業企画室），各拠点の動向を把握するE（生産企画部と生産拠点）が密接に関わる必要があった。その主体は，検討対象と同じく，グローバルSEDからSEDチームへと，より個別の機種に焦点を当てた小さな単位の組織へと重点が移り変わる。このように，時の経過に伴って検討の対象も，それを担う組織も次第に小さくなる。

しかしながら一方で，ホンダは検討した内容の評価を，SED評価会という二輪事業本部（地域統括本部，二輪事業企画室，生産企画部，二輪事業本部長）の大きな枠組みの中で行う。つまり，個別機種の提案は，常にホンダの長期的な製品戦略と，当該時点の国際生産分業の長期構想およびそれに伴う拠点活用の方向性という視点から評価される[27]。この視点のもと，SEDチームの提案した製品要件と開発・生産拠点が了承される場合もあるし，二輪事業本部長の判断で修正される場合もある。他方で，グローバルSEDの調整期間でも，SEDチームの提案でも，一貫して生産拠点の選定に大きな役割を果たすのが生産企画部である。

生産企画部は，各生産拠点の情報を収集・アップデートし，当該機種の生産に対してある拠点の活用可能性を見出すという機能を担う。これに対して，イタリアホンダの事例のように，各生産拠点が自ら自拠点の活用可能性を生産企画部に打診することもある。いずれにしても，生産企画部が担う各拠点の評価が，生産拠点選択の基盤となる。こうした生産企画部による拠点の評価は，SEDチームの提案に組み込まれ，SED評価会で評価を受ける。一方で，二輪事業本部長によって，SEDチームの提案の大枠，とりわけ活用する生産拠点の検討が事前に提案されている場合もある。第2章で確認したように，タイ拠点による低・中排気量の二輪車生産は，当時の二輪事業本部長が検討を提案したことが契機であった。こうした場合の生産拠点の選択の基

第3章
国際生産分業の調整メカニズム

盤も,もちろん生産企画部にある。しかし,生産企画部が各拠点の状況を把握したとしても,二輪事業本部としての視点がなければ,このような意思決定は難しいのかもしれない。つまり,国際生産分業で活用できる拠点を見出すことと,それを実際に活用するかどうかの意思決定は別の問題であると考えられる。タイ拠点の事例は,将来の拠点の活用可能性を開拓するためには,数々の選択の機会に二輪事業本部の視点を取り入れる重要性を示唆している。

ここまで述べてきたことから明らかなように,ホンダが有する国際生産分業の調整メカニズムとは,できるかぎり開発着手まで確定のタイミングを引きつけ,そこでの調整期間中に頻繁に設けた選択の機会を,最新の市場および拠点の動向を反映させた製品要件と拠点かどうかという視点だけではなく,二輪事業本部が持つ国際生産分業全体を見据えた長期的な視点から評価する,という段階的な意思決定の仕組みである。国際生産分業全体としての最適が時とともに変わる中で,この仕組みによって,ホンダは計画の側面のみならず,創発の側面を意図的に取り込み,拠点間の相互連携を強めるシステムを形成してきた。つまり,全体を柔軟に編成・再編成させ,最適な国際生産分業の形をつくり続けてきた。

このようなホンダの調整メカニズムそれ自体は,地域統括本部制へと移行した1990年代前半から基本的に変化していない[28]。この間の大きな変化は,調整に参加するプレイヤーが増えた(地域統括本部が細分化した)ことと,生産企画部が行う拠点評価がよりいっそう重要になったことである。第1章・第2章で確認したように,ホンダは他国からの要請を受けて自国向けに開発・生産した二輪車を輸出する拠点である適地供給拠点と,自国のみならず,他国への輸出を企図して開発した二輪車を生産する拠点であるグローバル供給拠点を生み出すことで,国際生産分業を形成してきた。これは,時を経るにつれて,当該機種の生産拠点の候補が増えたことを意味する。従来であれば,海外に輸出する機種を生産する拠点は本国生産拠点だけであったが,そうした機種の生産を担う生産拠点,とりわけグローバル供給拠点が増加したから

である。しかも，グローバル供給拠点が出荷する国・地域もフェーズが進むとともに広範になっていった。つまり，製品要件と拠点の双方で，グローバルSEDとSEDチームが調整期間で検討する選択肢が多くなり，複雑になったのである。

　ホンダが地域統括本部を複数の地域で設定するようになったことは，この調整に関する複雑性を緩和する手段と考えられる。先にみたように，出荷先国・地域の販売拠点は，Sの立場で当該機種の製品要件に対して要望を出す。出荷先国・地域が増えれば増えるほど，当然，個々の販売拠点から寄せられる要望も多くなる。とはいえ，グローバルSEDとSEDチームが，そうした要望をすべて当該機種の製品要件に反映することは難しい。そのため，ある地域ごとに要望を集約し整理することが必要となる。そこで，ホンダは地域統括本部を複数設置することで，調整の複雑性をやわらげることを狙ったのだと考えられる。

　一方で，海外生産拠点のグローバル供給拠点化によって，多様な選択肢の中から生産拠点を選ぶことになったがゆえに，生産企画部が行う拠点評価の重要性は高まった。生産企画部の拠点評価は，国際生産分業で活用可能な拠点を見出すだけでなく，活用の仕方を検討することにも貢献する。確かに，生産拠点を活用するかどうかの判断は，あくまでもグローバルSEDやSEDチーム，SED評価会が実施する。しかしながら，生産企画部が提供する拠点評価の情報がなければ，活用および活用の仕方を判断することができない。このように，国際生産分業の調整メカニズムを支える基盤を提供するのが，生産企画部の拠点の評価・選定である。この点については，章を改めて第4章で確認する。

V　小括

　これまで述べてきたように，ホンダの国際生産分業の調整メカニズムの中

第 3 章
国際生産分業の調整メカニズム

核は,製品要件と開発・生産拠点を確定させる開発着手の時点までの間に,段階的に意思決定を進め,最新の動向(市場と生産拠点)を反映させることにある。このような,ホンダの調整メカニズムは,同社の二輪車開発・生産プロセスのありようが色濃く反映されたものである。二輪車の開発が始まれば,半年から2年半のDLTの間,ホンダは開発拠点や生産拠点を変更することが難しい。二輪車開発・生産に特有のDLTの制約があるために,グローバルSEDやSEDチームの度重なる調整によって,市場動向と拠点の活用可能性について予測の精度を高めていくことが必要となる。それゆえ,地域統括本部と生産企画部が,2段階の調整に継続して密接に関与するのである。

一方で,ホンダはDLTそれ自体の短縮にも取り組んでいる。DLTが短くなればなるほど,製品要件や開発・生産拠点の最終確定のタイミングまで検討を続けることができる。あるいは,調整期間を現状のままとするならば,開発着手の後に迅速な機種投入ができるようになる。このような取り組みは大きく2つである。それは,第2章で確認した本国生産拠点である熊製への開発機能の一部移転と,エンジンの共通化である。ホンダは熊製に開発機能を移転させることで,DLTの短縮を目指している[29]。さらに,今後は,熊製に営業や購買部門の一部を移転させ,SEDBSVの連携を促進させ,よりいっそうDLTを短くさせようとしている[30]。ただし,熊製のSEDBSVが担う二輪車はFunであるため,ここでのDLT短縮と関連するのは,Funの二輪車を生産するタイ拠点と欧州拠点である。

他方,エンジンの共通化もDLTの短縮に大きく寄与する。国際生産分業の形成が進むにしたがって,ホンダはグローバルモデルだけでなく,eSPエンジンというグローバルエンジンを開発し,その搭載機種を拡大させてきた。二輪車の開発には4つのタイプがあり,それぞれDLTが異なる。エンジンを共通仕様にすることは,AタイプからBタイプの開発へ置き換えることを意味する。つまり,エンジンの共通化はDLTの短縮に大きく貢献する。エンジンからさらに踏み込んで,プラットフォーム共通化にまで展開できれば,よりいっそうDLTの短縮に貢献する。いずれにせよ,このようなDLTを短

縮する取り組みは,最新の市場および拠点の動向を国際生産分業に反映させることや,迅速な機種投入に高い効果を生み出すと考えられる。

　本章では,ホンダが有する国際生産分業の調整メカニズムを具体的に明らかにした。グローバルSEDにしろ,SEDチームにしろ,生産拠点の選択に関するSEDによる頻繁な調整の基盤は生産企画部が担う各生産拠点の評価と選定にある。第4章では,このような基盤をホンダがいかにつくり上げたのかを検討していこう。

注
1　本章の記述は,特に断りのない限り,本田技研工業への聞き取り調査による。
2　第3章・第4章で紹介するホンダの国際生産分業の調整メカニズムは,2010年代半ばの仕組みである。
3　日本経済新聞社webサイト(URL:http://www.nikkei.com/article/DGXNASFK1502H_V11C12A1000000/)(2015年12月5日閲覧)から引用した。この記事は,ホンダが本国生産拠点に朝霞研究所・熊本・分室を設置し,DLTの短縮を試みていることを報じたものである。そこでは,「新製品の開発から量産化までの期間を指す」として,「DLT(ディベロップメント・リードタイム)」が挙げられている。括弧内は同記事からの引用である。本書も,この表現を用いることにした。ただし,本書で呼ぶDLTには,開発の前に実施する企画も含めていることに注意されたい。
4　生産拠点の決定プロセスは,長期的に国際生産分業をいかに形成するのかという大きな枠組みのもとで,DLTの制約を受けながら,競合他社の状況や需要の変化という外部要因と拠点の成長という内部要因に対して,ホンダがフレキシブルに対応する過程とも捉えることができる。そのため,ここでの記述は,生産システムのフレキシビリティの研究から着想を得ている。その中でも,とりわけ,生産・販売・購買の統合を論じた岡本〔1995〕,富野〔2012〕から示唆を得た。
5　本書で製品ラインナップ計画と呼ぶ計画は,「サイクル・プラン」とも呼ばれる(括弧内は,藤本/クラーク〔1993〕,142ページより引用した)。サイクル・プランについては,藤本/クラーク〔1993〕を参照されたい。なお,ホンダの製品開発を論じた研究やビジネス書は多く存在する。そのほとんどが四輪車の製品開発に焦点を当てている。さしあたり三戸〔1981〕,長沢/木野〔2002〕〔2003〕〔2016〕,赤井〔2009〕,中央大学ビジネススクール編〔2010〕,下川編著〔2013〕などが参考になる。本書の記述は,これらを参考にしている。ただし,国際生産分業の調整メカニズムや,それに関わる生産拠点の選択・決定という視点からホンダの製品開発を分析した研究やビジネス書は存在していない。
6　1990年代前半については,『日本経済新聞』1994年5月21日付け朝刊を,南米に

第3章
国際生産分業の調整メカニズム

ついては,『日経産業新聞』2000年2月16日をそれぞれ参照した。中国については,本田技研工業への聞き取り調査による。

7 ホンダの開発を担うのは,別会社の本田技術研究所である。本書では開発部門と表記することもあるが,厳密には本田技術研究所のことを指している。

8 本田技研工業webサイト(URL:http://www.honda.co.jp/RandD/system/)(2016年3月17日閲覧)より引用した。

9 ただし,一部のFunモデルや売れ筋以外の機種は,この限りではない。第1章のフェーズⅠで確認したように,こうした機種は本国生産拠点が生産していた。

10 なお,モデルチェンジの場合は,調整期間とDLTの間も,現行機種の生産・販売が続いていることに注意されたい。ホンダの製品ラインナップ計画には,現行機種の生産・販売を打ち切るタイミングも記載されているが,図が煩雑になるために図3-2では捨象している。

11 打ち合わせの場を設ける週に1回という頻度は年間の平均値である。製品ラインナップ計画を発行する直前はより頻度が高くなる傾向にある。出所は,本田技研工業への聞き取り調査による。

12 ホンダは,10名程度の専務執行役員以上の役職からなる経営会議で,企業全体の経営に関する重要事項を審議する(ただし,取締役会が移譲した権限の範疇を超えない限りである)。この経営会議から,当該地域における重要事項の審議を移譲されたのが,地域執行会議である。経営会議と地域執行会議については,本田技研工業〔2006〕〔2015〕および本田技研工業への聞き取り調査による。

13 厳密には,ここでの検討はA)の時点でも実施されている。ただ,製品ラインナップ計画のアップデートの理解が必要となるので,D)で記述することにした。

14 二輪事業企画室は,地域統括本部の要望と二輪事業本部としてのフィージビリティスタディをまとめて,それをいかに効率良く開発に繋げるかという交通整理役である。それゆえ,二輪事業企画室は,本田技術研究所(D)との調整窓口機能を有しているが,Dではない。地域統括本部(S)の取りまとめと,Dとの交渉,つまりSとDのコーディネートが二輪事業企画室の役割である。したがって,ここでは,二輪事業企画室をSとDに含めている。厳密には,二輪事業企画室はDとの調整機能を持ったSと捉えた方がいいかもしれない。

15 ここで述べたLPLは,藤本/クラーク〔1993〕が論じた「重量級プロダクト・マネジャー」と同じ役割を果たす人物であると考えられる(括弧内は,藤本/クラーク〔1993〕,326ページより引用した)。ホンダが製品開発においてLPLを設定するのは,二輪車だけでなく,四輪車でも同じである。長沢/木野〔2002〕〔2003〕〔2016〕によれば,ホンダの四輪車開発では,LPLを設置するだけでなく,「RAD (Representative Automobile Development:開発総責任者)」を設けるという。括弧内は長沢/木野〔2002〕,20ページから引用した。長沢/木野〔2002〕〔2003〕〔2016〕は,このようなLPLとRADが中心となって進める四輪車開発のありようを分析し,ホンダが重量級プロダクト・マネジャー制度を採用していることを指摘し

ている。なお，ホンダが二輪車開発で設定するLPLと四輪車開発のそれとの違いや，二輪車のLPLと重量級プロダクト・マネジャーとの差異については，製品開発組織の効率性や製品魅力の向上といった視点からすれば重要な論点ではあるものの，本書の趣旨から離れる。そのために，二輪車製品開発におけるホンダのLPLの役割については，本書では深く立ち入らない。

16　厳密に言えば，ここでのEにはホンダの生産部門だけでなく，別会社であるホンダエンジニアリングも含まれる。ホンダエンジニアリングは，ホンダが生産技術に関する研究・開発部門を分離し，独立させた企業である。出所は，本田技研工業webサイト（URL：http://www.honda.co.jp/EG/profile/）（2016年5月4日閲覧）である。ただ，本書は，ホンダの生産部門とホンダエンジニアリングの違いを問うことを目的としておらず，かつ記述が複雑になるために，両者を含めてEとして扱う。なお，ホンダエンジニアリングについては，下川/伊藤〔2013〕も参照されたい。

17　購買・サービス部門の略称（BおよびSV）と，各部門のPLの表記（S-PL，E-PL，D-PL，B-PL，SV-PL）は正確ではないことに注意されたい（実際にホンダ社内で，このような購買・サービス部門の略称とPLの表記の仕方をしているかどうかは不明である）。

18　なお，開発・生産プロジェクトの規模が大きくなれば，ホンダはEにもLPL（E-LPL）を設置することがある。

19　ホンダの四輪車開発については，長沢/木野〔2002〕〔2003〕〔2016〕，中央大学ビジネススクール編〔2010〕が詳しい。四輪車開発では，「SEDシステム」と呼ばれるが，本書ではSEDチームで統一する。括弧内は河合〔2010〕，36ページから引用した。なお，ホンダの二輪・四輪の事業展開を分析した三戸〔1981〕も，さらには二輪・四輪の生産システムを検討した下川/伊藤〔2013〕も，SEDシステムという表現を用いている。また，ホンダ社内でSEDを短縮して呼んでいることについては，本田技研工業への聞き取り調査による。

20　SED評価会（あるいは単に評価会）については，長沢/木野〔2002〕〔2003〕〔2016〕，河合〔2010〕，下川/伊藤〔2013〕も参照した。

21　『モーターサイクリスト』2012年6月号，33ページから引用した。

22　『モーターサイクリスト』2012年6月号を参照した。

23　これらイベントは，ホンダのどの生産拠点でも同じである。ただし，イベントの名称は国・地域によって異なる。出所は，本田技研工業への聞き取り調査による。

24　ホンダの本国生産拠点に部品を納入する部品サプライヤーA社への聞き取り調査による。

25　当該機種の企画・開発がスタートした後においても，その機種が製品ラインナップ計画から削除されるわけではない。主たる調整主体がSEDチームにシフトした後にも，ラインナップローリングによって，グローバルSEDは当該機種の開発の進捗を確認していく。

26　この点は，自動車企業の製品戦略を分析した榊原〔1988〕を参考にした。榊原

第3章
国際生産分業の調整メカニズム

〔1988〕は，複数の車種から構成された製品ラインが全体としてみた時に一定の性質を持つことを指摘したうえで，乗用車市場の製品戦略を大きく2つに分けている。ひとつは，市場の全体を相互に関係する複数のセグメントからなると捉える「製品戦略A：連続スペクトル型」であり，いまひとつは，市場の全体を相互関係が低いセグメントの集まりとしてみる「製品戦略B：非連続モザイク型」である。括弧内はそれぞれ榊原〔1988〕，110ページおよび112ページから引用した。緻密なフルラインを展開するホンダの二輪事業は，製品戦略A：連続スペクトル型を採用していると考えられる。このような製品戦略では，「個々の製品の位置づけはその製品の絶対的価値によって規定されるのみならず，製品間の相対的価値によっても規定される。その相対性こそ，製品戦略Aにおける企業のダイナミズムの源泉」であると論じる。括弧内は榊原〔1988〕，111ページから引用した。それゆえ，ここで述べるような製品ラインナップ内における個々の機種の位置付けが，ホンダの二輪事業では重要となるのである。

27　ホンダの四輪車開発を詳しく検討した長沢／木野〔2002〕〔2003〕〔2016〕もまた，（二輪車と四輪車では開発の詳細は異なり，長沢／木野〔2002〕〔2003〕〔2016〕ではこの表現を用いていないが）本書で言うところのSEDチームの提案がSED評価会にかけられることの意味を，「開発チームの自主性を引き出しながら，企業全体の経営戦略に沿ったものになるような仕組みができている」と指摘しており，示唆に富む。括弧内は長沢／木野〔2016〕，198ページより引用した。ただし，問題関心の違いから，長沢／木野〔2002〕〔2003〕〔2016〕は最適な国際生産分業の形成という視点で考察した研究ではない。それゆえ，企業全体の経営戦略との適合を指摘するものの，長期的な製品戦略や国際生産分業の長期構想から評価するための仕組みとしては捉えていない。本書で考察してきたように，最適な国際生産分業の形成というレンズからみることによって初めて，SED評価会が持つ重要な一側面を浮き彫りにできたと考えている。

28　ホンダの二輪事業が地域統括本部制へ移行した年代については，『日本経済新聞』1994年5月21日付け朝刊を参照した。なお，同社の四輪事業の地域統括本部制への移行は，二輪事業よりも数年早く実施された。出所は『日本経済新聞』1992年4月22日付け朝刊である。

29　日本経済新聞社webサイト（URL：http://www.nikkei.com/article/DGXNASFK1502H_V11C12A1000000/）（2015年12月5日閲覧）を参照した。

30　なお，この章の記述からわかるように，ホンダは，開発と生産を重複して行う，いわゆるコンカレントエンジニアリングによって機種開発を進めている。このコンカレントエンジニアリングもまた，開発生産性の向上や開発期間（とそれに伴うDLT）の短縮に寄与する。ここでの記述は，コンカレントエンジニアリングをホンダが進展させたとも捉えることができる。ただし，機種開発の生産性や期間の短縮の検討は，本書の主たる目的ではない。コンカレントエンジニアリングや開発段階における作業の重複化については，藤本／クラーク〔1993〕，延岡〔2002〕を参照した。

第4章

国際生産分業の
調整メカニズムの基盤と全体像
― 本国生産拠点の多機種・小ロット生産の
能力蓄積と差配機能 ―

I　課題設定

　ホンダの国際生産分業の調整メカニズムの基盤は，本国生産拠点の生産企画部が担う次のような機能にある。グローバルSEDによるラインナップローリングにしろ，その後のSEDプロジェクトチームの開発・生産プロセスにしろ，ある機種の生産拠点を選定するのは，本国生産拠点の生産企画部であった。本国生産拠点の生産企画部は，個々の拠点がどのような設備・機械を有し，いかなる排気量の二輪車を生産できるのかを恒常的に評価し，その時々で特定の機種生産に最適な拠点を選定する機能を担う。生産拠点の決定自体はSED評価会で評価・承認されることになるし，生産企画部の選定作業の前段で，二輪事業本部長が今後の国際生産分業の全体像を踏まえて特定拠点での生産の検討を提案する場合もある。しかしながら，ある機種に対する拠点の選択肢が指し示されなければ，もしくは，当該拠点がある機種の生産を実現可能であるという見通しがなければ，生産拠点の提案も決定もできない。したがって，生産拠点の提案・決定を行うためには，そもそも国際生産分業に活用可能な拠点を見出せなくてはならない。

　本章では，本国生産拠点の生産企画部が行う生産拠点の評価と選定を差配機能と呼び，なぜ，生産企画部がこのような差配機能を担うことができるようになったのか，できているのかを明らかにする。さらに，第3章で詳しく述べた事実を含めて，ホンダの国際生産分業の調整メカニズムの全体像に検討を加える。

　生産企画部は，ホンダ本社の二輪事業本部に属する部署である（第3章の図3-1参照）。一方で，生産企画部の立地としては，これまで繰り返し本国生産拠点の生産企画部と述べてきたように，ホンダの本国生産拠点である熊製の内部にある。こうした立地は，生産企画部が果たす機能が，本国生産拠点のあり方に密接に関係していることが背景にある。

　かつて世界最大の二輪車生産拠点であったホンダの本国生産拠点は，国際

第 4 章
国際生産分業の調整メカニズムの基盤と全体像

生産分業の形成が進むにつれて，生産量が大きく減少するとともに，3つの特徴を有するようになった。それは，①生産量に占める輸出向けの二輪車の割合が高いこと，②生産品目がかなり多様であり，1機種あたりのロットが小さい二輪車や極めて小さい二輪車の生産（第2章で，これを単に多機種・小ロット生産と呼ぶことにした）を担っていること，③ほぼすべての二輪車生産に必要となる生産設備・機械を有していること，である。それぞれの特徴はⅡで確認していくが，このような3つの特徴を持つ本国生産拠点は，その他のグローバル供給拠点と比べて，さらにはホンダのすべての生産拠点と比べても異質な存在である。

第1章では本国生産拠点（熊製と，のちに熊製に統合される浜製）を，タイ拠点やベトナム拠点と同じく，グローバル供給拠点に位置付けた。グローバル供給拠点は，自国のみならず，他国への輸出を企図して開発した二輪車を生産する拠点であった。説明が煩雑になるために，これまでの章では省略してきたが，実は，本国生産拠点は純粋に他国へ輸出するためだけの機種（本書では輸出専用機種と表現する）も生産している。第1章で確認したように，中国拠点も日本への輸出専用機種であるTodayの生産を担っていたが，それは一時的であった。これに対して，本国生産拠点は自国への供給を企図していない輸出専用機種を継続して手がけてきている。このような輸出専用機種の生産を継続的に担うのは，ホンダが有する複数の生産拠点の中で，本国生産拠点のみである。国内に出荷する機種とグローバル供給拠点として生産する機種に加えて，輸出専用機種の生産を行うために，本国生産拠点は②多様な機種を生産品目に持たねばならないし，他国生産拠点からのエントリーモデルの輸入に起因して①輸出の比率が高まったのである。この①と②のゆえに，③の設備・機械が必要となるのである。

これら3つの特徴は，ホンダが有する二輪車生産拠点のトレンドとは大きく異なる。本国以外のグローバル供給拠点は，自国への投入を前提として，他国にも販売地域を広げることで，1機種あたりのロットの拡大を企図したグローバルモデルの生産を担っている。ホンダが多くのグローバルモデルに

対して，先進国のエントリーモデル，かつ新興国におけるハイエンドモデルという製品要件を設定していたことは，前章までで確認してきた通りである。グローバルモデルの要件，とりわけ，エントリーモデルとしての要件を実現するためには，コストを抑えることが必要となる。それゆえに，ホンダはグローバル供給拠点の生産効率を阻害するような過度な多品種化や，設備投資を避ける傾向にある。したがって，グローバル供給拠点は拠点間で差異があるものの，本国生産拠点に比べて概ね少機種・大ロット生産を志向する。このような志向は，グローバル供給拠点よりも，自国向けに開発・生産した二輪車を他国に輸出する適地供給拠点や現地生産・販売拠点の方がいっそう強く現れる。

これに対して，本国生産拠点の持つ特徴は，海外生産拠点の志向と対照的であり，むしろ，ホンダの二輪車生産拠点のトレンドに大きく反する。ホンダは，国際生産分業を形成する中で，各生産拠点の役割を明確化させてきた。そのことによって，海外生産拠点はそれぞれ得意とする少数の機種に特化でき，大ロット生産のメリットを享受できていた。海外生産拠点が付与された役割を踏まえれば，本国生産拠点は割に合わない役割を負っていることになる。

だが，結論を先取りすれば，このような3つの特徴を持つ本国生産拠点のあり方が，国際生産分業の調整メカニズムを機能させるうえで，不可欠である。確かに，二輪車生産拠点としての機能を生産量の多さと保有設備の関係だけでみれば，本国生産拠点は合理的ではないのかもしれない。1982年のピーク時の約7分の1にまで生産量が減少した本国生産拠点は，年間生産量だけの順位で言えば，多くのアジア拠点に劣る。そうした本国生産拠点が膨大な生産設備・機械を抱えるという点だけでも，単一の二輪車生産拠点としては，合理性を欠くと捉えられるかもしれない。しかしながら，本国生産拠点の特徴がなければ，国際生産分業の調整メカニズムの基盤となる生産企画部の差配機能はなしえない。国際生産分業というシステムの調整メカニズムの観点からみると，本国生産拠点は極めて合理的な拠点である。本国生産拠点

第4章
国際生産分業の調整メカニズムの基盤と全体像

のあり方は，二輪車生産拠点としてだけでなく，国際生産分業の形成に大きく寄与していることを見落としてはならないのである。

Ⅱでは，国際生産分業の形成とともに，本国生産拠点が持つことになった3つの特徴を確認する。そのうえで，Ⅲでは，本国生産拠点のあり方が，生産企画部の差配機能，さらには国際生産分業の調整メカニズムにいかに寄与しているのかを検討する。さらには，ホンダの国際生産分業の調整メカニズムの全体像を示す。最後に，Ⅳでまとめを行う。

Ⅱ 本国生産拠点の特徴と多機種・小ロット生産の能力

　第1章と第2章で述べてきた本国生産拠点の取り組みを整理すると，**表4-1**のようになる。明らかなように，1980年代以来，本国生産拠点が直面した問題は，国内市場の縮小と海外への輸出量（完成車・KD部品）の減少に起因して生産量が少なくなったことにある。こうした問題に対して，本国生産拠点は，国内に存在した2つの製作所における生産ラインの集約，さらには，2つの製作所自体の統合というように，よりドラスティックに再編してきた。ここでは，本国生産拠点の変遷をみながら，先述した3つの特徴（輸出機種生産拠点，多機種・小ロット生産，全機械・設備を保有）がどのようにできあがってきたのかを考察する。その際，ホンダが本国に有していた2つの生産拠点のうち，二輪車生産拠点として存続し，国際生産分業の調整メカニズムにおいて現在でも極めて重要な機能を果たしている熊製を中心に検討を進めていく[1]。

165

表4-1 本国生産拠点の取り組み

期間	本国生産拠点が直面した問題	本国生産拠点の取り組み
フェーズⅠ	・アジア向けの完成車輸出が減少	・完成車から部品（KD）の輸出に切り替え ・海外生産拠点の生産量・機種・生産設備などの情報を集約し、拠点間供給の調整を担う拠点へと本国生産拠点を発展 ・海外拠点を管轄できる人材の育成
フェーズⅠ～フェーズⅡ	・アジア拠点が発展し、部品（KD）の輸出量が減少 ・本国生産拠点は超低・低排気量機種の生産を、輸出（完成車・部品）から国内出荷機種へと切り替えを図る ・タイ拠点と中国拠点がエントリーモデルの対日輸出を始めたことで、本国生産拠点の生産品目から超低・低排気量の最量産機種がなくなる ・ホンダが国内においてフルライン展開を継続して進めたことで、本国生産拠点の生産品目は1機種あたりの生産量・販売量が小さい機種ばかりになった	・国内の生産ラインを7本から2本に集約（浜松製作所が3本から1本に、熊本製作所が4本から1本にそれぞれ集約） ・浜松製作所と熊本製作所を統合し、本国生産拠点を熊本製作所に一本化 ・米国生産拠点を熊本製作所に吸収 ・熊本製作所を改編（NCP工場）し、多機種・小ロット生産でも採算がとれるような体制構築に取り組む ・熊本製作所を全世界の生産拠点のマザー工場に位置付ける
フェーズⅢ	・国内向けの販売量・生産量が減少 ・2008年のリーマンブラザーズの経営破綻とその後に続いた世界的不況によって欧米向けの完成車輸出が減少	・Fun二輪車で大規模な海外部品調達を実施 ・Fun二輪車でプラットフォームを共通化した機種の開発・生産 ・開発と購買の一部機能を熊本製作所に設置

出所：筆者が作成した。

1 本国生産拠点の特徴：輸出機種生産拠点

図4-1は、二輪車企業4社の日本での生産量に占める国内出荷機種の比率を示したものである。企業によって比率に違いはあるものの、いずれの企業も本国生産拠点における国内出荷機種の生産数量が減少傾向にある。すなわち、本国生産拠点の輸出拠点化が進んでいると言える。ホンダをみれば、1980年代後半まで、本国生産拠点における国内出荷機種の生産比率は約7割であったが、2013年には約3割にまで減ってしまっている。繰り返しになる

図4-1　二輪車企業4社における日本での生産量に占める国内出荷機種の比率

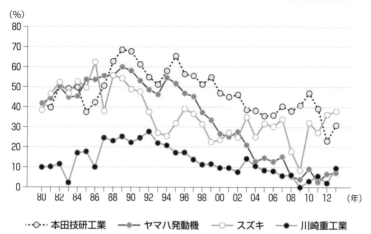

注：ここでの数値は，国内向け生産量（：生産量－輸出量）を生産量で割ることで算出している。2010年以降の4社の生産量・輸出量は年単位の集計値を用いた。2010年以降の販売量はホンダ・ヤマハ・カワサキが年単位，スズキが年度単位の数値を用いた。
出所：2009年までの販売量・輸出用・生産量は本田技研工業広報部世界二輪車概況編集室〔各年版〕を，2010年以降の生産量・輸出量・販売量はアイアールシー〔2014〕を参照した。

が，この主要な要因は，国内市場の縮小によって国内出荷機種自体の生産量が小さくなったこと，ホンダの海外グローバル供給拠点が対日輸出を始めたことの2つである。しかしながら，単純に，これらの要因によって相対的に輸出量が増加し，ホンダの本国生産拠点の輸出拠点化が進んだわけではない。ホンダの本国生産拠点は，海外生産拠点の成長とともに，出荷量が大きい輸出先が激減していく中で，多機種・小ロット機種の生産に自らの存在領域を見出し，輸出先を確保してきたのである。つまり，輸出拠点化は，本国生産拠点が多機種・小ロット生産に粘り強く取り組んできたがゆえに実現したと捉えなくてはならない。このことを，製作所レベルに立ち入って確認していこう。

　ホンダが熊製を設立したのは1976年のことである。当初の計画では，九州という立地もあり，ホンダは中国や東南アジアへの輸出拠点として熊製を位置付けていた。実際，1970年代は熊製が手がける製品のうち，約8割が輸出

向けであったという[2]。その後，ホンダがアジア各国に設立した現地生産・販売拠点が成長するに伴って，熊製が担っていたアジア向けの完成車輸出が減少していく。そうして，1990年頃には，内需向けの完成車生産の比率が高まるとともに，海外向けの部品（KD）生産量が増加していく。設立から1990年頃にかけて，すでに熊製は多機種・小ロット生産の傾向を強めていた。この点は，若干の違いこそあれ，当時，熊製とともに国内に存在した浜製でも同じような状況であった。両製作所を多機種・小ロット生産へと向かわせた要因は次の2つである[3]。

第1に，第1章で述べたように，各国における最量販機種の生産は現地生産・販売拠点が担うことである。それゆえに，熊製が生産する輸出専用機種は，当該国における拠点レベルの製品ラインナップを補完する機種であった。当時は，アジアが主要出荷地であったが，欧米向けの機種も熊製は生産していた。そうした国々の拠点レベルの製品ラインナップを補完する機種の生産を引き受けていたので，熊製はそもそも二輪車生産拠点としては多機種生産の色合いが濃かった。とはいえ，海外の現地生産・販売拠点が設立間もない頃は，それほど多くの機種の生産を担うことが難しい。そのために，熊製の生産品目には最量販機種を除いたボリュームの大きい機種も含まれていた。その後，現地生産・販売拠点が輸入機種のうち，1機種あたりのボリュームが大きい機種を徐々に手がけ，代替していく。熊製にとっては，1機種あたりのボリュームが小さい機種が生産品目として残ることを意味する。このように，アジアの現地生産・販売拠点の成長によって，熊製は1機種あたりのロットが小さい多様な機種を効率的につくることを要請されてきた。

一方で，輸出する完成車の中から1機種あたりのボリュームが大きい機種が減るにつれて，熊製の輸出量は小さくなっていく。このような状況を，当時，増加傾向にあった部品（KD）輸出で熊製が補おうとしたことは，先述の通りである。同時に，完成車生産としては，熊製の生産量に占める国内出荷向けの機種の比率が相対的に高まる。これが，熊製が多機種・小ロット生産の傾向をいっそう強めることになった第2の要因である。第2章で確認し

第 4 章
国際生産分業の調整メカニズムの基盤と全体像

たように，日本の二輪車市場は顧客ニーズの多様化を促進しながら発展を遂げた。その結果，「小型スクーターから大型車まで受け入れる世界でもまれな市場[4]」と表現されるくらいに日本は多様な二輪車需要が存在する市場となった[5]。このような多様化を推し進めたのは，ホンダを含めた日本の二輪車企業である。この時点では，日本の二輪車企業が自社の海外拠点から機種を輸入することはほとんどなかった。それゆえ，日本市場が発展するにつれて，ホンダの各製作所は多機種生産に取り組むことを要請されてきた。

　ただし，1980年代前半までは，市場全体が量的に拡大する中での多品種化であり，その中には1機種あたりのロットが大きい最量販機種も含まれていた。周知のように，企業が多品種化を進めても，すべての品種の生産量・販売量が平均的なボリュームになるわけではない[6]。そのため，当時は，最量販機種の生産量をベースとして，ロットが小さいその他機種の生産をいかに組み込み，効率的に生産するのかが熊製に求められていた。とりわけ，この頃の熊製の生産品目は，日本二輪車市場の大半を占める超低排気量のCommuter機種が中心であった[7]。当時は，最量販機種や売れ筋機種のロットがかなり大きかったと考えられる。それゆえ，多品種化が進んでもなお熊製は大ロット生産のメリットを享受できていたと推察できる。ところが，その後，日本市場の総需要が縮小する中でも，ホンダは多機種展開を継続していく（第2章の図2-9参照）。そのことによって，最量販機種や売れ筋機種のロットが小さくなるだけでなく，多数の小ロット機種を同時に生産ラインに組み込むことを熊製は余儀なくされた。

　しかも，1990年代以降は，完成車生産の減少を補完することを狙った部品（KD）輸出の生産量も小さくなっていく（第2章の図2-8参照）。結果的に，熊製は国内出荷機種の生産へ重点を移行することになる。一方で，第1章と第2章でみてきたように，2000年以降は，ホンダの海外グローバル供給拠点からエントリーモデルの輸入が次々と始まる。熊製は，当初，そうしたエントリーモデルを自拠点で生産することを模索していた。しかし，当時の市場環境（第1章を参照）に適合するエントリーモデルを生産するためには，熊

製が想定する以上の低いコストを実現しなければならなかった。それゆえ，熊製によるエントリーモデルの生産は困難を極めた。そうして，ホンダは，海外グローバル供給拠点での生産を想定したエントリーモデル（Today）を開発し，日本に輸入することを決定したのである。熊製にとってみれば，最量販機種が自拠点の生産品目からなくなると同時に，ホンダの多機種化に伴って1機種あたりのロットが小さい機種ばかりが残ることになった。

これら2つの要因によって，国内機種でも輸出機種でも，1機種あたりのロットが大きい機種が本国生産拠点（熊製・浜製）の生産品目から少なくなってしまった。そのことから，本国生産拠点は全体の生産量が大幅に減少する事態に陥る。このような事態を克服し，国内での生産を維持するために，熊製と浜製はいずれも多機種・小ロット生産体制の構築に取り組んでいく。のちにみるように，両製作所ともに，生産ラインを集約するにつれて，すべての機種を生産できるラインを段階的につくり上げる。このような生産ラインは，ホンダの二輪車生産の中では極めて異質である。二輪車は機種によって，排気量やタイプ（モーターサイクルとスクーター）が異なり，それゆえに工数の違いが大きい製品である。それら工数差が大きい機種を，少数の生産ラインでつくることができるのは，国内外に数多くあるホンダの生産拠点の中でも，本国生産拠点（熊製とかつての浜製）だけである。

本国生産拠点は多機種・小ロット生産体制を築くことで，自拠点の生産体制に適合する機種を生産品目として取り込み，それを維持し，存立を図ってきた。本国生産拠点の体制と適合する機種とは，国内市場でも海外市場でも，他の生産拠点が生産することができない，またはロット効率を阻害するために生産してもメリットを享受できない小ロット機種である。そうした機種は，欧米市場に投入する中・高・超高排気量の二輪車に多く存在した[8]。欧米は，アジアよりも二輪車市場の成熟が進み，それに伴って多様な二輪車需要が生じていたからである。図4-2は，2011年のイタリア市場におけるホンダの機種別販売量を排気量ごとに示している。この図では，タイ生産拠点製，欧州生産拠点製，本国生産拠点製というように3つの拠点が生産する機種を取

第4章
国際生産分業の調整メカニズムの基盤と全体像

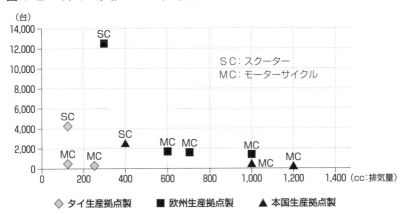

図4-2　イタリア市場における本田技研工業の機種別・排気量別販売量(主要機種)

出所：本田技研工業から提供された資料より筆者が作成した。

り上げた。一目瞭然であるが，1機種あたりの販売量が大きいのは欧州生産拠点とタイ生産拠点が生産した機種である。スクーター（SC）とモーターサイクル（MC）ともに，本国生産拠点が生産する機種は，1機種あたりの販売量が最も小さい。しかも，この図で取り上げたのは，本国生産拠点が生産する機種の中でも，販売量が大きい機種である。図に示した3機種を含めて，本国生産拠点はイタリア市場に20以上の機種を輸出し，その多くが輸出専用機種である[9]。2011年にイタリア市場が本国生産拠点から輸入した台数は，年間約1万台である。単純計算しても，本国生産拠点が輸出する二輪車の1機種あたりの年間販売量は500台を下回る。もちろん，機種ごとの販売量が平均的な数値になることはないので，この数値は現実を正確に示したものではない。ただ，機種あたり販売量が相当小さい二輪車を本国生産拠点が手がけていることは把握できるだろう。本国生産拠点は，こうした機種を一手に引き受ける拠点になることで，存立を図ってきたのである。

このような結果，本国生産拠点は輸出量に占める欧米市場向けの比率を増加させた。図4-3は日本からの二輪車輸出数量に占める仕向地別の比率を示している。企業単位では仕向地別輸出量がつかめないため，ここでは日本

からの輸出量の数値を代用している。企業別ではないために，必ずしもホンダの数値を直接的に示しているわけではないが，ホンダも図4-3と概ね同じ傾向にあると考えられる。図からは，欧米市場への輸出比率が増加傾向にあることがみて取れる。第1章の図1-4で確認したように，日本から各国・地域への二輪車輸出数量は年を追うごとに減少した。同時に，図4-3からは判明しないが，すべての仕向地向け輸出量も年々少なくなっていく。そうした状況の中で，欧米市場向けの輸出量は相対的に緩やかな減少幅を維持してきた。このことが，本国生産拠点が自らの存続のために小ロット機種に活路を見出した成果である。これと同時期に，海外グローバル供給拠点からのエントリーモデルの輸入が進行する。それゆえに，本国生産拠点の生産量に占める国内出荷機種の比率が低下し，輸出拠点となっていく。より大きな視

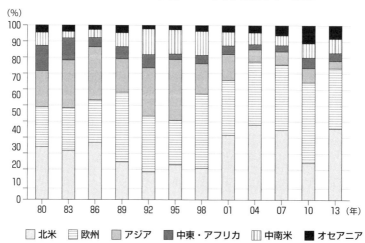

図4-3　日本の二輪車輸出量の仕向地別比率の推移

注：2009年までの数値（本田技研工業広報部世界二輪車概況編集室〔各年版〕）は，北米，欧州，アジア，中東・アフリカ，中南米，オセアニアで輸出先を区分している。一方で，2010年以降の数値の参照元であるアイアールシー〔2014〕では，アジア，欧州，北米，中東，アフリカ，大洋州，南米，中米に分けて算出している。そのため，中東とアフリカの数値の合計値を中東・アフリカに，大洋州の数値をオセアニアに，中米と南米の合計値を中南米とした。なお，本田技研工業広報部世界二輪車概況編集室〔各年版〕では，中南米をラテンアメリカと表記している。この図では，中南米という表記に統一した。
出所：2009年までの数値は本田技研工業広報部世界二輪車概況編集室〔各年版〕を，2010年以降の数値はアイアールシー〔2014〕を参照し，筆者が作成した。

点からみれば，国際生産分業の形成が進み，各国の生産拠点がロットの大きい機種の生産と輸出を始める中で，本国生産拠点は，多機種・小ロット生産に自らの存在領域を見出したと捉えることができる。

このように本国生産拠点は，大ロット生産を志向するホンダの二輪車生産拠点とは真逆の方向性へと進んできたのである。それゆえに，本国生産拠点による多機種・小ロット生産体制の構築は並大抵の努力ではなしえなかった。それでは，本国生産拠点が多機種・小ロット生産を実現し，それを拡大していく中で抱えた困難とは何なのであろうか。本国生産拠点は，その困難をどのように解決してきたのだろうか。

2　本国生産拠点の特徴：多機種・小ロット生産と膨大な設備・機械保有

多機種・小ロット生産に伴う困難さとは，端的に言えば，機種数が増えることによる段取り替えの頻度の増加と，機種間の工数差の吸収である。機種の切り替え時に生じる段取り替えは，作業時間のロスを生み出す。この段取り替えの頻度の増加自体は，大量生産に多品種生産を組み込み，効率良く生産することの難しさとして，よく指摘されることである。一方，工数差は，多様な二輪車を生産品目に組み込むことによって，本国生産拠点である熊製が抱えた独特の問題である。

先述のように，二輪車は搭載するエンジン排気量の高低とタイプ（スクーターとモーターサイクル）によって工数にかなりの違いがある。例えば，超低・低排気量のモーターサイクル（Commuter）であるスーパーカブの工数を1とした場合，最も工数が大きい超高排気量のモーターサイクル（Fun）であるゴールドウイングは約20倍の工数が必要となる[10]。この違いは，エンジン排気量が高くなればなるほど部品点数が多くなるだけでなく，エンジンを支えるフレームの強度や，各部品に求められる組み付け精度が高まり，組み付け点数自体が増加することから生じる。さらに，排気量が低くなるにしたがって（FunからCommuterになるにしたがって），工数が少なくなる傾向にあるからといって，工数差の問題が解消するわけではない。

中排気量以下の二輪車にはスクータータイプとモーターサイクルタイプという二輪車があり，それらでは工数に大きな差異がある。両タイプの工数差は正確に把握できていないが，作業者数を一定とした場合，モーターサイクルの方がスクーターよりも概ね2倍の作業時間を要することから，その違いが大きいことがわかる[11]。このような工数差が生まれるのは，モーターサイクルとスクーターで二輪車の構造が異なるからである[12]。加えて，同一排気量，同一タイプの機種であっても，工数には違いが生じる。第2章の表2-1で示したように，二輪車，とりわけモーターサイクルには多様な製品ラインが存在する。製品ラインごとに，フレームの形状やエンジンを組み付けるスペースに違いがあり，それらが部品点数の増減や作業自体の複雑さを生じさせる。ホンダはフルライン企業であるがゆえに，同一排気量・同一タイプの機種であれども，工数差の問題を解消することが求められるのである。

　こうした排気量とタイプ，製品ラインの差異から生じる工数差をいかに吸収するのかが，本国生産拠点の多機種・小ロット生産の最も大きな困難のひとつであった。とりわけ，本国生産拠点では全体の生産量の減少に対応するために生産ラインと製作所を集約してきた。そこでは，ひとつの生産ラインあたりの機種数が増えるだけではなく，これまで同一ラインで生産したことがない機種を組み込むことが求められた。したがって，生産ラインの集約および製作所（熊製と浜製）の統合の過程で，本国生産拠点は工数差の吸収を恒常的に要請されてきたといってよい。このような工数差を，本国生産拠点は工程を巧みに編成することと，オペレーションを段階的に向上させることで応じようとしてきた。これらの点はやや重複する部分があるが，ひとまず分けて確認していこう[13]。

工数差の吸収：工程編成

　第1に，工数差を吸収するために，本国生産拠点は機種グループ別に3つの工程編成をつくり出した。具体的には，①スクーターとモーターサイクルを含めたCommuter機種とFun機種（主に超低・低排気量）をつくる生産

ライン，②工数が多いFun機種（主に中排気量以上）をつくる生産ライン，③工数が極端に少ない，またはロットが極めて小さい機種をつくるセルである。①②のラインは，タクトタイムを基本的に同じにするエンジン組立ラインと完成車組立ラインからなる。つまり，製作所の統合後の熊製は，2つの生産ライン（エンジン組立ラインと完成車組立ライン）を有する。セルは生産量に応じて，設置数が可変し，最大で8つつくることができる。これらの他に，イタリアホンダに向けた二輪車のエンジンと，主に米国拠点に出荷するATVのエンジンを生産する輸出用エンジン組立ラインおよび，2本の完成車組立ラインを補完（①②の生産量が増加した際に用いる）するためのライン長が短い完成車組立ラインが存在する。紙幅の関係上，ここでの分析は①②③に絞って検討する。その中でも，特に工数差の吸収の問題が顕著に現れた①を中心にみていく。

①の生産ラインは，本国生産拠点が熊製と浜製に分かれていた時代に，熊製がラインの集約を進める中で築いたものである。2000年以降，熊製はそれまで有していた3本の完成車組立ラインと，3本のエンジン組立ラインを統合し，それぞれ1本にした[14]。このライン統合において特筆すべきはモーターサイクルとスクーターを同一ラインで生産可能としたこと，エンジン組立ラインと完成車組立ラインのタクトタイムを同期させたことである[15]。これを実現するために，特定機種だけに用いる工程やモーターサイクルとスクーターで組立が異なる部品の工程を，エンジン組立ラインと完成車組立ラインのメインラインから外し，サブ組立ラインに移管することにした。サブ組立ラインの中には，スクーター用エンジンの駆動系部品の設計を見直し，駆動機能をひとかたまりに完結させた駆動モジュールとした上で，製作所の近隣に立地する部品サプライヤーに外注したものもある[16]。部品サプライヤーへ外注する熊製の狙いは，メインラインとサブ組立ラインのタクトタイムを同期させる難しさを解消することであった。

当時，熊製は，駆動モジュールにみられるようなサブ組立ラインの外注化を複数計画していたが，モジュール自体の生産量が多くなく，かつ製作所に

近在する部品サプライヤーが少なかったために，それほど進展しなかった。いずれにしても，メインラインから特定機種・タイプに依存した工程を除くことで，モーターサイクルとスクーター間に生じる工数差を吸収しようとしたのである。このようなサブ組立ラインは「小組みライン[17]」と呼ばれ，メインラインの負荷を一定にすることを目的に，ホンダの二輪車生産では古くから用いられているものである。ライン統合で生じた工数差の吸収にも，これまでに生み出した小組みラインの手法をホンダが活用したと考えることができる。現在でも，熊製は，工数差を吸収するために，メインラインの外にあるサブ組立ラインで複数の部品をひとかたまりに組み立てて機能保証する方法をゾーンモジュール組立と呼び，①②のラインで用いている[18]。

ライン統合の時点で，熊製は①の完成車組立ラインで生産可能な機種を，モーターサイクルとスクーターを合わせて32機種にまで広げた。実際，当時の熊製の1日あたり完成車組立台数・約1,500台の中で生産する機種数は，約20機種にまで及んだ。ただし，モーターサイクルとスクーターを1台ずつ混流させて生産しているわけではないことに注意が必要である。熊製を含むホンダの二輪車生産のベースは，あくまでもロット生産である[19]。そのため，1機種あたり数十台のロットを基準にラインに流すことにしている。したがって，熊製は従来の大ロット生産をベースに，限りなくロットを小さくするとともに，ひとつの生産ラインあたりで生産可能な機種の幅を拡げることで，多機種生産に対応しようとしたのである。しかも，モーターサイクルとスクーターの機種は，それぞれロットをまとめる傾向がある。モーターサイクルの機種間での段取り替えの時間は短いが，モーターサイクルとスクーター間での段取り替え時間は長くかかるからである。とはいえ，ライン統合の際に進めたサブ組立ラインの外注化やネジ・ナットの共通化，さらにはQCサークルによる改善の積み重ねによって，その段取り替え時間は多くともライン上で2台から3台分の間隔を空けるだけでよくなった[20]。一方で，モーターサイクル間，スクーター間では1台分の間隔，もしくは間隔を空けなくても段取り替えができる。熊製は，2台から3台分の間隔であっても，時間を要

第4章
国際生産分業の調整メカニズムの基盤と全体像

する段取り替えの回数自体を少なくし，ロット生産の効率を向上させようとしていると考えられる。

このように，熊製はロット生産の効率性を基本とした多機種生産ラインをつくり上げたのである。同時に，熊製はエンジン組立ラインと完成車組立ラインのタクトタイムを同期させることで，ロット生産に伴って生じる中間在庫の圧縮を試みた。ライン統合以前では，エンジン組立ラインと完成車組立ラインはタクトタイムが同じではなかった。さらには，双方のラインがどちらも当該ラインの効率を重視してロット組みを行っていた。そのため，エンジン組立ラインと完成車組立ラインとの間に設置されたラックには，約800基の中間在庫（エンジン）があったという[21]。そこで，ライン統合を機に，熊製はラックを廃止し，エンジン組立ラインと完成車組立ラインを搬送ラインで繋ぎ，両ラインのタクトタイムを同期させることで，中間在庫の削減を図った。この取り組みによって，ライン統合以後の中間在庫は，両ラインを結ぶ搬送ライン上にある数基のみとなった。全体の生産量が減少し，多機種・小ロット生産への対応を進める中で，熊製にとって，ラックの上に存在した中間在庫は許容できるものではなくなっていた。どれだけ多機種・小ロット生産の効率を上げても，従来の大ロット生産に比べれば，ロット効率が低下するからである。

このようなライン統合によって形づくられた生産ラインが，熊製の改編時に引き継がれ，①の生産ラインとなった。現在では，①の生産ラインで30機種以上を生産可能としている。なお，製作所の集約に際して，熊製は①の生産ラインのエンジン組立ライン（「フリーフロー・ライン[22]」）を大きく変化させない一方で，完成車組立ラインに改良を施している。この点は，②の生産ラインと共通するために，以下で確認していく。

②工数が多いFun機種（主に中排気量以上）をつくる生産ラインは，浜製と熊製を統合する際に，新しく設置したラインである。このラインで生産可能な機種は，約20機種である。①の生産ラインで確認したように，生産ラインの多機種化に対処するために，熊製は②のラインでもサブ組立ラインを

用いることにした。生産ライン自体は新設されたものであるが，このようなサブ組立ラインによる工数差の吸収の方法ついては，浜製が取り組んだライン統合の成果を引き継いでいると考えられる[23]。熊製と同じく，浜製も3本のラインの統合に取り組んだが，そこでの工数差の吸収の方法は共通していたのである。①の生産ラインとの違いは，②のラインの生産品目が中排気量以上のFun機種であることから生じる。中排気量以上のFun機種の特徴は，総じてロットが小さい一方で工数が多いこと，かつ高い製造品質が求められることである。加えて，完成車組立ラインではそれほど多くないが，完成車組立ラインの上流である鋳造や鍛造などの工程では，機種によって特殊な設備・機械が必要となることも大きな特徴である。これらの特徴に対応するために，熊製は，次のような生産ラインを新しく設計した。

　まず，①②の生産ラインに共通した点として，完成車組立ラインに「可変台車量産ライン[24]」を熊製は導入した[25]。この可変台車量産ラインを説明する前に，熊製の完成車組立ラインの構成を確認しよう。熊製の完成車組立ラインは，単一のコンベアではなく，2つのラインからなる。完成車組立ラインでは，プレス→塗装→溶接という工程を経てつくられたフレームと，鋳造→機械加工→組立の工程で生産されたエンジンを組み付けることから工程が始まる。その後，フレームとエンジンに，フロントフォーク，スイングアームと前後輪のタイヤを組み合わせる。いわば二輪車の骨格が，この時点で概ねできあがる。そうした骨格に，プラスチック成形された外装部品やハンドル，メーター等の部品が組み付けられて工程が完了する[26]。このうち，熊製は二輪車の骨格をつくるまでの工程と，それ以後の工程とではラインを分けている。フロントフォーク・スイングアームや前後輪のタイヤを組み付ける以前と以後では，二輪車の高さが変わることが大きな理由である。そのため，二輪車の骨格ができあがった後に，熊製は二輪車をオーバーヘッドコンベアで一度吊り上げて，次のラインに搬送させている（2つのラインは近接しているために，搬送時間はごくわずかである）。2つのラインのうち，熊製が可変台車量産ラインを導入したのは，骨格をつくった後に外装部品やハンド

第4章
国際生産分業の調整メカニズムの基盤と全体像

ル,メーター等を組み付けるためのラインである。

　従来,このラインにはコンベアを使用していた。そのため,機種ごとにタクトタイムを変えることが難しく,さらには治具の取り換えに時間を要していた。可変台車量産ラインを導入したことで,熊製は二輪車の前輪治具と後輪治具の高さを生産機種に合わせて自動調整できるようにした。二輪車は機種ごとに,とりわけ排気量・タイプ・製品ラインによって車高が異なる。そのため,ひとつの生産ラインで機種を混在させる場合,機種の切り替え時に前輪・後輪治具を変えなくてはならない。可変台車量産ライン導入によって,前輪・後輪治具が自動で変化することで,車高を一定に保つことができ,機種の切り替えがスムーズになった。加えて,組み付け位置が均一になるために,作業者が無理のない姿勢を保つことにも貢献している。実際には,1機種につき数十台から数百台でロットを編成することが多いが,可変台車量産ラインの導入に伴い,1台ごとに異なる機種を流すことができるようになったという。同時に,可変台車量産ラインを用いるようになったことで,タクトタイムを機種ごとに可変できるようになった。製作所の統合以前から,熊製は二輪車の骨格をつくるラインにフリーフロー・ラインを導入していたので,タクトタイムを機種ごとに変化させることができた(統合前の①の生産ラインで,これを実施していた)。しかしながら,コンベアを用いていた骨格生産後のラインは,タクトタイムを変えることが難しかった。可変台車量産ラインを採用したことで,完成車組立ラインを構成する2つのラインどちらにおいても,機種ごとにタクトタイムが設定できるようになった。このように,従来の生産ラインを発展させることで,熊製は多機種小ロット生産への対応を進めたのである。

　ついで,高い製造品質を維持するために,新設したFun機種のエンジン組立ラインに「インターロックシステム[27]」を熊製は導入した[28]。これは,当該生産ライン上にあるすべての工程で行った作業を記録し蓄積するものである。二輪車エンジンの組立はネジ(ボルト)締めが主たる作業である。しかしながら,機種によって,さらには同じ機種でもエンジンに取り付ける部

品によって，ネジを締めるトルクの度合いが異なる。しかも，二輪車の中でハイエンドに位置付けられるFun機種では，基幹部品であるエンジンの組み付けにとりわけ高い精度が求められる。そのため，熊製は事前に設定したトルクを出力できるレンチを200本以上用意することにした[29]。重要な部品の締め付けにはナットランナーを用いているが，いずれにしても作業者がトルクの設定を間違うことがないようにしている。さらに，熊製は，こうしたすべての工程で，作業者がどの部品をどのような精度で組み付けたのかをデータとして記録するようにした。そのことによって，製造品質を損なう問題がどの工程で生じたのかを把握できるようにしている。

このような熊製の全工程での品質管理は，ホンダが有する生産拠点の中でも珍しい。例えば，熊製と同様にFun機種を生産するイタリアホンダでは，部品にバーコードを貼り，ラインに一定の間隔でクオリティゲートを用意し，不具合を発見することに取り組んでいる[30]。この方法は既存のラインを部分的に改良することで実現でき，熊製のようにラインを新設するよりも，設備投資が少額で済む。欧州市場の成熟とリーマンショック後の市場縮小に起因した生産量の停滞・減少という状況下で，投資額を抑えつつ，高い品質を保つために生み出したイタリアホンダの工夫である。他方で，生産量が大きく伸びないという背景は同じでありながらも，熊製は新規のラインに投資する判断を下した。あまりにも多様なFun機種を生産ラインに組み込むことになったがゆえに，既存ラインの改良では高い製造品質を維持することが難しかったと考えられる。このような多機種化への対応は，②のエンジン組立ラインの運搬方法からも確認できる。熊製は②のエンジン組立ラインを新設する際に，①のエンジン組立ライン（フリーフロー・ライン）とは別種の治具を備えて自走する台車を用いることにした。組み立てるエンジン1台につき，この台車を使用する。したがって，②のエンジン組立ラインは複数の自走台車からなる。こうしたラインを新設したことで，台車1台ごとにタクトタイムを変えることができるようになり，さらには，最小ロットを1台に設定できるようになった。

第 4 章
国際生産分業の調整メカニズムの基盤と全体像

　熊製は①②の生産ラインによって，多機種・小ロット生産への対応を進めてきた。しかしながら，それでもなお，①②の生産ラインでは効率的なロット組みが難しい機種が存在した。そうした機種は，ロットが極めて小さい機種や，警察車両に代表される仕様が極めて多い機種，工数差が吸収できない機種である。先述のように，熊製の生産ラインがロット生産を基本としている限り，1日あたりの生産量が数台（時には1台の機種もある）と極めて少ない場合，ロットを編成することが困難である。さらには，サブ組立ラインを用いることで，かなりの程度，工数差を吸収することができるようになったが，それでもなお吸収しきれない機種があった。それは，工数が極端に少ない機種である。工数が多い機種については，サブ組立ラインを用いることで，メインラインで吸収できない工数を補うことができる。一方で，工数がかなり少ない場合，生産ラインに組み込んでも，不要な工程が多く発生し，実際に作業する時間（正味作業時間）が減少する。そのため，このような機種を生産するために，③のセルを熊製は用意することにした[31]。

　セルは最大で8つつくることができるが，常に全セルが稼働しているわけではない。その日に必要となる生産量によって，熊製はセルを増減させている。1セルあたりの作業者は2人であり，定位置で二輪車1台を組み上げる。セルでは，熊製が設定する技能スキルの中で最も高いランクを有し，かつ品質確認に長けている作業者が担当する。熊製の作業において，最も難しい作業は新機種の組み立てであり，それに続いて2番目に難しい作業がセルであるという。このセルについても，熊製が改編の際に始めて取り組んだのではなく，②と同様に浜製が多機種化への対応として生み出した定位置の組み付けをベースとしたものである[32]。

　これまでの記述から明らかなように，これら3つの工程編成は，熊製と浜製が個別に取り組んできた多機種・小ロット生産への対応を，両製作所の統合を機に集約し，高度にしたものである。あまりにも工数が異なる機種を生産品目に組み込んだために，熊製が単一の生産ラインのみで，多機種・小ロット生産を実現することはさすがに難しかった。そのため，排気量の高低に

よって生じる工数差と，機種の特殊性（ロット・工数の少なさ）にしたがって，生産ライン（①と②）とセルを使い分けることで，できるだけ生産設備の設置に伴う固定費負担を軽減しながら，熊製は多機種・小ロット生産を実現した。そこでは，可変台車量産ラインやインターロックシステムなど，これまでにない二輪車生産の方法を熊製が生み出していた。これは，これまで一貫して，熊製が本田技術研究所と連携し，二輪車の工程設計を担ってきたからこそ実現できたことである。こうした結果，熊製の工程編成は，大ロット生産の傾向が強かったかつての二輪車生産のあり方に比べて大きく様変わりした。

工数差の吸収：オペレーションの向上

　熊製の多機種・小ロット生産と工数差の吸収に対する試みは，工程編成だけではない。多様な機種が生産ラインに流れることになれば，さらには，それら機種のほとんどが小ロットであれば，作業者の1日の作業はかなりバリエーションに富んだものになる。日あたりでみても，ひとつの生産ライン（エンジン組立ライン・完成車組立ライン）に次々と工数の異なる機種が流れるがゆえに，組み付ける部品の種類や組み付け方といった作業上の変化が多くなる。熊製は，このような問題を解消するために，オペレーション上の対応を高めてきた。これが第2の点である。

　通常，大ロット生産を行う二輪車生産拠点では，定位置・定タクトタイム・定工程を基本として，1工程あたりの工程密度を低下させることが多い[33]。完成車組立ラインを例に挙げれば，どの機種でも，タクトタイムを同じにして（定タクトタイム），特定の工程の作業を5つのボルトで組み付けるといったように機種ごとの違いをなくし（定工程），作業者の位置は同一（定位置）であることを志向する。さらには，特定の工程における作業の数自体を減らす，つまり工程密度を低くし，タクトタイムの短縮を狙う。そのことによって，数種類の二輪車を大量生産しても，作業の変化が少なくなるので，作業ミスを避けることができる。したがって，高い製造品質を維持することが可

能となる。二輪車の組立では，人による作業が多いので，高い製造品質を保つためには，定位置・定タクトタイム・定工程と1工程あたりの工程密度の低下を重視する傾向が強い。

　しかしながら，熊製のように，多機種生産の度合いが強くなればなるほど，この定位置・定タクトタイム・定工程と1工程あたりの工程密度の低下を実現することが難しくなる。むしろ，それを部分的に修正・発展させている点が，熊製の際立った特徴である。機種間の工数差の吸収に重きを置く熊製では，他の生産拠点とは異なり，工程密度を高めて，タクトタイムを遅くさせている。工程密度を高めるために，各工程では機種によって異なる作業を要する。さらに，いくら工程密度を高めたとしても，機種間の工数差が大きいために，タクトタイムを一定にすることが難しい。このため，熊製は，②の生産ラインでみられるように，1台ごとにタクトタイムを変化させることができるように生産ラインを設計した。このように，工程密度，定タクトタイム，定工程いずれも，熊製は従来の二輪車生産拠点とは大きく異なる。それだけではなく，熊製では，生産ラインに流れる機種によって作業者が移動する。これが顕著に現れるのが，サブ組立ラインである。サブ組立ラインの中には，一部の機種でしか必要としないものが存在する。それゆえ，ある機種を生産する際には，作業者がサブ組立ラインへと移動することになる。

　このように，熊製は，従来の二輪車生産拠点が重視した定位置・定タクトタイム・定工程と1工程あたりの工程密度の低下とは，二輪車生産のありようを大きく異にしている[34]。これを実現するためには，個々の作業者が，多能工を前提とした「多工程持ち[35]」ができなければならない。しかも，次々と生産ラインに流れてくる多様な機種の品質基準や組み付け精度を各作業者が記憶し，それを確実に実践することが求められる。この点でも，熊製はホンダが有する他の生産拠点を圧倒しているという[36]。確かに，完成車組立工場にテンポラリースタッフの多い海外生産拠点では，このような記憶と実践は難しいであろう。組立作業とは離れるが，作業者が覚えることが多い塗装工程を例にみよう。塗装工程の中でも塗りの作業を取り上げる。この作業で

は，700種類以上の塗り方，色の組み合わせを作業者が覚える必要がある。これを達成するためには最低2年を要する[37]。熊製が，多機種・小ロット生産を推し進めることができた背景には，多能工を前提とした多工程持ちができ，なおかつ多様な機種の品質基準や組み付け精度を記憶・実践できる作業者が存在していたことがある[38]。

　工程編成の面でも，オペレーションの面でも，熊製の二輪車生産のありようは，ホンダが有する生産拠点の中でも類をみない。本書では，多機種・小ロット生産に際して，このような高度な工程編成をつくり出し，使いこなす組織ルーチンを多機種・小ロット生産の能力と呼ぶ。生産量が減少する中で，熊製と浜製は多機種・小ロット生産の能力を段階的に蓄積させてきた。さらには，製作所の統合を機に，可変台車量産ラインやインターロックシステムといった二輪車を生産するための新しい方法を生みだし，熊製は多機種・小ロット生産の能力をよりいっそう発展させた。

　これまで詳しく確認してきたように，熊製が生み出した新しい二輪車生産の方法はかなり多い。このような試みを熊製が実践できる背景には，本田技術研究所との密な連携のもと，新しく立ち上げる機種の工程設計を担ってきたことがある。本国生産拠点が生産する機種であれ，海外生産拠点が手がける機種であれ，新機種であれば，当該機種の生産に必要となる作業やラインでの組み付け順序，作業者の数，タクトタイムなどを考案するのは熊製（とかつての浜製）である。新機種の工程設計を担うことにより，熊製は二輪車のつくり方のノウハウを習得してきた。しかも，多機種・小ロット生産の能力を蓄積する過程で，ホンダの他の生産拠点と比べて，膨大な種類の二輪車を熊製は生産してきた。

　加えて，フェーズⅠ以前においても，熊製（と浜製）が多様な機種を生産してきたことに変わりはない。フェーズⅠ以前の期間は，第2章で述べたようにホンダが続々と新しい機種を生み出した時期である。しかも，この時期に，海外の現地生産・販売拠点で生産することが難しい機種は，すべて熊製

(と浜製)が引き受けていた。さらに，海外拠点が生産する機種は，過去に熊製が手がけた機種を派生展開させた機種であることが多い。それゆえ，熊製(と浜製)は，過去に海外生産拠点で生産するすべての機種を生産した経験を持つ。厳密には，熊製(と浜製)は海外生産拠点が手がける生産品目に類似した機種を過去に生産していると表現したほうがよい。いずれにしても，ホンダの生産拠点の中でも，熊製(と浜製)ほど多様な機種をつくってきた二輪車生産拠点は存在しないであろう。

こうした多種多様な二輪車生産の経験から習得したノウハウが，熊製の新しい二輪車生産の方法の創出に貢献している。さらに，このノウハウや工程設計が，海外生産拠点の評価に大きく寄与する。海外拠点の評価の仕組みについてはⅢで詳しく検討する。ここでは，熊製が多機種・小ロット生産の能力を蓄積・発展させる過程で有することになった，上流工程の際立った特徴を確認しよう。

熊製の上流工程における特徴とは，二輪車生産に必要となるすべての設備・機械を保有していることである[39]。熊製は，エンジン組立ラインおよび完成車組立ラインを集約し，設備の数を減少させた。しかしながら一方で，組立ライン以外の機械加工やインジェクションなどについては，膨大な数の設備・機械を保有する。これは，同一設備・機械の台数が大量に存在するのではなく，設備・機械の種類が多様であることから生じている。こうした設備・機械の多さは，製作所の統合時に新設・増設した工場数に顕著に現れている。

製作所の統合にあたって，熊製が新設，あるいは増設した工場は合計6棟である[40]。代表的な事例として，鋳造と焼結の棟を新たに設置したこと，それまでひとつの工場の内部に設置していた完成車組立ラインとエンジン組立ラインをそれぞれ別の工場として設置したこと，それと関連して組立工場の面積を2倍以上に拡大させたことなどが挙げられる[41]。新設・増設を含めた製作所の設立に伴った熊製の投資額は，約330億円であったという[42]。このような新設・増設の理由は，熊製が新しい組立ラインを考案し設置したことと，熊製だけでも多様な設備・機械を持つ一方で，浜製が生産していたFun

機種用の設備・機械を移管したことにある。

　Ⅱ－1の特徴で確認したように，本国生産拠点は他の生産拠点が手がけていない機種の生産を担うことになった。その主要な要因は，1機種あたりのロットが小さいために，海外生産拠点のロット編成の効率性を阻害することにあった。それだけでなく，このような機種は，発売から販売終了までの総販売量が少ない傾向があり，特定の生産拠点が設備・機械を投資しても回収が難しい。二輪車は，特殊な設備・機械を必要とする機種が存在する。本国生産拠点は，1機種あたりのロットが小さい機種を一手に引き受けることを選択したため，そのような数多くの特殊な設備・機械を抱えることになった。熊製は，設備・機械の一覧を公表していないので，詳細には把握できていないが，このような設備・機械は枚挙にいとまがない。ここでは，設備・機械をいくつか紹介しよう。

　エンジンだけを取り上げても違いは大きい。海外生産拠点が生産するエンジンは空冷が主流である。空冷式のエンジンは，一般的には構造が簡素であることが多い。一方で，熊製が生産するエンジンは水冷式であり，構造が複雑である[43]。それゆえ，空冷式に比べて，水冷式は部品を加工するための設備・機械を要する。加えて，一部のFun機種は，高出力のエンジンを搭載するために，その機種専用の設備・機械が必要となる。一例を挙げれば，1,000分の1ミリ単位で加工・メッキする専門設備や，アルミダイキャストフレームを生産するための鋳造・溶接設備である[44]。これまで，ホンダは，Fun機種のフレームに用いる材料をスチールパイプからアルミへと転換させてきた。アルミの方が，軽量であり，剛性が高いからである[45]。しかしながら，アルミダイキャストフレームを生産するためには，鋳造・溶接の設備を投資しなければならない。そのような設備は海外生産拠点にはほとんどない。例えば，第2章でみたニューミッドシリーズ（Fun機種）では，アルミではなく，スチールパイプ（鉄）のフレームをホンダは採用した。将来，海外生産拠点での生産を見据えての素材選択であったという[46]。この判断からも，アルミダイキャストフレームの設備・機械が海外生産拠点にあまり設置されていない

ことがわかる。一方で,熊製の生産品目には,アルミダイキャストフレームを搭載するFun機種が数種類存在する。それら機種に必要となる特殊な設備・機械のすべてが熊製に設置されているのである。

　本節では,熊製を中心とした本国生産拠点の変遷を確認し,輸出機種生産拠点,多機種・小ロット生産,すべての機械・設備を保有という3つの特徴が生まれた要因を検討してきた。熊製は,国内外の小ロット機種の生産に自らの生存領域を見出し,多様な機種を自拠点の生産品目に組み込んできた。そうして,熊製は多機種・小ロット生産の能力を蓄積してきたがゆえに,製作所の内部にすべての設備・機械を保有し,かつ輸出比率の高い生産拠点となっていった。熊製の二輪車生産,とりわけ生産ラインには,小ロットで生産される多機種を集めることによって生き残りを図ってきた数々の取り組みの成果が強く現れている。このような熊製の二輪車生産のありようは,ホンダが有する数多くの生産拠点の中で極めて稀である。

　それでは,このような熊製の二輪車生産は,国際生産分業の調整メカニズムにいかに貢献しているのであろうか。Ⅲでは,このことを確認しよう。

Ⅲ　本国生産拠点の差配機能と調整メカニズムの全体像

　第1章では,フェーズⅠの期間に本国生産拠点が取り組んだ2つの施策を確認した。繰り返しになるが,このうち,本国生産拠点における完成車生産量の減少を部品(KD)生産で補塡するという施策は,海外生産拠点の成長とともに徐々に機能しなくなってしまった。しかしながら一方で,いまひとつの施策はかなり順調に機能していく。それは,本国生産拠点が海外生産拠点の生産量・機種・生産設備などの情報を集約し,拠点間供給の調整を担う拠点へと発展させることである。この点は,まさに本国生産拠点の差配機能のことであり,フェーズⅠでの施策が継続しているのである。このような本国生産拠点の発展には,以下にみるように,海外生産拠点を生産技術の点か

ら支援し，かつ管理できる人材を育成することが必要であった。

本節では，本国生産拠点の差配機能が，どのような仕組みによって実現しているのかを検討する。さらには，この差配機能と，Ⅱでみた本国生産拠点の多機種・小ロット生産の能力の蓄積との関係性を考察していく。

1 本国生産拠点の差配機能

本国生産拠点の差配機能は，海外生産拠点の情報を集約し評価することと，機種開発に際して活用可能な生産拠点を見出し，ある機種の生産拠点候補として選定することからなる。この機能を検討する前に，海外生産拠点の基礎的な情報を熊製が保有していることを確認しておこう。本国生産拠点（熊製と製作所統合以前の浜製）はマザー工場として，海外生産拠点の立ち上げに密接に関わる。そのため，海外生産拠点の設立時点で，当該拠点が導入した生産ラインや設備・機械を本国生産拠点は把握している。しかも，海外生産拠点の生産ラインや工程レイアウトは，熊製と浜製をベースとしている。とりわけ，製作所の統合を契機に，マザー工場として一本化した熊製の取り組みの成果を迅速に反映することを狙って，海外生産拠点は熊製をベースにしていることが多い[47]。これは，従来，熊製が超低・低排気量の二輪車を生産していたこと，大半の海外生産拠点が低排気量の二輪車生産を主軸としていることに起因する。もちろん，前節までで述べてきたように，熊製も浜製もまた，年を追うごとに二輪車生産のあり方を発展させてきたので，海外生産拠点の設立年によって，ベースとなる生産ラインや工程レイアウトは異なる。それゆえ，正確には，その時々の本国生産拠点の生産ラインや工程レイアウトが海外生産拠点のベースになっている。例えば，ベトナムホンダは，生産ラインの統合に取り組んだ際の熊製と同じ生産ラインを有している[48]。具体的には，エンジン組立ラインから完成車組立ラインを搬送ラインで結ぶ生産ラインである。

このように，マザー工場である本国生産拠点は，そもそも海外生産拠点の情報を保有していることが重要な前提である。しかし，設立以後，二輪車生

第4章
国際生産分業の調整メカニズムの基盤と全体像

産の経験を積み重ねるにつれ，海外生産拠点は独自の成長を遂げる。設立当初の海外生産拠点は，現地生産・販売拠点であることが多い。一方で，海外生産拠点が立地する二輪車市場がどのように発展するのかは，各国・地域によって多様である。したがって，海外生産拠点は，相対する立地国市場の進展に大きな影響を受けて，成長することになる。それゆえ，本国生産拠点は，海外生産拠点の成長とともに生まれた固有の情報をいかに集め，蓄積していくのかが問われる。本国生産拠点は次のような仕組みを用いることで，これを達成している。以下，熊製に焦点を当てて検討しよう[49]。

A）機種開発の時点で，海外生産拠点が生産する機種の工程設計を熊製が行うことで，当該機種をどのような設備・機械と生産ラインで生産し，いかなる人員配置で，何秒のタクトタイムで生産するのか，その結果としてコストがどのくらいになるのかを把握する。すでにみたように，SEDチームが機種を開発する際には，熊製のE-PLが，開発部門と連携し，当該機種の工程設計を考案していく。さらに，SEDチームが当該機種の開発を完了させた後には，その機種を生産する拠点がどこであろうとも，熊製が図面を認証・検定し，工程設計を確定させる。とりわけ，新機種やフルモデルチェンジ機種の場合は，この手順を必ず経る。とはいえ，熊製が工程設計を作成した時点では，現地生産拠点で生じる固有の問題を想定できないことが多く，ある種理想的な生産現場の状況を仮定している。実際に，海外生産拠点が量産を開始するまでの間に生じた問題，あるいは量産後に生じた問題の把握は，次のステップであるマザー工場としての技術支援が担う。

B）海外生産拠点への技術支援を実施する部署は，生産企画部の海外支援担当部署である。生産企画部には2つの部署がある。それは，ここで取り上げる海外支援担当部署（以下，単に海外支援部門と呼ぶ）と，機種開発の際にグローバルSEDおよびSEDチームに関わり，生産拠点の評価・選定を担う生産企画担当部署（以下，単に生産企画部門と呼ぶ）である。海外支援部門は海外生産拠点から要請があり次第，人

員を派遣し，技術指導を行う。熊製は，このような形での海外生産拠点への技術支援をかなり古くから始めている。フェーズⅠの時点で，すでに技術支援とともに海外生産拠点を管轄できる人材の育成に取り組んでいることからも，この点を確認できる。フェーズが進むにつれて，熊製は海外に派遣する人員を年々増加させてきた。例えば，2006年の時点では，熊製から技術指導のために派遣され，駐在する人員は，人数にして108人，派遣先の拠点数にして32拠点（16ヵ国）にのぼっている。出張ベースでは，この年に1,704人を派遣する予定であったという[50]。この数値は，厳密には出張回数と推察されるが，一方で，海外技術支援を専門として担当する人員も増加傾向にある。2007年では，熊製の従業員約3,900人のうち，海外に派遣された人数は概ね350人から400人であった[51]。その後，2009年になると，従業員約3,500人のうち，海外支援担当は約500人へと増えている[52]。

　その一方で，フェーズⅠからフェーズⅢにかけて，熊製は技術支援の内容を変化させた。1990年代の技術支援には，海外技術支援の内容は量産立ち上げや新しい生産技術の移転のみならず，日々のオペレーションで生じた問題を解決するための単なる生産指導が含まれていた。しかしながら，2000年頃からは，単純な生産指導をできるだけ減らし，海外生産拠点の自立を促すようになった。こうした観点から，熊製は海外生産拠点からの技術支援料（派遣する人員の交通費や滞在費などを含む）の徴収を強く意識するようになった。海外生産拠点からすれば，自拠点の採算を考えれば，技術指導を頻繁に要請することを避け，可能な限り自ら問題を解決しなければならなくなった。このように技術支援の内容を変えたことで，熊製と海外生産拠点の関係性も変容しつつある。それは，「海外工場は身銭を切って我々の新技術を買ってくれるお客さん[53]」という言葉に端的に現れている。こうした支援内容の変化の背景には，多くの海外生産拠点が成長し，生産指導をせずとも，自ら問題の解決に取り組める段階に到達してきていること，本

第 4 章
国際生産分業の調整メカニズムの基盤と全体像

国生産拠点の海外派遣人員をいくら増加させても，今後，ますます増えていく海外生産拠点をカバーしきれないという熊製の判断がある。

結果として，熊製が実施した支援内容の切り替えは，現地で生じる様々な問題を絞り込むことに高い効果を発揮したと考えられる。海外生産拠点は，A）の工程設計の実現に際して，自拠点で生じた問題をできる限り自らの努力で解決することに取り組む。しかし，それでもなお解決が難しい問題に対して，熊製の海外支援部門に支援を依頼することになる。そこでの問題は，当初，A）の工程設計で想定していない現地固有の要素（作業者のスキルや調達できる材料など）から生じていることが多い。とりわけ，海外生産拠点が有する生産ラインや工程レイアウトは熊製をベースとしている。それを前提に熊製が実施した工程設計がうまく実現できない場合には，現地固有の要素が起因するからである。こうして，熊製は海外生産拠点に自立を促すことで，当該生産拠点が抱える現地固有の要素を浮き彫りにすることができるようになったのである。

C）海外支援部門は，支援者を中国や欧州といった地域と，ダイキャストや溶接といった技術領域で海外支援者を区分けしている。加えて，海外支援部門全体で数名のグループリーダーが設定されている。海外生産拠点からの要請をもとに，どのような技術領域の人員を何名派遣するのかを指示するのが，グループリーダーの役割である。海外生産拠点に派遣された支援者は，支援にあたる中で，現地で問題を生じさせている固有の要素をつかむ。そうして，帰国後，支援者はその情報を海外支援部門だけではなく，生産企画部門を含めた生産企画部全体にフィードバックし，共有していく。このような結果，生産企画部では，どの生産拠点がどのようなレイアウトと設備・機械で生産しているのかだけでなく，実際に稼働した際の生産ラインや設備・機械の能力，さらには現地で調達可能な部品や搬送経路といったすべての情報を把握しているという。つまり，生産企画部は，海外支援者からもたらさ

れる情報によって，すでに有している海外生産拠点の情報を補完・更新し蓄積しているのである。

　なお，新機種の立ち上げ支援の場合，熊製は量産開始前に当該生産拠点から送られてくる部品や完成車によって，支援の成果を最終的に検証する。この検証過程もまた，熊製が当該生産拠点でどのような問題が解決できたのかを把握することに貢献している。

D）上記のB）C）に加えて，生産企画部は海外生産拠点から依頼があれば，設備・機械投資の規模や工場の能力拡張に伴う新規投資のシミュレーションも行う。海外生産拠点の新規投資は，新機種の立ち上げの際に検討する場合が多い。このシミュレーションも，B）と同様に，基本的には海外生産拠点の自立を促し，当該生産拠点が実行できない際に生産企画部に依頼するという手順を踏む。例えば，ボーリングマシンをすでに3基持つ海外生産拠点が，追加でボーリングマシンを新設する時のことを考えてみよう。当該生産拠点工場で検討して投資ができるという判断であれば，そこがシミュレーションを行う。しかし，投資して導入したいけれども，どのような設備が最適かわからない，新機種を生産するために何基購入すればいいのかの判断が難しい，投資金額を算出したが，それだけの投資をしていいのかの判断が困難であるといった際に，当該生産拠点が生産企画部に支援を要請する。そうして，生産企画部の海外支援部門のメンバーが，現地でフィージビリティスタディを行って投資金額やコストを算出し，その結果を当該生産拠点に報告する。海外生産拠点（現地法人）の社長は，投資金額やコストを踏まえて決裁する。海外支援部門のメンバーは，その決裁を熊製に持ち帰り，結果やプロセスを報告する。このようにして，海外生産拠点が導入した設備・機械の情報が，生産企画部に積み重なっていく。

E）D）までのプロセスによって蓄積された情報をもとに，生産企画部門は各生産拠点を評価する。ここでの評価対象は，海外生産拠点のみな

第4章
国際生産分業の調整メカニズムの基盤と全体像

らず，本国生産拠点の生産現場も含まれる。そうした評価をもとに，生産企画部門が次なる機種開発における生産拠点候補の選定とA）工程設計を行う。A）工程設計では説明が煩雑になるために明示しなかったが，工程設計を担うのは生産企画部門である。したがって，生産企画部の内部では，生産企画部門が工程設計を行い，それを海外生産拠点が実現する過程で問題を生じさせた現地固有の要素を海外支援部門が集めて生産企画部全体にフィードバック・蓄積し，その情報を活用して生産企画部門が工程設計を行うという循環がつくられている。

このように，生産企画部門が行う生産拠点の評価と選定は，海外支援部門がもたらす情報の収集・蓄積に強く依存する。第1章・第2章で確認したように，国際生産分業の形成には計画と創発の側面があった。この両側面を取り込み，かつ国際生産分業のシステム全体としての調和をつくり出すための調整メカニズムを第3章でみたが，その基盤は生産企画部の評価であった。この生産企画部の評価こそが，まさに調整メカニズムの要であることはすでに指摘した通りである。そうした生産企画部の評価のベースは，海外支援部門が頻繁に更新する情報である。この情報の蓄積により，生産企画部は各拠点を評価し，新しく開発する機種に活用可能な生産拠点，より大きな視点から言えば国際生産分業で活用可能な生産拠点を見出すことができる。これに対して，タイホンダのように計画的な育成を図ってきた生産拠点については，海外支援部門から得られた情報によって生産企画部が随時，当該拠点の進捗を確認できる。したがって，海外支援部門による情報の蓄積があるからこそ，生産企画部門は次なる機種の生産拠点候補の選定が可能となる。このように，海外支援部門と生産企画部門は一体不可分な関係といってよい。こうした海外支援部門と生産企画部門との密な連携が，生産企画部の差配機能を生み出している。

これまで明らかにしてきたように，A）からD）までのプロセスから構成される仕組みの起点は，生産企画部門が担う工程設計にある。多機種・小ロット生産の能力を蓄積していく過程で熊製が習得した二輪車生産のノウハウ

が，この工程設計を実現させていることは先述の通りである。生産企画部が，いくら海外生産拠点の工程レイアウトや設備・機械といった情報を保持していたとしても，そもそも二輪車生産のノウハウがなければ，工程設計はできない。このような熊製のノウハウを活用するために，生産企画部は製作所の内部に立地していると考えられる。

　熊製によるノウハウ取得の背景には，現時点ではホンダが大規模な研究所（研究開発拠点）を本国にしか設置していないことがある。工程設計には，機種によって新しい二輪車のつくり方を創出することが求められる。それは，生産拠点と研究所との密接な連携が必要となる。しかし，第3章からも明らかなように，二輪車生産拠点の海外展開と比較して，研究所の展開地域は狭い。この理由は，二輪車ビジネスは，売上・利益ともに金額が小さいことにある。それゆえ，ホンダは研究所を広範な国・地域につくることが難しい。熊製の二輪車生産のノウハウ蓄積は，研究所が本国に偏在していたことからも影響を受けている。

2　調整メカニズムの全体像

　第3章と本章で詳述した事実はどのような意味を持つのであろうか。これら2つの章で述べてきたことのいくつかは，数は少ないものの，すでに先行研究，とりわけマザー工場としての機能に関心を寄せた研究によって指摘されている。詳しくは以下で検討していくが，複数の先行研究を組み合わせることで，本章の課題に対する解を導き出すことができるようにみえる。しかしながら，国際生産分業の調整メカニズムの基盤という視点から論じられた研究はない。そのため，調整メカニズムの基盤を把握するための，一貫した枠組みが提示されているとはいいがたい。そこで，本章を締め括る前に，これまで詳述してきた事実を整理し，先行研究をもとにそれが持つ意味を探り，調整メカニズムの基盤を解き明かすための枠組みを検討する。そのうえで，調整メカニズムの全体像を提示する。

　調整メカニズムの基盤は，熊製の内部に立地した生産企画部の差配機能に

ある。生産企画部では，①生産企画部門が工程設計を行い，②現地での工程設計の実現が難しい場合に海外支援部門が支援に赴き，現地固有の情報を収集し，生産企画部全体に蓄積・共有させ，③その情報を活用して生産企画部門が次なる機種の工程設計を実施するというサイクルをつくり出していた。本国生産拠点の差配機能は，このような①②③のサイクルから生み出されている。この差配機能は，拠点が持つ生産機能とは異なる機能である。

　このようなマザー工場が持つ差配機能は，善本〔2011〕で指摘されていることである。善本〔2011〕は，エレクトロニクスメーカーの事例を取り上げ，マザー工場が生産拠点を評価・診断し，生産拠点間の技術支援・移転先をコントロールする機能を有することを指摘した。善本〔2011〕は，複数の海外生産拠点のオペレーションを評価・管理する機能を「オペレーション統括機能[54]」と呼ぶ。オペレーション統括機能と量産活動を担う生産機能は，ともにマザー工場の内部に存在し，人的資源も重複することから混同されがちである[55]。しかしながら，オペレーション統括機能は事業部機能の一部であり，生産機能とは分けて捉える必要があると，善本〔2011〕は主張する。しかも，事業部機能においては「オペレーションの中核人材と事業部の部門スタッフとがある種のユニットを形成し，マザー工場に立脚しながら活動すると考える[56]」と言及しており，示唆に富む。

　善本〔2011〕の目的は，マザー工場の技術支援・移転活動に関して，錯綜した生産拠点間の関係性を切り分けて捉える重要性を試論的に検討することであった。それゆえに，当然のことながら，国際生産分業の形成という視座からマザー工場が行う生産拠点の評価を捉えていない。さらには，誰が，どのように情報を収集し生産拠点の評価を実施するのか，オペレーション統括機能と生産機能が持つ関係性を実態として詳しく論じているわけではない[57]。

　第3章と本章で詳述した事実によって，これらの点はかなりの程度解明できたと考えられる。それは次の4点に整理できる。第1にマザー工場の生産拠点の評価が最適な国際生産分業の形成に極めて大きく貢献すること，第2

に生産拠点の評価主体と事業部機能を担うユニットが具体的に把握できたこと，第3に生産拠点を評価する仕組みを明確にできたこと，第4に本国生産拠点が持つ2つの機能（差配機能と生産機能）の関係性を浮き彫りにできたことである。それぞれ詳しくみていこう。

　第1に，マザー工場が担う生産拠点の評価は，技術支援・移転先のコントロールのみならず，最適な国際生産分業の形成に極めて大きな貢献を果たすことがわかった。先行研究で言及されていたマザー工場による技術支援・移転先の決定は，日々のオペレーションで生じた問題の解決や新しい技術の導入，量産立ち上げといった際に必要となる（ホンダの場合は，海外生産拠点からの依頼があれば，という条件が付く）。一方で，本書で論じた国際生産分業は海外生産拠点が新しい機種を生産品目に取り込むことで形成が進んでいく。海外生産拠点が新機種の生産を手がける場合，技術支援・移転を伴うことが多い。したがって，どの生産拠点でつくるのかと，どのような技術支援・移転が必要なのか，どこが技術支援・移転を担うのかは密接に関連する問題である。ただし，先行研究の議論では，生産拠点の評価が国際生産分業の形成に伴った生産拠点の選定にまで活用できることは明確にされていなかった。第3章と第4章の検討によって，このことが改めて確認できた。こうして，マザー工場の生産拠点の評価は，技術支援・移転と生産拠点の選定に重複して活用できることが明らかになった。

　第2に，生産拠点の評価を行う主体と，事業部機能を担当するユニットを把握できた。第3章と本章の事実に引きつけて言えば，善本〔2011〕が言うところの事業部機能を担うユニットとは，グローバルSEDおよびSEDチームと，その中でEの重要な部面（生産拠点の評価主体）を担う生産企画部と考えることができる。グローバルSEDを構成するメンバーの多くが事業部のスタッフから構成されていることは，すでに確認した通りである。オペレーションの中核人材をどのように捉えるかは明確に定義されていないが，本書の事例ではSEDチームおよび生産企画部といってよい。生産企画部の人材，とりわけ海外支援部門の人材は，海外生産拠点を支援するために卓越した技

第 4 章
国際生産分業の調整メカニズムの基盤と全体像

能を有することがほとんどである。したがって，生産企画部は，生産機能と事業部機能のどちらをも兼ね備えた存在であると考えられる。さらに，善本〔2011〕によれば，マザー工場では，対峙する局面によって，生産機能と事業部機能が移り変わり，そうした際には人的資源の編成が変化する。このことは，エレクトロニクスメーカーの事業部と生産拠点が物理的に立地を同じにしていることにも大きく関係しているという。海外への支援のみならず，時として事業部の一側面を担う生産企画部が，熊製の内部に立地する理由は，この点にある。

　第 3 に，生産拠点を評価するための仕組み，すなわち①②③のサイクルを明確にした。このサイクルの要点は，①で実施した工程設計と，実際に海外生産拠点で量産する際に生じる問題の差分を把握することである。その過程では，現地で問題を引き起こす要素の把握がとりわけ重要となる。

　こうした現地固有の要素は，海外生産拠点からすれば既知のことであっても，本国生産拠点からはアクセスが難しい情報である。例えば，作業者のスキル（技能）のことを考えてみよう。本国生産拠点も海外生産拠点も，各作業者のスキルを生産領域（組立，溶接など）ごとに示したスキルマップを作成する[58]。スキルマップをみれば，ある程度どのような機種をいかなる品質でつくることができるのかがわかる。しかしながら，実際には，組立ラインであっても，ボルトや面合わせに微妙な精度が必要となることがある。所定の公差内に収めることは当然としても，次工程の作業内容や当該機種が有する性能を理解した上で組み付けないと，微妙な精度を維持することが難しい作業がある。二輪車の排気量が高くなればなるほど，この傾向は強くなる。ホンダが定位置・定タクトタイム・定工程を進めている狙いのひとつは，微妙な精度が求められる工程を可能な限り減らそうとしていることにある。こうした作業を実現できるかどうかを，スキルマップだけで把握することは困難である。日々のオペレーションを管理する現地生産拠点は，当然のことながら，この状況を把握している。しかしながら，このことに本国生産拠点がアクセスすることは容易ではない。

同時に，現地固有の要素を海外生産拠点が本国生産拠点に伝達するには，多大なコストが必要となる。しかも，そうした情報の中には，日々のオペレーションで観察可能なものもあれば，新しい機種を生産するという特定の機会でしかつかむことができないものも含まれている。つまり，情報の質的内容が，本国生産拠点からのアクセスや海外生産拠点からの伝達を阻む要因となっている。von Hippel〔1994〕は，情報を移転するためのコストと困難性を「情報の粘着性[59]」と表現する[60]。そこでは，情報の移転コストを生み出す条件のひとつとして，「情報そのものの性質[61]」を挙げている。この考え方を援用すれば，海外支援部門が収集し蓄積する情報は，海外生産拠点が有する粘着性の高い情報であると考えられる。いずれにしても，生産拠点の評価に必要となり，かつ本国生産拠点ではアクセスに難がある情報を入手することが海外支援部門の役割である。海外支援部門と生産企画部門の連携なしでは，①②③のサイクルが機能しないし，生産拠点の評価が成立しない。

　第4に，ホンダの本国生産拠点が有する2つの機能，つまり差配機能と生産機能との関係性を把握できた。生産企画部が海外生産拠点を支援するため，さらには各生産拠点の評価をもとに，ある機種の工程設計を行うためのノウハウは，本国生産拠点の生産機能が継続させてきた多機種・小ロット生産からもたらされている。ここでのノウハウは，ある機種を効率的につくることだけではなく，前節でみたように新しい機種のつくり方を生み出すことも含まれている。生産量が大幅に減少していく中で，自らの生き残りをかけて本国生産拠点が取り組み，蓄積した多機種・小ロット生産の能力は，結果として膨大な二輪車生産のノウハウを積み重ねることに寄与した。このような生産機能が生み出し続けるノウハウがなければ，①②③のサイクルも，差配機能もまた，うまく役割を果たすことができない。先に，生産企画部内における海外支援部門と生産企画部門の循環的な協働が，①②③のサイクルを機能させていることを指摘した。同時に，本国生産拠点内部では，生産機能が差配機能を支えるという関係にある。つまり，本国生産拠点では，生産機能を根幹として，①②③のサイクルからなる差配機能が働くという階層的な関係

第4章
国際生産分業の調整メカニズムの基盤と全体像

にあることがわかった。二輪車生産のトレンドに反するともみえる本国生産拠点の生産機能のありようが，国際生産分業の調整メカニズムの基盤である差配機能に大きく貢献するのである。

このような本国生産拠点の生産機能は，国際生産分業の形成が進むにつれて，そのシステムを支える調整メカニズムの基盤として極めて有用であることがより鮮明になってきたものであると考えられる。すでにみたように，ホンダは，フェーズⅠの時点で本国生産拠点を，拠点間供給を調整する拠点へと発展させることを計画した。確かに，本国生産拠点は，ホンダが描いた通りの方向性へと発展した。だが，これは本国生産拠点が，自らの存在領域を多機種・小ロット生産に見出し，その能力を蓄積してきたからこそ，実現できたものである。国際生産分業の形成と本国生産拠点の多機種・小ロット生産の能力蓄積は，同時並行で起こった事象であることを見過ごしてはならない。

このことは，ホンダが本国生産拠点の生産機能を維持したことが，海外生産拠点の支援や工程設計，より大きな視点から言えば，最適な国際生産分業の形成に寄与したと考えることができる。この点については，大木〔2014〕がかなり示唆的である。大木〔2014〕は，本国生産拠点の生産機能，その中でも「量産活動[62]」の撤退が，海外拠点の組織能力の構築に与える問題を考察した。その最も大きな問題を「量産知識[63]」が維持・活用できなくなる点に求める。ここでいう量産知識とは，「『量産活動における効率的なルーチンのあり方に関する知識』である静態的な量産知識と，『量産活動におけるルーチンを改善するための方策や新たなルーチン形成のやり方に関する知識』である動態的な量産知識[64]」のことである。大木〔2014〕によれば，海外拠点の組織能力構築には，本国生産拠点の量産活動を維持・撤退するかどうかの意思決定に伴って生じる量産知識の維持・活用，あるいは消失が影響しているという[65]。これを明らかにするために，量産活動を撤退させたことで海外拠点への支援が難しくなった本国生産拠点や，拠点間競争の圧力によって優位性を再構築させた本国生産拠点など，数多くの事例を検討している。な

お，事例の中には，本国生産拠点から量産活動を撤退しても，量産知識を維持・活用できる企業もある。そのため，必ずしも本国生産拠点を残す意思決定をする必要があるわけではないことに注意がいる。

いずれにしても，本国生産拠点の生産機能を維持し，それが生み出すノウハウを活用して，海外生産拠点を支援するという点では，本章で詳述した事実と同じである[66]。とはいえ一方で，本章の焦点は，生産機能が海外拠点における組織能力の構築に及ぼす影響ではなく，国際生産分業の調整メカニズム，その中でも差配機能に果たす役割を検討することにある。ホンダの事例では，本国生産拠点の生産機能が蓄積したノウハウが，海外生産拠点の支援にとどまらず，支援がもたらす情報を活用した差配機能にまで貢献していた。最適な国際生産分業をつくり出すための調整メカニズムという視点からみることによって，このような生産機能と差配機能の関係を浮き彫りにできたと考えている。

これまで明らかにした国際生産分業の調整メカニズムの全体像をモデル化すれば，**図 4-4** になる。この図のうち，生産機能（多機種・小ロット生産の能力蓄積）と差配機能の構成要素である海外支援の関係性，さらには技術支援・移転の観点からみた差配機能は，すでに先行研究で指摘されていることである。ただ，それら先行研究の組み合わせだけでは，国際生産分業の調整メカニズムは把握できない。国際生産分業の調整メカニズムを理解するうえで，とりわけ重要なのは次の2点である。

ひとつは，差配機能において生産企画部が担う生産拠点の評価はあくまでも意思決定の材料であり，意思決定それ自体ではないことである。そこでの意思決定は，生産拠点の評価をもとに，グローバルSEDとSEDチームおよびSED評価会というより大きな枠組みで行われる[67]。しかも，生産拠点の評価は，段階的な意思決定プロセスで随時活用される性質を持つ。さらに，グローバルSEDとSEDチームおよびSED評価会による意思決定が，生産拠点の発展の方向性を左右し，差配機能にも大きな影響を及ぼす。このように，差配機能と段階的な意思決定プロセスは相互に連関しているのである。これ

第4章 国際生産分業の調整メカニズムの基盤と全体像

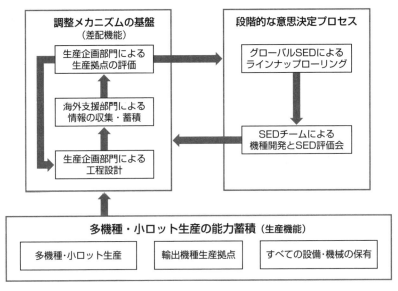

図4-4　本田技研工業における国際生産分業の調整メカニズムの全体像

出所：筆者が作成した。

に関連して，生産機能，差配機能，段階的な意思決定プロセスが，重層的な関係にあることが，いまひとつの重要な点である。生産機能，差配機能，段階的な意思決定プロセスがなければ，国際生産分業の調整メカニズムは機能しえない。

　これまで述べてきたように，ホンダが有する調整メカニズムは，国際生産分業の形成が進むにつれて有用性が鮮明になり，洗練化されてきたものである。最後に，この点をまとめておこう。ホンダの国際生産分業の調整メカニズムの洗練プロセスを示すと，図4-5のようになる。第1章と第2章で確認してきたが，専門特化型企業の台頭によってもたらされた競争上の要因と，日本と欧州市場の縮小およびアジア市場の成熟という市場的要因，さらには市場的要因に伴った拠点の成長という3つの要因が契機となり，ホンダは国際生産分業の構想を打ち出し，その形成に着手することになった。同時に，これら3つの要因が国際生産分業の調整メカニズムを構成する各要素に影響

201

図4-5 本田技研工業における国際生産分業の調整メカニズムの洗練プロセス

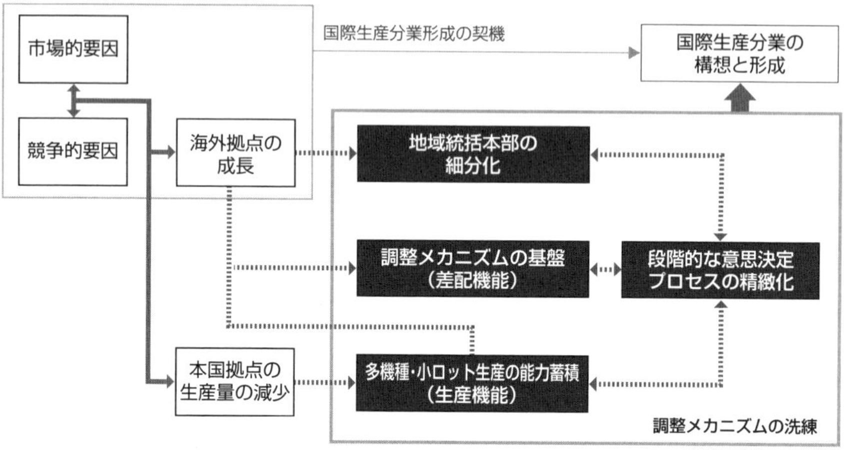

出所：筆者が作成した。

を及ぼしていく。

　各国の海外拠点が成長していくとともに，各地域の要望を集約し整理することの必要性が従来よりもさらに増した。そのため，ホンダは地域統括本部を細分化し複数設置することで，各地域の要望によって複雑化していく調整を緩和させることを狙う。一方で，競争的要因と市場的要因は，海外拠点の成長に繋がっただけでなく，本国生産拠点の生産量の大幅な減少という事態を生じさせた。そうした状況の中で，生産拠点として存続していくために，[a] 本国生産拠点は多機種・小ロット生産の能力蓄積を続ける。さらに，この [a] の過程で本国生産拠点が習得した二輪車生産のノウハウとそれに基づく工程設計を土台として，海外拠点の情報の収集・蓄積および生産拠点の評価のサイクルを回すことで，[b] 差配機能が働く。さらに，地域統括本部の細分化と同時に，[a][b] の要素が発展するにつれて，あるいは有用性が鮮明になるにつれて，[c] 段階的な意思決定がよりいっそう精緻なものへと変化していく。こうして，時が進むとともに調整メカニズムが洗練されていき，最適な国際生産分業の構想と形成に寄与していったのである。

第4章
国際生産分業の調整メカニズムの基盤と全体像

　常に最適な資源配分を目指したホンダの国際生産分業の形成は，このように洗練された強力な調整メカニズムがなければ，成しえなかった。本書で明らかにしたかったことは，このことである。

Ⅳ　小括

　本章では，本国生産拠点の生産企画部が担う差配機能を解明してきた。さらに，第3章と第4章から判明したホンダにおける国際生産分業の調整メカニズムの全体像を提示した。

　差配機能は，生産企画部内において一体不可分の関係にある生産企画部門と海外支援部門の循環的な協働から生み出されていた。具体的には，①国内外の生産拠点が生産する新機種の工程設計を生産企画部門が行い，②現地での工程設計の実現が難しい場合，海外生産拠点からの要請があり次第，海外支援部門は当該拠点に支援に赴き，その際に収集した現地固有の情報を生産企画部全体に蓄積・共有させ，③そうした情報を活用して生産企画部門が次なる機種の工程設計を実施する，というサイクルが生産企画部内には存在する。こうしたサイクルによって，本国生産拠点に集められた各生産拠点の情報を用いて，生産企画部は各拠点を評価・選定していた。

　同時に，この差配機能が働くためには，本国生産拠点の生産機能が必要であった。生産企画部が本国生産拠点の内部に立地する理由は，この点にあった。本国生産拠点は，フェーズが進むにつれて，多機種・小ロット生産の能力を蓄積し，大ロット生産の傾向が強い二輪車生産拠点のトレンドとは反するような生産機能を持つようになっていく。しかし，こうした生産機能が，国際生産分業の調整メカニズムの基盤である差配機能に大きく貢献していた。したがって，最適な国際生産分業の形成において果たす役割からみれば，本国生産拠点の生産機能は極めて合理的であった。つまり，本国生産拠点の生産機能は，単一の生産拠点としての視点と国際生産分業の視点では，対照的

な姿をみせる。このような本国生産拠点の生産機能は，自らの存続をかけて取り組んだ結果であり，国際生産分業の形成が進むにつれて，システムを支える調整メカニズムの基盤としての有用性が徐々に鮮明になってきたものであった。

　本国生産拠点の生産企画部が担う差配機能は，国際生産分業の調整メカニズムにとって極めて重要な要素であるものの，調整メカニズムそれ自体ではないことに注意が必要であった。調整メカニズムの全体像からみれば，生産企画部の差配機能の役割は，グローバルSEDとSEDチームおよびSED評価会からなる段階的な意思決定で用いる材料を提供することにある。そうして，生産機能と差配機能の関係性と同じく，差配機能と段階的な意思決定が相互に連関し，これら3つの要素（生産機能，差配機能，段階的な意思決定プロセス）が層をなしていることが判明した。加えて，調整メカニズムを構成する各要素もまた，国際生産分業の形成が進む中で洗練されたものであることがわかった。

　このように，本章の検討を通じて，生産機能，差配機能，段階的な意思決定プロセスという国際生産分業の調整メカニズムを構成する3つの要素と，その関係性および調整メカニズムの洗練プロセスが明らかになった。同時に，最適な国際生産分業をつくり続けていくためには，表現を変えれば，国際生産分業全体としてのありようが最適になるように柔軟に編成・再編成していくためには，調整メカニズムの構築・洗練が重要であることが浮き彫りになった。

注
───────────────

1　かつて，ホンダが国内に2つの製作所を有していた時代では，現在の熊製が果たす機能を分担して担っていたと考えられる。ただし，当時は，ホンダが国際的な生産分業を広範に形成していたわけではない。そのため，過去に比べて，現在の熊製の果たす役割は重要度が増していると考えられる。
2　熊製の設立や当初の計画，輸出比率については『LA INTERNATIONAL』第27巻第5号（通巻325号），国際評論社を参照した。

第 4 章
国際生産分業の調整メカニズムの基盤と全体像

3 当時，浜製は中排気量以上（排気量251cc以上）の二輪車生産を手がけていた。そのため，多機種・小ロット生産へと向かう具体的なありようは熊製と若干違いがある。しかしながら，輸出量と国内販売量が減少していく中で，ホンダが多機種展開を進めたことによって，多機種・小ロット生産に取り組むことを要請されてきたという点では，浜製も熊製も同じである。
4 『日経産業新聞』2004年11月18日付け1面の本田技研工業の取締役（当時）の言葉を引用した。
5 二輪車需要の多様化に関して，世界各国の二輪車市場と比べた日本市場の性格については，横井〔2007〕を参照されたい。
6 岡本〔1995〕を参照した。
7 『LA INTERNATIONAL』第27巻第5号（通巻325号），国際評論社を参照した。日本市場における超低排気量機種の比率については，第1章の図1-5を参照されたい。
8 欧米市場に向けた中・高・超高排気量の二輪車は高額（ハイエンド）な製品である。結果だけをみれば，ハイエンド製品が本国生産拠点に残ったと考えることもできるが，本書ではそのようには捉えない。例えハイエンドであっても，ロットがある程度大きい，あるいは海外市場にある程度の需要があるなどの条件が揃えば，海外生産拠点が生産するであろう。一例を挙げれば，かつてホンダは当該国における需要が大きいからという理由で，ハイエンドの二輪車であるゴールドウイングを米国拠点で生産していた（『日経産業新聞』1994年4月27日は，このゴールドウイングの米国拠点と対日輸出の理由を貿易摩擦への対応と述べている。日本からの輸出では貿易摩擦への影響を考慮しなければならないくらい，現地での需要が大きかったと考えられる）。本書では，本国生産拠点が多機種・小ロットの生産体制の構築に注力してきたからこそ，ハイエンド製品の生産を維持・拡大できたという見方を採る。
9 本田技研工業webサイト（URL：http://www.honda.co.jp, http://www.honda.it）（2011年9月15日閲覧）および本田技研工業への聞き取り調査から算出した。
10 本田技研工業への聞き取り調査による。
11 本田技研工業への聞き取り調査による。
12 なお，モーターサイクルとスクーターでは作業順序が若干異なる。スクーターはほとんどの部品を外装で覆う必要がある。そのために，最終的に外装に隠れる内部の部品から組み付けるように作業順序を設計する必要がある。反面，モーターサイクルは，ほとんどの部品が外装で覆われていないので，スクーターのように作業順序に制約はない。このため，モーターサイクルは組み付け作業が容易になるように作業順序を設計することができる。それでもなお，二輪車の構造の違いから，モーターサイクルの工数が多くなっている。作業順序については，本田技研工業への聞き取り調査による。
13 以下の記述は，特に断りのない限り，本田技研工業への聞き取り調査による。

14 1990年代後半の熊製の生産ライン（エンジン組立ラインと完成車組立ライン）は次のように生産機種が分かれていた。エンジン組立ラインは，スーパーカブ専用のエンジン組立ライン，その他機種のエンジン組立ライン，KD輸出用のエンジン組立ラインであり，完成車組立ラインは，（ⅰ）スーパーカブ専用の完成車組立ライン，（ⅱ）スクーターの完成車組立ライン，（ⅲ）モーターサイクルの完成車組立ライン，（ⅳ）特殊車両の完成車組立ラインである。出所は本田技研工業への聞き取り調査による。このように，生産ライン統合以前は，スーパーカブ専用の生産ラインを除けば，エンジン組立ラインと完成車組立ラインの生産機種が対応していない。このことが，当時，後述するエンジン組立ラインと完成車組立ライン間におけるタクトタイムの同期を難しくさせていたと考えられる。なお，ここで述べている3本の完成車組立ラインとは，上記の（ⅰ）（ⅱ）（ⅲ）のことである。

15 熊製の生産ライン統合の詳細については，横井〔2005〕〔2008〕を参照されたい。

16 この点については，横井〔2008〕を参照されたい。なお，スクーター用のモジュール生産方式それ自体の説明は，林/城/井上/関谷/笠/中島〔2001〕が詳しい。

17 『日経ものづくり』2015年2月号，32ページから引用した。

18 本田技研工業への聞き取り調査による。

19 藤本〔2013〕は，開発から生産，購買，販売までに至る一連の流れをシステムと捉え，トヨタ自動車との比較を通じてホンダのシステムが有する独自性と普遍性を検討した。その中で，ホンダの生産面での特徴として，「基本モデルのレベルでは大量生産指向，品種（バリエーション）のレベルでは相対的な大ロット指向」を指摘している。括弧内は，藤本〔2013〕，278ページから引用した。藤本〔2013〕がホンダの四輪車事業を検討して得られたこのような特徴は，二輪車事業にも当てはまると考えられる。

20 ホンダのQCサークルは「NHサークル」と呼ばれる。NHは，「"現在（Now），そして将来（Next）の新しい（New）Hondaを創造し続けたい"という願いが込められて」いるという。括弧内はすべて，本田技研工業〔2008〕，65ページより引用した。また，ライン統合の際に，このNHサークルが果たした役割も大きい。しかし，ここでは工程編成に焦点を当てて検討しているために割愛した。

21 中間在庫の数値については，日経産業新聞編〔2005〕を参照した。

22 三戸〔1981〕，164ページから引用した。フリーフロー・ラインとは，「人間の意思で流れの速さを自由に変えられる仕組みを取り入れた生産ラインのこと」であり，具体的には作業者がフッドペダルを操作することによって，治具が移動かつ停止し，機種1台ごとの搬送を可能とするラインのことである。出所は，三戸〔1981〕および本田技研工業への聞き取り調査であり，括弧内は三戸〔1981〕，164ページから引用した。なお，フリーフロー・ラインを熊製が導入した背景や狙いといった詳細は，三戸〔1981〕を参照されたい。

23 ライン統合以前，浜製は部品を8つのモジュール（ホンダはこれを「システム部品」とも呼んでいた）に分けて，いかなる機種でも定位置で生産できるようにして

いた。出所は，『日本経済新聞』2001年10月2日付け地方経済面（静岡），『日経産業新聞』2002年2月28日である。括弧内は『日経産業新聞』2002年2月28日18面から引用した。
24 『日経ものづくり』2015年2月号，31ページより引用した。
25 可変台車量産ラインについては，『日経ものづくり』2015年2月号と本田技研工業への聞き取り調査による。
26 なお，厳密には，この生産ラインの流れは機種によって若干異なる。例えば，フレームが鉄ではなくアルミを用いる二輪車では，フレーム生産ラインが鋳造工程で始まる。いずれにしても，鍛造や鋳造，機械加工といった様々な工程を経て完成することに変わりはない。二輪車の生産の流れについては，本田技研工業webサイト（http://www.honda.co.jp/kengaku/motor/）（2012年2月16日閲覧）を参照した。
27 『日経ものづくり』2015年2月号，32ページより引用した。
28 インターロックシステムについては，『日経ものづくり』2015年2月号と本田技研工業への聞き取り調査による。
29 レンチの本数およびナットランナーについては，『日経ものづくり』2015年2月号を参照した。
30 本田技研工業への聞き取り調査による。
31 セルについては，本田技研工業への聞き取り調査による。
32 本田技研工業への聞き取り調査による。
33 ここでの記述は，本田技研工業への聞き取り調査による。
34 ここでは，熊製の二輪車生産が定位置・定タクトタイム・定工程とは異なることを強調しているが，熊製が全くこれを試みていないわけではないことに注意が必要である。熊製は，あくまでも定位置・定タクトタイム・定工程を基本として，多機種・小ロット生産への対応を進めた。その結果，従来とは異なる二輪車生産のありようができあがったのである。
　加えて，三嶋〔2010〕は，2000年以降に，タイホンダが質的にも量的にも生産能力を向上させた要因として，「『定タクト定番地』という作業形態を取り入れることで生産ラインの短縮化と作業効率の改善を達成したこと」を指摘している（括弧内は三嶋〔2010〕，226ページより引用した）。この指摘の中で，三嶋〔2010〕は，定タクトを「生産台数に合わせてタクトタイムを決めそれを実行すること」，定番地を「仕掛品とともにワーカーもベルトに合わせて動くのではなく，ワーカーは一定の作業箇所から動かずに組み付け作業などを行うこと」としている（括弧内は三嶋〔2010〕，226ページより引用した）。定タクトについては本書で用いた定タクトタイムと異なるが，定番地は本書の定位置と同じだと考えられる。さらに，三嶋〔2010〕は，タイホンダが能力を向上させた後に，定タクト定番地の作業形態がタイホンダから熊製に導入されたことを言及している。そうであれば，タイホンダから導入した作業形態を，熊製が自製作所の多機種・小ロット生産体制に適応するように変化させていったとも推察できる。ホンダの各生産拠点がどのタイミング，あるいは歴

史的にどのような順序で定位置・定タクトタイム・定工程を導入していったのかについては，本書の分析の範囲を超える。そのため，本書では，熊製が多機種・小ロット生産への対応を進める中で，従来の定位置・定タクトタイム・定工程を変化させたことを言及するのみにとどめる。

35　藤本〔2001a〕，167ページより引用した。また，多能工，多工程持ちについても，藤本〔2001a〕を参照した。
36　本田技研工業への聞き取り調査による。
37　本田技研工業への聞き取り調査による。
38　とはいえ，熊製に期間従業員が存在しないわけではない。そうであれば，熊製における作業者の育成方法が重要となるが，この点については，今後の課題としたい。
39　本田技研工業への聞き取り調査による。
40　『日本経済新聞』2007年2月10日付け地方経済面（九州B）を参照した。
41　『日経産業新聞』2007年6月22日，『日本経済新聞』2008年5月23日付け地方経済面（九州A）を参照した。
42　『日経産業新聞』2008年4月15日を参照した。
43　『工場管理』Vol.61, No.7を参照した。
44　1,000分の1ミリ単位で加工・メッキする専門設備については，本田技研工業への聞き取り調査による。
45　高崎/小屋/望月〔1990〕を参照した。加えて，アルミフレームについては，佐久間/永田〔1990〕も参照した。
46　レスポンスwebサイト（URL：http://response.jp/article/2012/02/23/170395.html）（2015年11月25日閲覧）を参照した。
47　海外生産拠点が熊製のレイアウトを用いている点については，『日経産業新聞』2004年11月19日を参照した。
48　本田技研工業への聞き取り調査時に確認した。
49　以下の記述は，特に断りのない限り，本田技研工業への聞き取り調査による。
50　『日本経済新聞』2006年2月15日付け地方経済面（九州B）を参照した。なお，ここでは熊製から海外に派遣される人員を取り上げているが，生産技術を学習することを目的とした海外生産拠点からの人員受け入れも熊製は進めている。出所は，『日経ビジネス』2008年7月28日号である。
51　『日本経済新聞』2007年9月29日付け地方経済面（九州B）を参照した。
52　東洋経済オンラインwebサイト（URL：http://toyokeizai.net/articles/-/3435?page=2）（2015年12月29日閲覧）を参照した。なお，海外に派遣する人員の育成に関して，熊製が設置したセルでの生産経験が，海外支援に貢献するとも言われている（出所は『日経ビジネス』2008年7月28日号である）。しかし，詳細は不明である。
53　『日経産業新聞』2004年11月19日付け1面に掲載の熊本製作所所長（当時）の言葉を引用した。

第4章
国際生産分業の調整メカニズムの基盤と全体像

54　さらに，このオペレーション統括機能は，「同一製品事業の各量産拠点の方向性をコントロールし，評価・支援するオペレーションの管理構造の中核を担う」ものとしている。引用は，いずれも善本〔2011〕，7ページである。

55　なお，善本〔2011〕はマザー工場の位置付けを，「オペレーション統括機構と基幹工場が物理的にも機能的にも絡み合っている状態を指す」としている。善本〔2011〕，8ページより引用した。このように，善本〔2011〕はオペレーション統括機能を含めてマザー工場を捉えている。技術支援や移転を中心として議論されてきた従来のマザー工場の研究とは異なることに注意されたい。技術支援・移転の観点からマザー工場を検討した代表的な研究としては，中山〔2000〕〔2003〕，山口〔2006〕が挙げられる。

56　善本〔2011〕，8ページより引用した。

57　善本〔2011〕では，生産拠点の評価指標として，生産拠点ごとに手がける製品が異なるために補正が必要な場合があるとしたうえで，生産性や品質を挙げている。こうした指標をホンダも用いていると考えられるが，それに加えて本章の①②③のサイクルで述べたような生産拠点の内実をつかみ，質的な評価を行っていることに特徴がある。ただ，本書は1社のみの事例研究に過ぎない。それゆえに，この①②③のサイクルの仕組みが，他の二輪車企業，あるいは他産業と比べて，どの程度特殊であるのかを把握できていない。今後の課題である。

58　スキルマップについては，本田技研工業への聞き取り調査による。

59　小川〔2007〕，26ページより引用した。

60　von Hippel〔1994〕，小川〔2007〕を参照した。また，この粘着性の考え方を，製品開発における知識に適用した椙山〔2001〕も参照されたい。

61　小川〔2007〕，33ページより引用した。

62　大木〔2014〕，6ページより引用した。大木〔2014〕では，この量産活動を，「製品開発を経て定められた製品を，工程開発を経て定められた工程で，社内外の顧客のために生産する活動」として定義している（引用は，同書，6ページ）。

63　大木〔2014〕，29ページより引用した。

64　大木〔2014〕，180ページより引用した。

65　この詳細なメカニズムに関しては，大木〔2014〕を参照されたい。

66　大木〔2014〕は，Kogut and Zander〔1992〕を援用し，知識を情報とノウハウに分けて捉えている。加えて，この知識を基盤として組織能力を構築するとしている。そうして，量産活動に関する組織能力の構築の基礎になるものが量産知識であると言及している。

67　この点，善本〔2011〕は「何を，どこで，どのように生産するのかの構想は，事業部長を中心にする事業部機能業務であり，事業部の部門スタッフが関与することなくしてオペレーション統括が機能するとは考えにくい」と指摘しており，本書も多くの示唆をうけた。しかし，残念ながら詳細な実態は明らかにされていない。引用は善本〔2011〕，8ページである。

終　章

総括と残された課題

I　総括

1　本書の結論

　これまで，最適なシステムをつくり続けてきたという見方から国際生産分業が捉えられることはなかった。スナップショットで捉えた国際生産分業は，いかにもすべてが事前に定められた合理的な構想をもとに，最適な形でつくられたようにみえる。しかし，動態的なシステム形成として捉えれば，国際生産分業は計画通りに拠点の活用を進めるのみならず，創発的に活用可能な生産拠点を見出して組み込み，それら複数の拠点を強く束ねるための絶えざる調整によって，市場環境の変化に応じながら最適な形へと編成され続けてきたものである。そうであるならば，最適な分業体制を形成し続けるために，企業はどのような調整メカニズムを構築しているのだろうか。この課題を考察するために，本書は，ホンダの二輪事業を事例として，国際生産分業の長期的な形成プロセスを描き，その形成を支える調整メカニズムを具体的・実証的に解明してきた。

　本書の結論は，次の通りである。長いスパンで捉えれば，国際生産分業に活用する拠点は，初期の構想通りに成長することがある一方で，必ずしも事前に策定した合理性だけでは判断できないこともある。当該企業を取り巻く競争環境次第で，開発・生産する二輪車の機種が変わると同時に，各拠点が立地する市場の変動が拠点の成長に大きな影響を与えるからである。したがって，国際生産分業に活用する段階だけを切り取って観察すれば，事前の計画通りに発展した拠点（計画の側面）と，最新の市場の状況や拠点の動向を捉えて更新された構想にしたがって用いた拠点（創発の側面）が存在する。それゆえ，事前に策定した厳密な長期構想にしたがって個別拠点を組み込み，国際生産分業をリジッドに構築することも，反対に，個別拠点を場当たり的な判断で用い，寄せ集めのように国際生産分業を構築することも，いずれも

終章
総括と残された課題

常に最適な資源配置を実現することは難しい。本書で検討したホンダの事例は，そうした国際生産分業の構築とは全く異なった様相をみせていた。

ホンダが国際生産分業の形成に着手したのは，1990年代央のことである。その後，2000年頃から国際生産分業の構想を明確に打ち出し，その形成を推し進めていく。そこでのホンダの狙いは，市場の停滞・縮小および専門特化型企業の台頭という環境の変化に応じるために，ブランドレベルの製品ラインナップを拡充することにあった。ホンダは国際生産分業の構想にしたがって，計画通りに拠点を用いるだけなく，時として創発的に活用可能な拠点を見出し組み込んでいく。そうして，ホンダは国際生産分業に用いた各拠点の役割を徐々に明確化させ，かつ高度化させていく。その結果，国際生産分業全体としてみれば，ホンダはブランドレベルの製品ラインナップの拡充を担う拠点が，それぞれの役割を重複させることなく，かつ拠点間の強い連携がとれた形で配置されたリーンな供給網をつくり上げてきた。つまり，ホンダは最適な国際生産分業のシステムをつくり続けてきたといってよい。

このようなホンダの国際生産分業のシステム形成には，事前合理的な構想だけではなく，構想のアップデートと，それを実現させるための強力な調整メカニズムが大きく貢献した。正確には，ホンダは，ある拠点を活用するたびに，その時々の条件に合わせて構想を更新し，それをもとに拠点の役割の調整を繰り返してきたのである。そのことによって，複数拠点を次第に強く束ね，その時々の最適をつくり出していく国際生産分業のシステムをホンダは形成してきた。

このように，ホンダの国際生産分業の形成には，恒常的に更新した構想を実現させるための絶えざる調整を担う仕組み，つまり本書で言うところの調整メカニズムが不可欠である。国際生産分業の形成に際して，ホンダは生産・販売・研究開発（グローバルSEDおよびSEDチーム）による段階的な意思決定と，それを支える本国生産拠点の差配機能，差配機能の根底にある生産機能（多機種・小ロット生産の能力）からなる強力な調整メカニズムを用意していた。厳密に言えば，この調整メカニズム自体も，国際生産分業の形成

が進むにつれて，その有用性がより鮮明になり，ホンダが洗練させてきたものである。いずれにしても，ホンダは，この調整メカニズムによって，更新した長期構想を実現させるための調整を繰り返してきたからこそ，計画通りに拠点の活用を進めるのみならず，創発の側面をも意図的に取り込み，かつ拠点間の相互連携の取れた国際生産分業のシステムを形成できたと考えられる。

　国際生産分業を動態的なシステム形成として捉えれば，ホンダは常に最適な資源配分を目指して，市場の変化に応じて構想の更新と拠点の活用を繰り返し，全体としての調和をつくり出してきた。しかし，それは，システムの形成を支える強力な調整メカニズムがなければ，成しえなかった。このことが，本書の結論である。簡潔に言えば，国際生産分業の最適を目指す過程は，市場と拠点の変化を捉えて全体のあり方を形づくり，一定期間ののちにそのあり方を見直すという長期的なプロセスであり，それだからこそ，企業は強力な調整メカニズムを構築しなければならない，ということである。以下では，この結論にしたがって，本書で整理した事実をみていこう。

2　本書で整理した事実

　ホンダが国際生産分業を形成した契機は，専門特化型企業の台頭によってもたらされた競争上の要因と，日本と欧州市場の縮小およびアジア市場の成熟という市場的要因，さらには市場的要因に伴った拠点の成長にある。このような3つの要因を背景として，ホンダは2000年頃にグローバルに展開した拠点を活用する構想を明確に打ち出した。この構想は，従来，本国生産拠点に大きく依存していた他国向けの二輪車供給を，多くの海外生産拠点が担うことを意味する。したがって，各国生産拠点は拠点レベルの製品ラインナップを超えて，ブランドレベルの製品ラインナップに貢献することになった。ホンダの狙いは，ブランドレベルの製品ラインナップをよりいっそう拡充させることで，競合企業への対抗と日本・欧州・アジア市場の変化への対応を図ることであった。このことは，ホンダの国際生産分業のあり方を大きく転

終章
総括と残された課題

換させるものであった。

　こうして始まったホンダの国際生産分業は，3つのフェーズを通じて形成されていく。フェーズⅠは，各拠点が生産する二輪車（実際には生産予定の二輪車）の中から当該市場に適合する二輪車を相互に融通する段階であった。したがって，当時のホンダの国際生産分業は，そうした役割を担う数多くの適地供給拠点によって構成されていた。フェーズⅠにおけるホンダの二輪車供給網は複雑であった。その後，フェーズⅡにおいて，ホンダは国際生産分業の構想をより鮮明に打ち出したことで，供給先を明確に設定した二輪車を生産するグローバル供給拠点を生み出した。ここからホンダは国際生産分業の形成を始め，それを編成していく。フェーズⅢでは，ホンダはグローバル供給拠点を複数設定し，国際生産分業をその時の最適な形へと再編成させていく。この過程を通じて，当初，複雑であった二輪車供給網が徐々にリーンになっていった。

　フェーズⅠからフェーズⅢにおいて，ホンダは従来からの現地生産・現地販売の方針を崩さないように巧みに各国生産拠点を国際生産分業に組み込んでいった。ホンダの拠点の活用の仕方には，次の2つの特徴がある。まず，実は，国際生産分業を構成するグローバル供給拠点は，ごく一部を除いて，純粋な輸出向け機種の生産を担ったわけではない。各国生産拠点の生産品目は，他国へ輸出するとともに，自国市場にも投入できるように開発された二輪車であった。したがって，現地生産・現地販売という既存の方針に，世界各国への供給機能を加える形で，ホンダは各国生産拠点を用いていった[1]。しかも，大ロット生産を志向する各国生産拠点に適合するように，ある程度の数量が見込める機種をホンダは各国生産拠点に任せていた。ホンダがグローバル供給拠点用に開発した機種の多くは，先進国におけるエントリーモデル，新興国におけるハイエンドモデルという二重の役目を負っている。つまり，相対的に生産量が少ない中・高排気量の二輪車や低排気量のハイエンドモデルの中でも，大きなボリュームが予想される機種である。そのため，各国生産拠点は大ロット生産のメリットを享受できていた。

ついで，ホンダは拠点の役割を徐々に明確にするとともに，高度なものへと発展させてきた。ほとんどの場合，グローバル供給拠点は，低排気量のグローバルモデルを生産することから始まる。その後，ホンダは，グローバルモデル生産の実現度合いと現地市場の発展を踏まえ，一部のグローバル供給拠点に中排気量・高排気量のグローバルモデルの生産を割り当てていく。つまり，フェーズが進むにつれて，生産の技術的な難度が高く，さらには効率的につくることが難しい機種を，グローバル供給拠点が担うようになる。一方で，ホンダは，中排気量・高排気量機種を生産品目に加えたグローバル供給拠点が担っていた低排気量のグローバルモデル生産を，新たなグローバル供給拠点に振り分ける。このように，国際生産分業に組み込む拠点が増えるたびに，ホンダはグローバル供給拠点の生産品目を組み替えていく。そうして，ホンダはブランドレベルの製品ラインナップの中で各国生産拠点が果たす領域を明確にすると同時に拡げてきた。そのことによって，ホンダは，変化する市場環境に対応し，かつ，それぞれの拠点が役割を重複させることなく，全体としての調和がとれた形で配置された国際生産分業のシステムをつくり上げてきた。

　ホンダが国際生産分業に用いた拠点には，①事前の計画通りに活用を進めた拠点（計画の側面）と，②最新の市場の状況や拠点の動向を捉えて更新した構想にしたがって組み込んだ拠点（創発の側面）が存在する。具体的に拠点を挙げれば，第2の本国生産拠点として古くから育成してきたタイ拠点は，当初の構想通りに展開した拠点である。一方で，部品調達網の獲得を狙った合弁によって生まれた中国拠点や，当初予期していなかった需要を取り込む形でグローバルモデルを生産したベトナム拠点は，創発的に組み込んだ拠点である。計画の側面のみならず，創発の側面を取り込み，かつ国際生産分業全体として調和のとれたシステムを形成できた大きな要因は，ホンダが構想のアップデートと，それをもとにした拠点の役割の調整を繰り返してきたことにある。詳細に述べれば，ある拠点を用いるたびに，その時々の条件に合わせて構想をアップデートし，その構想から次なる拠点の活用と既存の拠点

終章

総括と残された課題

の役割の調整を図るというプロセスによって，ホンダは柔軟に国際生産分業のシステムのあり方を変え，最適をつくり続けてきたのである。

以上のことをまとめると，次のようになる。まず，前提としてホンダはブランドレベルの製品ラインナップの追求を企図していた。そのために，ホンダは国際生産分業の構想とそれに基づいた個別拠点の役割を策定する。そうして，ホンダは，一方で当初の構想にしたがって計画通りに拠点を活用しながら，他方で創発的に活用可能な拠点を見出していく。新たに活用できる拠点の候補を見出す度に，ホンダは全体の構想を更新し，当該拠点にメリットを与えた形で国際生産分業にその拠点を組み込み，かつ各拠点の役割を調整する。このような調整を繰り返すことで，ホンダは国際生産分業を構成する複数拠点の連携を次第に強く束ね，その時々の最適をつくり出していく。第1章と第2章を通じて，このことを明らかにした。

ホンダの国際生産分業形成にとって極めて重要となるのは，計画の側面のみならず，創発の側面を意図的に取り込み，最適を生み出すための調整である。第3章と第4章の考察から，このような調整を実現し，国際生産分業の形成を支えるための強力な調整メカニズムをホンダが周到に用意し洗練させてきたことが判明した。

ホンダの国際生産分業は，ある機種の生産拠点を選択するという意思決定の繰り返しにより形づくられてきた。このような選択の機会は，新機種開発やある機種のモデルチェンジのたびに訪れる。そこでホンダが求められる意思決定は，各国市場と拠点の最も新しい動向を踏まえ，当該機種の生産に最適な拠点を選ぶといった単純なものではない。当該機種にとって最適であると同時に，次なる国際生産分業のあり方を練り，それにしたがって国際生産分業を構成する拠点間の連携を強めるような選択をホンダはしなければならない。したがって，当該時点における国際生産分業のシステム全体を見据えた長期的な構想から，特定機種にとって最適な拠点を選択するという意思決定を行うことをホンダは要請されていた。常に最適を目指した国際生産分業のシステムを形成する難しさは，このような決定を，いつ，誰が，どのよう

に行うのかにある。

　ホンダが持つ調整メカニズムは，生産・販売・研究開発（グローバルSEDとSEDチーム）による段階的な意思決定を通じて，この問題を解決する仕組みである。具体的には次のような2段階の意思決定の仕組みをホンダは用意している。

　まず，将来のブランドレベルの製品ラインナップ全体を示した製品ラインナップ計画の中で，むこう5年分の開発予定機種の製品要件の大枠と開発拠点・生産拠点を調整する。ここでの調整主体は，地域統括本部，生産企画部，本田技術研究所，二輪事業企画室である（本書では，これら4者をグローバルSEDと呼んだ）。ホンダが事業展開する各国市場の情報は各地域統括本部と，それを通した本社に蓄積される。同時に，本国生産拠点の生産企画部は，各国生産拠点の情報を恒常的に集め，評価する。さらには，機種開発にとって必要となる研究開発を本田技術研究所が進めるとともに，その動向を二輪事業企画部が把握する。このことから，グローバルSEDは，販売部門，生産部門，開発部門をそれぞれ代表した存在であるといってよい。グローバルSEDは概ね週に1回の頻度で，製品ラインナップ計画に掲載された開発予定機種の製品要件や開発拠点・生産拠点を見直す。製品ラインナップ計画のうち，どの開発予定機種を取り上げるのかは，その時々の市場と拠点，研究開発の動向による。この過程で修正が必要となった開発予定機種を，ラインナップ調整会で検討する。こうした一連のラインナップ調整プロセスでは，二輪事業本部長の判断が反映される。

　ホンダは，ラインナップ調整後の新たな製品ラインナップ計画を，半年に1度の頻度で全拠点に対して正式に発行する。このように，ホンダは，グローバルSEDによる概ね1週間サイクルの調整と，6ヶ月サイクルの公表という形で，製品ラインナップ計画をアップデートしていく。グローバルSEDは，製品ラインナップ計画のアップデートを，当該機種の開発に着手する半年から1年前（マイナーモデルチェンジ）か2年前（フルモデルチェンジ）まで続ける。したがって，グローバルSEDは当該機種の開発が近づ

終章

総括と残された課題

くまで，その時々の市場環境と拠点の成長を踏まえて製品要件と拠点を改更していく。このような製品ラインナップ計画のアップデートにおいてグローバルSEDが定めた当該機種の開発・生産拠点は仮決めである。ホンダは，次の段階で開発・生産拠点を最終的に確定させる。

ついで，当該機種の企画・開発が始まると，調整主体は生産・販売・開発それぞれの部門から選出されたプロジェクトリーダーが構成するSEDチームに移る。SEDチームは製品ラインナップ計画で仮決めされた当該機種の開発・生産拠点を，開発着手の段階までに最終確定させる。実際の開発が始まる時点で，それらの拠点が決まっていなければ，当該機種のコスト算出や販売価格の想定，そのベースとなる販売数量の予想ができないからである。SEDチームは当該機種の製品要件を検討する中で，開発拠点と生産拠点を定めていく。その際，SEDチームの製品要件に適う生産拠点を選定するのが，本国生産拠点の生産企画部である。そうして考案したSEDチームの提案は，二輪事業本部（地域統括本部，二輪事業企画室，生産企画部，二輪事業本部長）が中心となって開催するSED評価会で評価を受ける。この評価会で提案が了承されれば，実際に当該機種の開発・量産が進んでいくことになる。

明らかなように，当該機種の開発拠点・生産拠点の決定に際して，ホンダは2段階の意思決定を行う。ホンダの意思決定の仕組みのポイントは，大きく2つである。ひとつは，できるかぎり拠点の確定タイミングである開発着手の時点まで調整を続け，その過程で選択の機会を頻繁に設けることで，意思決定を最新の市場と拠点の動向に即したものにすることである。いまひとつは，ブランドレベルの製品ラインナップから個別機種へと検討対象と調整主体がより小さな単位になるものの，その決定を二輪事業本部の枠組みの中で行うことである。これにより，ある程度の時間先行性をもって確定させなければならないという制約を受けながらも，当該機種にとって最適な開発拠点・生産拠点であるかどうかだけではなく，二輪事業本部の長期構想に適った意思決定をホンダは行っている。

このような調整の仕組みがなければ，編成・再編成を繰り返しながら，最

適な国際生産分業のシステムを形成することは極めて困難であると考えられる。グローバルに展開したシステムは，単一国での展開に比べて，多様な環境に直面する。とりわけ，二輪車産業は国によって需要の動向や競合他社の状況が異なることが多い。さらに，各国拠点の成長は立地国の需要に大きな影響を受ける。しかも，長期の視点でみれば，往々にして各国市場と拠点の状況は変化していく。したがって，最適なグローバル・システムの形成を目指すのであれば，そうした変化を捉え，構想を更新し，国際生産分業全体に反映させるための調整の仕組みが求められる。ホンダの2段階の意思決定は，この調整の仕組みを担うものである。こうしたホンダの国際生産分業の形成を支える調整メカニズムが，第3章では明らかになった。

ホンダの調整メカニズムのうち，生産拠点の選択に大きく寄与するのが，本国生産拠点の生産企画部が担う各国生産拠点の評価と選定である。このような生産企画部の機能（これを差配機能と呼んだ）は，生産拠点の決定それ自体ではないものの，2段階の意思決定全体において，極めて重要となる意思決定の材料を提供している。生産企画部の差配機能がなければ，ホンダは計画通りに育成を図った拠点の進捗を確認することや，新たに活用可能な拠点を見出すことが難しい。そこで，第4章では，なぜ，生産企画部が差配機能を担えるのかを明らかにし，さらには差配機能と本国生産拠点が有する生産機能との関係性も併せて調整メカニズムの全体像を考察した。以下，この2つの機能を順にまとめていこう。

本国生産拠点の差配機能は，生産企画部内の2つの部門（生産企画部門と海外支援部門）が生み出すものである。生産企画部内では，①生産企画部門がほとんどすべての新機種の工程設計を担い，②海外生産拠点からの要請（工程設計の実現が難しい場合に行う）を受け，支援に赴いた海外支援部門が，当該拠点で発生している現地固有の情報（粘着性の高い情報）を集めるとともに，生産企画部全体にフィードバックして蓄積し，③生産企画部門が②で蓄積された情報を用いて，新たな機種の工程設計を行う（①）という循環がある。すでに本国生産拠点が保有している各国生産拠点の基礎的情報（工程

終章
総括と残された課題

レイアウトや設備・機械の能力など）に加えて，この循環を繰り返す中で蓄積した各生産拠点の情報を活用して，生産企画部は各拠点を評価・選定する。

この差配機能の根幹にあるのが本国生産拠点の生産機能である。本国生産拠点の生産機能とは，極小ロット・小ロット機種の生産を一手に引き受け，これら機種の効率的な生産を実現することにある。このような本国生産拠点の生産のありようは，大ロット生産を基本とするホンダの他の二輪車生産拠点とは大きく異なる。ブランドレベルの製品ラインナップを拡充するために海外生産拠点で多機種化を進めると，大ロット生産のメリットを享受できない。これは海外生産拠点の優位性を損なうことを意味する。そのため，数多くの極小ロット・小ロット機種を本国生産拠点が手がけることで，海外生産拠点は相対的にロットの大きい機種の生産に特化できるようになる。

極小ロット・小ロット生産は，1980年代から続く生産量の大幅な減少を受けて，本国生産拠点が自らの存続をかけて取り組む中で実現させたものである。1980年代以降，本国生産拠点を取り巻く環境は，次にみるように大きく様変わりした。まず，日本市場が年を追うごとに縮小する一方で，本国生産拠点は拠点レベルの製品ラインナップの拡大に応じなければならなかった。しかも，アジアの生産拠点の発展によってボリュームの大きい輸出機種の生産量が本国生産拠点から減ってしまった。それだけではなく，アジア拠点からの対日輸出が進み，本国生産拠点は日本市場向けの最量産機種の生産量の減少を余儀なくされてしまった。こうした状況に応じるために，本国生産拠点は，極小ロット・小ロット機種の生産でも存立できるような体制構築に注力してきたのである。その結果として，本国生産拠点は多機種・小ロット生産の能力を蓄積した。

こうした能力を蓄積していく過程で，本国生産拠点は，多機種・小ロット生産，輸出機種生産拠点，全設備・機械の保有という3つの特徴を有するようになっていく。本国生産拠点が手がける極小ロット・小ロット機種の多くは，欧米向けの機種であった。そのため，本国生産拠点が生産する二輪車の仕向地は，日本ではなく，欧米が占める割合が高くなった。さらに，ホンダ

の他の生産拠点が手がけない多様な機種を本国生産拠点が抱えることになったために，その生産に必要となる膨大な設備・機械を内部に保有することになった。そうして，量産工場として総生産量が極めて少ない一方で膨大な設備・機械を有すること，しかも現地生産・現地販売を主軸としない拠点という点で，本国生産拠点はホンダが有する拠点の中でも非常に異質な存在になった。現地で販売する機種を大ロットで生産するという従来のホンダの二輪車生産拠点のあり方からすれば，本国生産拠点はトレンドに反しているようにみえる。

しかしながら一方で，本国生産拠点が蓄積した多機種・小ロット生産の能力は，差配機能に大きく貢献する。差配機能の起点は工程設計である。この工程設計を担うためには，二輪車生産における多様なノウハウが必須となる。この点，多機種・小ロット生産の能力の蓄積は，同時に本国生産拠点に膨大な二輪車生産のノウハウをもたらした。したがって，本国生産拠点が多機種・小ロット生産の能力を蓄積していなければ，国際生産分業の調整メカニズムにとって不可欠な要素である差配機能が円滑に機能しえないのである。このように，国際生産分業で果たす役割からみれば，本国生産拠点の生産機能は極めて合理的である。

こうして，第3章と第4章を通じて，ホンダの国際生産分業のシステム形成を支えた強力な調整メカニズムは，本国生産拠点の生産機能を根幹とした差配機能と，差配機能を基礎とした段階的な意思決定という階層的な関係によって成り立っていることが明らかとなった。

Ⅱ　本書のインプリケーション

本書の意義を研究面と実務面に分けて整理する。

まず，研究面の貢献から論じていく。本国生産拠点を含め，各国拠点が持つ独自性を生かしたシステムを構築する重要性は，従来の研究で理念型・モ

デルとして論じられてきたことである。ところが，意外なことに，いくつかの先駆的な研究があるものの，それを実現するための調整メカニズムについては実証的な解明が十分ではなかった。そこで，本書では，一企業における国際生産分業の観点からであるが，国際生産分業のシステムを最適な形へと編成・再編成していくプロセスを描き，市場動向と拠点の役割が長期的に変化していくことを前提として，システム全体に調和を生み出すための意思決定のあり方と，その意思決定プロセスにおける本国生産拠点の機能を実証的に解明した。本書で実施した実証的な解明作業を通じて判明したことは，次の4つである。

　第1に，最適な生産分業体制を形成し続けるための調整メカニズムの重要性を指摘したことである。ホンダの国際生産分業の調整メカニズムは，事前に仮定した目的（長期構想）をもとにリジッドに国際生産分業を構築するわけではなく，現地生産拠点や市場の動向を踏まえて，構想を更新し，段階的に資源配置や再配置を決めていくという性格を有する。その意味において，本書は，椙山〔2007〕が提示した多国籍企業の進化論の枠組みを実証的に明らかにしたとも言える。ただし，単なる段階的な意思決定のみでは，拠点の発展を追認する，あるいは発展の潜在性を捉えて適切な役割を与えられたとしても，創発的な側面を過度に強調することになり，最適な資源配置を損なうことがありえる。企業が段階的に意思決定したとしても，国際生産分業が特定の方向に向かって意図的に調整されたシステムになるとは限らない。ホンダのような国際生産分業のシステムを形成していくためには，構想を常に更新し，それを国際生産分業に反映させていくことを目的とした段階的な意思決定にどのような調整主体が参加するのか，そして，その調整主体はいかなるプロセスと頻度で何を決めていくのか，が問われることになる。

　ホンダでは，グローバルSED・SEDチームおよびSED評価会が，アップデートした長期構想にしたがった調整を繰り返すことで，すなわち調整メカニズムによって，最適な国際生産分業のシステムをつくり続けてきた。このことは，拠点の発展を捉えて組み込むことに加えて，個別拠点の集合を国際

生産分業のシステムにしていく，さらにシステム全体を環境条件に合わせて最適な形へと柔軟に調整していくことを志向するならば，単なる段階的な意思決定では難しいことを示唆している。したがって，この観点からすれば，段階的な意思決定は必要条件ではあるが，十分条件ではない。本書の事例は意思決定のあり方を検討しなければならないことを示唆している。これは，国際生産分業の調整メカニズムを実証的に検討したからこそ判明した事実である。

　第2に，調整メカニズムの基盤として，本国生産拠点の差配機能と生産機能の役割およびそれらの関係性を明確にしたことである。本国生産拠点の差配機能についてはマザー工場の機能を論じた善本〔2011〕が，生産機能については海外拠点の組織能力の構築に与える影響を論じた大木〔2014〕が，それぞれすでに明らかにしていることである。本書では，これらの先行研究が指摘した本国生産拠点の差配機能と生産機能の重要性が確認できた。それだけではなく，本書の貢献は，国際生産分業のシステム形成という視点から，本国生産拠点の差配機能と生産機能が果たす役割，さらには両機能の関係性を明確にした点にある。国際生産分業のシステムの観点からみると，差配機能の根底には生産機能が必要不可欠な要素として存在しており，本国生産拠点は極めて合理的な拠点であった。本書の分析は，このような本国生産拠点の新たな位置付けを提起している。

　第3に，国際生産分業の形成のありようは，総じて，Mintzberg〔1994〕〔2007〕およびMintzberg, Ahlstrand, and Lampel〔2008〕が提唱した創発戦略と同じ考え方が当てはまる。とりわけ，考え方としてはMintzberg〔2007〕およびMintzberg, Ahlstrand, and Lampel〔2008〕の中で提示されているアンブレラ戦略にかなり近い。アンブレラ戦略では，大枠としての指針を定めるものの，そこで実施する詳細は所定の指針の範囲内で創発的に行う。同時に，この戦略は，「戦略が途中で発展するように意図的に管理していくという点で，計画的に創発を促すアプローチ[2]」であると言及している。アンブレラ戦略は，本書で明らかにしてきたホンダの構想と国際生産分業の

終章
総括と残された課題

形成との関係に類似している。そのアプローチの中で，ホンダが国際生産分業の形成を意図的に管理するために機構として用意したのが，調整メカニズムである。厳密に言えば，本書で明らかにした国際生産分業の調整メカニズムでは，当初の計画を実現した側面も多分にあること，構想自体も更新すること，計画的に創発を促すのではなく，更新した構想にしたがって創発を取り入れること，という3点が異なっていることに注意がいる。本書の事例は，大枠としての指針を更新し，そこから乖離せずに，かつ途中で発展するように国際生産分業のシステムを形成するためには，企業内部に調整メカニズムが必要であることを示唆している。

最後に，計画・創発の側面を活用することで，国際生産分業のシステムが形成されてきたことである。国際生産分業が長期にわたって形成されることから，これら両側面は，とりわけ創発的な側面に関しても，必ずしも例外的な事象ではない。これまでの先行研究も，創発的な側面を実証的に明らかにしている。具体的には，海外拠点の発展や海外拠点の成長に伴う本国拠点の優位性再創出（大木〔2011〕），さらには海外拠点における創発的な事業展開（折橋〔2008〕）が挙げられる。加えて，ホンダが中国において二輪事業の創発的な対応を四輪事業の展開に反映したことを指摘する研究もある（向〔2007〕）。しかしながら，これら両側面を合わせて全体としてどのように国際生産分業のシステムが形成されていくのか，計画の側面の進捗をいかに捉えるのか，もしくは，創発の側面をシステム内部にどのように組み込んでいくのか，さらには，両側面と構想がどのように関係するのかといった観点からの実証的な分析はほとんどなされていない。したがって，従来の研究だけでは二輪車産業で起きた現象を解明することは難しい。よりよい理解のためには，複数の拠点によって形成される国際生産分業を個別拠点の集合，または個別拠点間の関係性のみではなく，グローバル・システムとして捉えることが必要であった。このようなことから，国際的な機能配置の既存議論に対して，システムの視点を導入したことも本書の貢献のひとつであろう。

次に，実務面への貢献を整理する。国際生産分業の解明作業によって，計

画・創発の側面を組織内に取り入れ，システムを形成するためには，調整の仕組みを事前に用意し洗練させていく必要があることがわかった。より大きな視点からみれば，このような本書の議論は，計画性と創発性をどのように捉えるかを問うものであると考えられる。変化が激しい環境においては，計画通りに遂行することを前提とし，その中で個々人や個別拠点が生み出した知識を場当たり的に取り入れるのではなく，組織的に組み込み，最適な形になるようにしていくことが求められるであろう。そのためには，国際生産分業の調整メカニズムにみられるような事前の仕組みを用意しなければならないのではないだろうか。計画性を発揮する一方で，創発性を組織的に取り込むことは，ある意味で矛盾した取り組みのように映る。しかし，本書で解明した調整メカニズムは，計画性と創発性のいずれをも活かし，柔軟に分業を調整するためのマネジメントのあり方を示唆している。

　本書の結論は，これからの国際生産分業を紐解くためには，ある時点の最適は，システムの変化の過程を経てつくられ続けてきたものであるという見方を持つ必要があることを示している。今後，多くの企業が国際生産分業を築いていくことが予想される。その際，本書の分析に基づけば，国際生産分業は常にシステム形成の過程であるという認識が求められる。国際生産分業を動態的にみれば，時が進むにつれて最適な分業のあり方は変化する。常に形成の途中であるという認識がなければ，事前に定めた合理的な長期構想にしたがって，各国拠点を特定の役割に固定させることになる。一方で，形成させつつある国際生産分業がひとつのシステムであるという認識がなければ，創発性を無闇に取り入れ，単なる個別拠点の集合体をつくり出すことになる。それゆえ，恒常的にシステムとしての最適を目指すならば，国際生産分業の構想自体もアップデートさせなければならないし，それにしたがって拠点の役割を調整していく必要が出てくるだろう。このような認識に立つことによって初めて，上記したような調整メカニズムを事前に用意し洗練させていくことが大きな意味を持つ。

Ⅲ　本書の限界と残された課題

　本書を通じて，国際生産分業の長期的な形成プロセスと，そこでの調整メカニズムのありようを解明した。しかし，残された課題も存在している。ここでは大きな課題を2つ挙げる。

　第1に，ホンダのみに限定したシングルケースによる分析であることが，本書の持つ大きな限界である。本書を通じて，国際生産分業を最適にしていくための調整メカニズムの重要性と，それを構成する要素を概ね浮き彫りにすることができた。しかし，本書は1つの事例を詳細に検討したにすぎない。それゆえ，調整メカニズムが国際生産分業のパフォーマンスにいかなる影響を与えるのかについては，他の二輪車企業や他産業の事例の分析を積み重ねていく必要があるだろう。ただし，シングルケースを対象として詳細に実態を分析したからこそ，国際生産分業の調整メカニズムと構成要素を明らかにすることができたことは強調しておきたい。

　第2に，国際生産分業のシステム全体を捉えることを目的としたために，本書では各拠点，とりわけ海外生産拠点の成長を所与のものとして扱い，捨象している。そのため，本書では，計画的に，または創発的に成長を遂げる拠点を活用し，かつ全体を調整し，最適な国際生産分業のシステムを生み出していくといった一方の関係しか対象としていない。しかし，国際生産分業のシステムや調整メカニズムのありようによって，各国生産拠点の成長を促すという関係もあるだろう。この点は今後取り組むべき課題であると認識している。

　今後は，さらに実態研究を積み重ね，最適な国際生産分業の形成にとって重要である調整メカニズムの理解を深めていく必要があるだろう。

注

1　この点は，グローバル供給拠点といえども同じである。なお，適地供給拠点は現地生産・現地販売している二輪車を他国に供給するため，既存の方針からの変化がそもそもない。
2　Mintzberg〔2007〕，邦訳書〔2007〕，205ページより引用した。

参考文献

Abegglen, J. C., and Stalk, G., Jr.〔1985〕*KAISHA, The Japanese Corporation*, Basic Books, Inc.（植山周一郎訳〔1986〕『カイシャ　次代を創るダイナミズム』講談社）.
安保哲夫／板垣博／上山邦雄／河村哲二／公文博〔1991〕『アメリカに生きる日本的生産システム　現地工場の「適用」と「適応」』東洋経済新報社。
相原修〔1989〕『ベーシック　マーケティング入門（第1版）』日本経済新聞社。
赤井邦彦〔2009〕『ホンダ・インサイト革命』アスキー・メディアワークス。
赤松俊二／河野友哉／浦木護／宮田博明／山崎隆太郎〔2004〕「二輪車のEURO-3エミッション規制対応技術の研究」『Honda R&D Technical Review』Vol.16 No.2。
天野倫文〔2005〕『東アジアの国際分業と日本企業：新たな企業成長への展望』有斐閣。
天野倫文／新宅純二郎〔2010〕「ホンダ二輪事業のASEAN戦略　―低価格モデルの投入と製品戦略の革新―」『赤門マネジメント・レビュー』第9巻第11号。
天野倫文／新宅純二郎／中川功一／大木清弘編〔2015〕『新興国市場戦略論　拡大する中間層市場へ・日本企業の新戦略』有斐閣。
網倉久永／新宅純二郎〔2011〕『マネジメント・テキスト　経営戦略入門』日本経済新聞社。
浅川和宏〔2003〕『マネジメント・テキスト　グローバル経営入門』日本経済新聞社。
浅川和宏〔2006〕「メタナショナル経営論における論点と今後の研究方向性」『組織科学』第40巻第1号。
浅川和宏〔2011〕『グローバルR&Dマネジメント』慶應義塾大学出版会。
Association des Constructeurs Européens de Motocycles the Motorcycle Industry in Europe.〔2003〕〔2005〕〔2008〕『Yearbook』.
Association des Constructeurs Européens de Motocycles the Motorcycle Industry in Europe.〔2011〕『Registrations and Deliveries』.
Association des Constructeurs Européens de Motocycles the Motorcycle Industry in Europe.〔2015〕『European Association of Motorcycle Manufacturers Powered two wheeler registrations in EU and EFTA countries 2014 statistical release』.
東正志／横井克典〔2017〕「二輪部品サプライヤーの海外生産拠点の発展と最適生産分業」『アジア経営研究』第23号。
Bartlett, C. A., and Ghoshal, S.〔1989〕*Managing across Borders: The Transnational Solution*. Boston: Harvard Business School Press.（吉原英樹監訳〔1990〕『地球市場時代の企業戦略　―トランス・ナショナルマネジメントの構築』日本経済新聞社）.
Baliga, B., and Jaeger, A.〔1984〕Multinational Corporations: Control Systems and Delegation Issues, *Journal of International Business Studies*, Vol.15, No.2.

Birkinshaw, J. 〔1996〕 How Multinational Subsidiary Mandates are Gained and Lost. *Journal of International Business Studies*, Vol.27, No.3.

Birkinshaw, J. 〔1997〕 Entrepreneurship in Multinational Corporations: The Characteristics of Subsidiary Initiatives. *Strategic Management Journal*, Vol.18, No.3.

Birkinshaw, J., and Hood, N. 〔1998〕 Multinational Subsidiary Evolution: Capability and Charter Change in Foreign-owned Subsidiary Companies. *Academy of Management Review*, Vol.23, No.4.

中央大学ビジネススクール編〔2010〕『ホンダの戦略経営　―新価値創造型リーダーシップ』中央経済社。

Compagne, J.〔2004〕「第16回　EU拡大を機に組織拡大とビジネスチャンスをめざす欧州二輪車業界　～法規制が市場に大きな影響を及ぼす。特に安全問題が重要な課題～」『JAMAGAZINE』日本自動車工業会，2004年7月号。

出水力編著〔2007〕『中国おけるホンダの二輪・四輪生産と日系部品企業　―ホンダおよび関連企業の経営と技術の移転―』日本経済評論社。

出水力〔2007a〕「二輪・四輪事業とグローバル展開の経験　―中国におけるホンダの事業展開の歩み―」出水力編著『中国おけるホンダの二輪・四輪生産と日系部品企業　―ホンダおよび関連企業の経営と技術の移転―』日本経済評論社。

出水力〔2007b〕「二輪車生産の大転換と二輪研究所の発足　―新大洲本田摩托の発足と現地適合車の開発―」出水力編著『中国おけるホンダの二輪・四輪生産と日系部品企業　―ホンダおよび関連企業の経営と技術の移転―』日本経済評論社。

出水力〔2011〕『二輪車産業グローバル化の奇跡　ホンダのケースを中心にして』日本経済評論社。

出水力〔2013〕「2輪車生産のグローバリゼーション」下川浩一編著『ホンダ生産システム　―第3の経営革新―』文眞堂。

Doz, Y., Santos, J., and Williamson, P.〔2001〕*From Global to Metanational*. Boston, MA: Harvard Business School Press.

Dunning, J. H.〔1979〕Explaining Changing Patterns of International Production: In Defence of the Eclectic Theory. *Oxford Bulletin of Economics and Statistics*, Vol. 41.

枻出版社〔2006〕〔2007〕〔2008〕〔2009〕〔2010〕〔2011〕〔2012〕〔2013〕〔2014〕『最新バイクカタログ』。

Fayerweather, J.〔1969〕*International Business Management: A Conceptual Framework*, McGraw-Hill.（戸田忠一訳〔1975〕『国際経営論』ダイヤモンド社）。

Fayerweather, J.〔1978〕*International Business Strategy and Administration*. Cambridge, Mass.: Balinger Pub. Co.

藤本隆宏／キム・B・クラーク〔1993〕『[実証研究]製品開発力　―日米欧自動車メーカー20社の詳細調査―』ダイヤモンド社。

藤本隆宏〔1997〕『生産システムの進化論　トヨタ自動車にみる組織能力と創発プロセス』有斐閣。
藤本隆宏〔2001a〕『マネジメント・テキスト　生産マネジメント入門〔Ⅰ〕　―生産システム編―』日本経済新聞出版社。
藤本隆宏〔2001b〕『マネジメント・テキスト　生産マネジメント入門〔Ⅱ〕　―生産資源・技術管理編―』日本経済新聞出版社。
藤本隆宏〔2003〕『能力構築競争　日本の自動車産業はなぜ強いのか』中公新書。
藤本隆宏／新宅純二郎編著〔2005〕『中国製造業のアーキテクチャ分析』東洋経済新報社。
藤本隆宏／天野倫文／新宅純二郎〔2007〕「アーキテクチャにもとづく比較優位と国際分業　―ものづくりの観点からの多国籍企業論の再検討」『組織科学』第40巻第40号。
藤本隆宏／天野倫文／新宅純二郎〔2009〕「ものづくりの国際経営論　アーキテクチャに基づく比較優位と国際分業」新宅純二郎／天野倫文編『ものづくりの国際経営戦略　アジアの産業地理学』有斐閣。
藤本隆宏〔2013〕「ホンダものづくりシステム　―その独自性と普遍性―」下川浩一編著『ホンダ生産システム　―第3の経営革新―』文眞堂。
Galliano, F.〔1998〕「欧州の二輪車市場」『JAMAGAZINE』日本自動車工業会，1998年3月号。
Galliano, F.〔2003〕「欧州の二輪車市場の動向について」『JAMAGAZINE』日本自動車工業会，2003年5月号。
Gemawat, P.〔2007〕*Redefining Global Strategy: Crossing Borders in A World Where Differences Still Matter.* Cambridge MA: Harvard Business School Presss.（望月衛訳〔2009〕『コークの味は国ごとに違うべきか　ゲマワット教授の経営教室』文藝春秋）。
Ghoshal, S., and Bartlett, C. A.〔1990〕The Multinational Corporation as an Interorganizational Network. *The Academy of Management Review*, Vol.15, No.4.
Ghoshal, S., and Westney, E.〔1993〕*Organization Theory and the Multinational Corporation.* London: Macmillan Publishers Ltd.（江夏健一監訳／IBI国際ビジネス研究センター訳〔1998〕『組織理論と多国籍企業』文眞堂）。
林秀樹／城正晃／井上一幸／関谷義之／笠啓次／中島広幸〔2001〕「小型スクータのモジュール生産方式の紹介」『自動車技術』第55巻第12号。
本田技研工業〔2006〕『CSRレポート2006』。
本田技研工業〔2007〕『CSRレポート2007』。
本田技研工業〔2008〕『CSRレポート2008』。
本田技研工業〔2009〕『Honda information Meeting 2009』。
本田技研工業〔2010a〕『Honda環境年次レポート　2010』。
本田技研工業〔2010b〕『Honda information Meeting Spring 2010』。

本田技研工業〔2011a〕『Honda information Meeting spring 2011』。
本田技研工業〔2011b〕『株主通信』No.149。
本田技研工業〔2011c〕『2010年度　決算報告書』。
本田技研工業〔2012a〕『Honda環境年次レポート　2012』。
本田技研工業〔2012b〕『株主通信』No.154。
本田技研工業〔2013〕『Honda環境年次レポート　2013』。
本田技研工業〔2014〕『株主通信』No.160。
本田技研工業〔2015〕『Honda SUSTAINABILITY REPORT 2015』。
本田技研工業〔2017〕『第93期　有価証券報告書』。
本田技研工業〔各年版〕『有価証券報告書』。
本田技研工業広報部世界二輪車概況編集室〔2010〕『世界二輪車概況』本田技研工業。
本田技研工業広報部世界二輪車概況編集室〔各年版〕『世界二輪車概況』本田技研工業。
堀内俊洋〔1995〕「日本的経営と技術移転　―本田技研工業のイタリア二輪事業のケース（1）イタリアにおける日系企業と本田技研工業」『経済経営論叢』第29巻第4号。
堀内俊洋〔1995〕「日本的経営と技術移転　―本田技研工業のイタリア二輪事業のケース（2）リストラクチュアリングの歴史」『経済経営論叢』第30巻第1号。
堀内俊洋〔1998〕『ベンチャー本田　成功の法則』東洋経済新報社。
Hymer, S. H.〔1976〕*The international operations of national firms: A study of direct foreign investment.* Cambridge, MA: MIT Press.（宮崎義一編訳〔1979〕『多国籍企業論』岩波書店。
出射忠明〔1986〕『バイクメカニズム図鑑（改訂新版）』グランプリ出版。
五十嵐正〔1982〕「二輪車の最近の生産工程」『自動車技術』第36巻第7号。
飯田王海〔2011〕「CBR250Rのスタイリングデザイン」『Honda R&D Technical Review』Vol.23 No.2。
井上達彦〔2014〕『ブラックスワンの経営学　通説をくつがえした世界最優秀ケーススタディ』日経BP社。
アイアールシー〔1997a〕『本田技研・本田技術研究所グループの実態　'97年版』。
アイアールシー〔1997b〕『日本二輪車業界の世界戦略　'98年版』。
アイアールシー〔2003〕『日本二輪車業界の世界戦略　2003年版』。
アイアールシー〔2006〕『ホンダの世界戦略実態調査　2006年版』。
アイアールシー〔2007〕『ホンダグループの実態　2007年版』。
アイアールシー〔2009a〕『ホンダグループの実態　2009年版』。
アイアールシー〔2009b〕『世界二輪車産業と日本メーカーの事業戦略　2010年版』。
アイアールシー〔2011〕『ホンダグループの実態　2011年版』。
アイアールシー〔2013〕『ホンダグループの実態　2013年版』。
アイアールシー〔2014〕『世界二輪車産業と日本メーカーの事業戦略　2014年版』。
アイアールシー〔2015〕『ホンダグループの実態　2015年版』。

伊丹敬之／加護野忠男／小林孝雄／榊原清則／伊藤元重〔1988〕『競争と革新　─自動車産業の企業成長』東洋経済新報社。
加護野忠男／井上達彦〔2004〕『事業システム戦略　─事業の仕組みと競争優位』有斐閣。
神谷忠監修〔2005〕『バイクのしくみ』ナツメ社。
葛東昇／藤本隆宏〔2005〕「擬似オープン・アーキテクチャと技術的ロックイン　─中国オートバイ産業の事例から」藤本隆宏／新宅純二郎編著『中国製造業のアーキテクチャ分析』東洋経済新報社。
河合忠彦〔2010〕「ホンダ車の新価値創造性」中央大学ビジネススクール編『ホンダの戦略経営　─新価値創造型リーダーシップ』中央経済社。
小林弘毅／根来正明／大須賀貴則／三堀敏正／大島正〔2012〕「NC700シリーズの開発」『Honda R&D Technical Review』Vol.24 No.2。
Kogut, B., and Zander, U.〔1992〕Knowledge of the Firm, Combinative Capabilities, and the Replication of Technology. *Organization Science*, Vol. 3, No. 3.
工業調査研究所〔2011a〕『アジア二輪車産業　2011〈タイ国編〉』。
工業調査研究所〔2011b〕『アジア二輪車産業　2011〈中国・インド編〉』。
工業調査研究所〔2011c〕『アジア二輪車産業　2011〈ベトナム編〉』。
工業調査研究所〔2011d〕『アジア二輪車産業　2011 - 2012〈インドネシア編〉』。
丸川知雄〔2009〕『「中国なし」で生活できるか　〜貿易から読み解く日中関係の真実〜』PHP研究所。
松岡憲司／池田潔／郝躍英〔2001〕「重慶のオートバイ産業」『龍谷大学経済学論集』第40巻第3・4号。
McKendrick, D. G., Doner, R. F., and Haggard, S.〔2000〕*From Silicon Valley to Singapore: Location and Competitive Advantage in the Hard Disk Drive Industry*. Stanford: Stanford University Press.
三戸節雄〔1981〕『ホンダ・マネジメント・システム　─日本経営の実践─』ダイヤモンド社。
三ツ川誠／平山周二／大坪守／立石康〔2014〕「新型50ccスクータDunkの開発」『Honda R&D Technical Review』Vol.26 No.2。
三嶋恒平〔2010〕『東南アジアのオートバイ産業　─日系企業による途上国産業の形成─』ミネルヴァ書房。
Mintzberg, H. and Waters, J. A.〔1985〕Of Strategies, Deliberate and Emergent. *Strategic Management Journal*, Vol. 6, No. 3.
Mintzberg, H.〔1994〕*Rise and Fall of Strategic Planning*. New York: Free Press.（中村元一監訳／黒田哲彦／崔大龍／小高照男訳〔1997〕『「戦略計画」創造的破壊の時代』産業能率大学出版部）。
Mintzberg, H.〔2007〕*Mintzberg on Management*. New York: Free Press.（DIAMONDハーバード・ビジネス・レビュー編集部編訳〔2007〕『H. ミンツバーグ経営論』ダイヤモンド社）。

Mintzberg, H., Ahlstrand, B., and Lampel, J. B.〔2008〕*Strategy Safari: The complete guide through the wilds of strategic management 2nd Edition.* Canada: Pearson Education.（齋藤嘉則訳〔2012〕『戦略サファリ ―戦略マネジメント・コンプリート・ガイドブック 第2版』東洋経済新報社）。

門田安弘〔1991〕『新トヨタシステム』講談社。

元橋一之〔2012〕「研究開発のグローバル化に関する新たな潮流：新興国の台頭と日本企業の対応」『組織科学』第46巻第2号。

Motorbooks.〔2015〕*The Complete Book of Classic and Modern Triumph Motorcycles 1937 - Today.* Motorbooks.

長沢伸也/木野龍太郎〔2002〕「本田技研工業及び本田技術研究所における製品開発に関する実証研究（1） ―「フィット」を事例として―」『立命館経営学』第41巻第3号。

長沢伸也/木野龍太郎〔2003〕「本田技研工業及び本田技術研究所における製品開発に関する実証研究（2） ―「フィット」を事例として―」『立命館経営学』第41巻第5号。

長沢伸也編/木野龍太郎著〔2016〕『ホンダらしさとワイガヤ ―イノベーションと価値創造のための仕掛け』同友館。

中川功一/大木清弘/天野倫文〔2011〕「日本企業の東アジア圏研究開発配置 ―実態及びその論理の探求―」『国際ビジネス研究』第3巻第1号。

中川功一〔2012〕「グローバル分散拠点配置の競争優位」『国際ビジネス研究』第4巻第2号。

中山健一郎〔2000〕「市場経済化における技術支援体制：ホンダのマザー工場制」『産研論集』No.23。

中山健一郎〔2003〕「日本自動車メーカーのマザー工場制による技術支援 ―グローバル技術支援展開の多様性の考察」『名城論叢』第3巻第4号。

日本自動車工業会編〔1995〕『モーターサイクルの日本史』山海堂。

日本自動車工業会〔2008〕『二輪車市場動向調査』。

日本自動車工業会〔2012〕『世界自動車統計年報』第11集。

日本自動車工業会〔2014〕『二輪車市場動向調査』。

日本自動車工業会〔隔年版〕『二輪車市場動向調査』。

日本自動車工業会〔各年版〕『世界自動車統計年報』。

日経産業新聞編〔2005〕『ホンダ「らしさ」の革新 突き抜けたクルマづくり』日本経済新聞出版社。

日経産業新聞編〔2011〕『日経シェア調査 195 2012年版』日本経済新聞出版社。

西村光雄〔2008〕「日本の二輪車市場動向」『Motor Ring』No.26。

延岡健太郎〔2002〕『製品開発の知識』日本経済新聞社。

野中郁次郎/竹内弘高著/梅本勝博訳〔1996〕『知識創造企業』東洋経済新報社。

Nohria, N., and Goshal, S.〔1993〕*The differentiated network: organizing*

multinational corporations for value creation. Sanfrancisco: jossey-Bass.
沼上幹〔2000〕『わかりやすいマーケティング戦略』有斐閣。
小川直紀〔2001〕『270点の図解でわかるバイクのメカニズム　基本からマスターできるメカの学習参考書』山海堂。
小川進〔2007〕『新装版　イノベーションの発生論理　メーカー主導の開発体制を超えて』千倉書房。
岡本博公〔1984〕『現代鉄鋼企業の類型分析』ミネルヴァ書房。
岡本博公〔1995〕『現代企業の生・販統合　自動車・鉄鋼・半導体企業』新評論。
大木清弘〔2008〕「海外子会社の「進化」とその促進　―経営学輪講 Birkinshaw and Hood（1998）―」『赤門マネジメント・レビュー』第7巻第10号。
大木清弘〔2009〕「国際機能別分業化における海外子会社の能力構築　―日系HDDメーカーの事例研究―」『国際ビジネス研究』第1巻第1号。
大木清弘／中川功一〔2010〕「多国籍企業における組織内競争導入の効果　―昭和電工の事例」『組織科学』第43巻第3号。
大木清弘〔2011〕「多国籍企業における本国拠点の優位再構築：国際的な機能配置選択に伴う拠点間競争の効果」『組織科学』第45巻第2号。
大木清弘〔2013〕「強い海外子会社とは何か？　―海外子会社のパフォーマンスに関する文献レビュー―」『赤門マネジメント・レビュー』第12巻第11号。
大木清弘〔2014〕『多国籍企業の量産知識　海外子会社の能力構築と本国量産活動のダイナミクス』有斐閣。
太田原準〔2000〕「日本二輪産業における構造変化と競争　―1945～1965―」『経営史学』第34巻第4号。
太田原準／椙山泰生〔2005〕「アーキテクチャ論から見た産業成長と経営戦略　―オープン化と囲い込みのダイナミクス」藤本隆宏／新宅純二郎編著『中国製造業のアーキテクチャ分析』東洋経済新報社。
太田原準〔2009〕「工程イノベーションによる新興国ローエンド市場への参入　―ホンダの二輪車事業の事例―」『同志社商学』第60巻第5・6号。
大原盛樹〔2005〕「オープンな改造競争　―中国オートバイ産業の特質とその背景」藤本隆宏／新宅純二郎編著『中国製造業のアーキテクチャ分析』東洋経済新報社。
大原盛樹〔2006〕「日本の二輪完成車企業　―圧倒的優位の形成と海外進出―」佐藤百合／大原盛樹編『アジアの二輪車産業　―地場企業の勃興と産業発展ダイナミズム―』アジア経済研究所。
大山龍寛〔2006〕「Hondaのタイにおける事業展開」『国際機関日本アセアンセンター 2006年8月　タイ経済セミナーレポート』（URL：http://www.asean.or.jp/ja/invest/about/eventreports/2006/2006-08/2006-08-01.pdf/at_download/file）（2016年1月6日閲覧）。
折橋伸哉〔2008〕『海外拠点の創発的事業展開　―トヨタのオーストラリア・タイ・トルコの事例研究―』白桃書房。

小関和夫〔2006〕『ホンダCBストーリー(増補新訂版ver.Ⅱ) ―進化する4気筒の血統―』三樹書房。
小関和夫〔2009〕「バイクを通して見る日本の二輪車市場の発展と成熟」『JAMAGAZINE』日本自動車工業会, 2009年7月号。
小関和夫〔2010〕「日本のバイクのデザイン瀬流と志向」『JAMAGAZINE』日本自動車工業会, 2010年12月号。
小関和夫〔2012〕「世界のスーパーカブの変遷(日本と海外)」三樹書房編『ホンダスーパーカブ 世界のロングセラー』三樹書房。
Penrose, E. T.〔1959〕*The Theory of the Growth of the Firm*. Oxford University Press: New York. (日高千景訳〔2010〕『企業成長の理論 【第3版】』ダイヤモンド社)。
Porter, M. E.〔1980〕*Competitive Strategy*. New York Press. (土岐坤/服部照夫/中辻萬治訳〔1982〕『競争の戦略』ダイヤモンド社)。
Porter, M. E.〔1985〕*Competitive advantage: Creating and Sustaining Superior Performance*. New York: Free Press. (土岐坤訳〔1982〕『競争優位の戦略 ―いかに高業績を持続させるか』ダイヤモンド社)。
Porter, M. E. (ed.)〔1986〕*Competition in Global Industries*. Boston: Havard Business School Press. (土岐坤/中辻萬治/小野寺武夫訳〔1989〕『グローバル企業の競争戦略』ダイヤモンド社)。
Porter, M. E.〔1990〕*The Competitive Advantage of Nations*. New York: The Free Press. (土岐坤/中辻萬治/小野寺武夫/戸成富美子訳〔1992〕『国の競争優位(上)(下)』ダイヤモンド社)。
佐久間芳信/永田信〔1990〕「二輪車用アルミダイガストフレームの開発」『Honda R&D Technical Review』Vol.2。
榊原清則〔1988〕「製品戦略の全体性」伊丹敬之/加護野忠男/小林孝雄/榊原清則/伊藤元重『競争と革新 ―自動車産業の企業成長』東洋経済新報社。
佐藤百合/大原盛樹編〔2006〕『アジアの二輪産業』アジア経済研究所。
向渝〔2007〕「二輪・四輪事業とグローバル展開の経験 ―中国におけるホンダの事業展開の歩み―」出水力編著『中国おけるホンダの二輪・四輪生産と日系部品企業 ―ホンダおよび関連企業の経営と技術の移転―』日本経済評論社。
新宅純二郎〔1994〕『日本企業の競争戦略』有斐閣。
新宅純二郎〔2009〕「東アジアにおける製造業ネットワーク アーキテクチャから見た分業と協業」新宅純二郎/天野倫文編著『ものづくりの国際経営戦略 アジアの産業地理学』有斐閣。
新宅純二郎/天野倫文〔2009〕「新興国市場戦略論 ―市場・資源戦略の転換」『経済学論集』第75巻第3号。
新宅純二郎/大木清弘〔2015〕「日本企業の海外生産を支える産業財輸出と深層の現地化」藤本隆宏/新宅純二郎/青島矢一『日本のものづくりの底力』東洋経済新報社。

参考文献

下川浩一／伊藤洋〔2013〕「4輪車生産への参入と本格的4輪車メーカーへの道」下川浩一編著『ホンダ生産システム ―第3の経営革新―』文眞堂。
下川浩一編著〔2013〕『ホンダ生産システム ―第3の経営革新―』文眞堂。
塩地洋〔1986〕「トヨタ自工の工場展開 ―1960年代トヨタの多銘柄多仕様量産機構（1）―」『經濟論叢』第137巻第6号。
塩地洋〔2002〕『自動車流通の国際比較 フランチャイズ・システムの再革新をめざして』有斐閣。
塩地洋編著〔2008〕『東アジア優位産業の競争力 ―その要因と競争・分業構造―』ミネルヴァ書房。
塩地洋編著〔2011〕『中国自動車市場のボリュームゾーン 新興国マーケット論』昭和堂。
塩見治人〔1975〕「GM社のフルライン政策における生産構造 ―GM社とフォード社の対比を中心として」『オイコノミカ』第12巻第1号。
末井誠史〔2011〕「EU指令と我が国の運転免許制度」『レファレンス』平成23年8月号（No.727）。
椙山泰生〔2001〕「グローバル化する製品開発の分析視角 ―知識の粘着性とその克服」『組織科学』第35巻第2号。
椙山泰生〔2005〕「海外製品開発拠点の能力構築と国際統合 ―ホンダの北米開発拠点の事例分析―」『経済論叢』第175巻第3号。
椙山泰生〔2007〕「多国籍企業の進化論の展開可能性」『商学論集』第76巻第2号。
椙山泰生〔2009〕『グローバル戦略の進化 日本企業のトランスナショナル化プロセス』有斐閣。
スタジオ タック クリエイティブ〔2002〕『ホンダ スーパーカブファイル』。
スタジオ タック クリエイティブ〔2012〕『ホンダ CBR250Rファイル』。
スタジオ タック クリエイティブ〔2014〕『ホンダ NC700/750ファイル』。
鈴木良始〔1994〕『日本的生産システムと企業社会』北海道大学図書出版会。
鈴木良始〔2003〕「セル生産方式の普及と市場条件」『同志社商学』第54巻第4号。
鈴木良始〔2013〕「成長するアジアとグローバル化における日本企業の経営課題」『同志社商学』第64巻第5号。
多田和美〔2008〕「海外子会社の製品開発に関する研究：日本コカ・コーラ社の事例を中心に」『経済学研究』第58巻第2号。
高橋博幸〔2005〕「ヤマハ・ビックスクーター史」『YAMAHA MOTOR TECHNICAL REVIEW』2005年7月14日号。
高崎憲政／小屋栄太郎／望月信介〔1990〕「二輪車アルミフレーム用鋳造合金の開発」『Honda R&D Technical Review』Vol.2。
田村晃二〔2004〕『マーケティング競争における生産と商業の双対性 ―日本二輪産業のダイナミズムをめぐって―』大阪市立大学大学院経営学研究科 課程博士学位請求論文。

田中素香／長部重康／久保広正／岩田健治〔2011〕『現代ヨーロッパ経済〔第3版〕』有斐閣。

The Boston Consulting Group Limited.〔1975〕*Strategy alternatives for the British motorcycle Industry: A Report prepared for the Secretary of State for Industry*. London: Her Majesty's Stationery Office.

千葉太一／佐々木勉／加藤幹夫〔1989〕「二輪車用部品管理の現状と将来」『自動車技術』Vol.43 No.9。

東京エディターズ〔2013〕『Honda DESIGN Motorcycle Part 2 1985-2013』大日本絵画。

富野貴弘〔2012〕『生産システムの市場適応力 ―時間をめぐる競争―』同文館。

通商産業大臣官房調査統計部編〔各年版〕『機械統計年報』。

土屋一明〔1980〕「二輪車組み立てラインの紹介」『自動車技術』Vol.34 No.7。

von Hipple, E.〔1994〕"Sticky Information" and the Locus of Problem Solving: Implications for Innovation. *Management Science*, Vol. 40.

Womack, J., Jones, D., and Roos, D.〔1990〕*The Machine that Changed the World*. Rawson/MacMillan.（沢田博訳〔1990〕『リーン生産方式が、世界の自動車産業をこう変える。』経済界）。

八重洲出版〔2007〕『日本モーターサイクル史 ―1945→2007―』八重洲出版。

山口隆英〔2006〕『多国籍企業の組織能力 ―日本のマザー工場システム―』白桃書房。

横井克典〔2005〕「二輪産業における生産システムの進展」『同志社大学大学院商学論集』第40巻第1号。

横井克典〔2007〕「二輪企業における多品種・大量生産の諸相」『同志社大学大学院商学論集』第41巻第2号。

横井克典〔2008〕「二輪部品サプライヤーの現局面と協力関係の変容 ―本田技研工業熊本製作所に焦点を当てて―」『産業学会研究年報』第23巻。

横井克典〔2009〕「日本二輪産業における販売網の再編」『同志社商学』第60巻第5・6号。

横井克典〔2010〕「日本二輪企業の海外展開 ―現地生産拠点の発展と日本工場の新段階―」『同志社商学』同志社大学商学部創立六十周年記念論文集。

横井克典〔2013〕「日本二輪車企業の販売網の維持・強化と収益性の向上 ―イタリア・スペイン市場における本田技研工業の取り組み―」『同志社商学』第64巻第5号。

横山光紀〔2003〕「タイの二輪車産業 ―好調な国内市場と中国の影響―」大原盛樹編『中国の台頭とアジア諸国の機械関連産業 ―新たなビジネスチャンスと分業再編への対応―』アジア経済研究所。

善本哲夫〔2011〕「マザー工場と海外拠点間の技術移転・支援 ―エレクトロニクスメーカーのケース―」『MMRC DISCUSSION PAPER SERIES』No.335。

吉原英樹〔2011〕『国際経営〔第3版〕』有斐閣。

財務省編〔各月版〕『日本貿易月表 品別国別』。

索　引

本田技研工業の主要海外開発・生産拠点（A～Z）

Hero Honda Motors Ltd.（ヒーロー・ホンダ） ………………………………… 46, 78
Honda Italia Industrial S.P.A.（イタリアホンダ） ……………… 48, 91, 93, 94, 135, 180
Honda Motorcycle & Scoter India（Private）Ltd.（インドホンダ，インド拠点）
　………………………………………………………………………… 46, 78, 89, 97
Honda of America Manufacturing., Inc.（米国拠点） ………………… 79, 81, 94
Honda R & D Southeast Asia Co., Ltd.（ホンダR&Dタイ） ……………… 75, 77
Honda Vietnam Co., Ltd.（ベトナムホンダ，ベトナム拠点）
　……………………………………………………………… 90, 93, 95, 101, 163, 216
Montesa Honda S.A.（スペインホンダ） ……………………………………… 94
Moto Honda Da Amazonia Ltda.（ブラジルホンダ） ………………………… 48
嘉陵－本田発動機公司（嘉陵ホンダ） ………………………………………… 46
新大洲本田摩托有限公司（新大洲ホンダ，中国拠点）
　…………………………… 39, 45, 47, 48, 50, 51, 78, 79, 82, 83, 89, 92, 95, 97, 101, 216
天津本田摩托有限公司（天津ホンダ） ……………………………………… 45, 46
Thai Honda Manufacturing Co., Ltd.（タイホンダ，タイ拠点）
　………………………… 33, 35, 39, 45, 74, 79, 82, 83, 87, 89, 91, 93, 101, 134, 163, 216
五羊－本田摩托（広州）有限公司（五羊ホンダ） ……………………………… 46

あ

R研究 ……………………………………………………………… 126, 136, 140, 142

SEDチーム ………………………… 138, 139, 142, 145, 147, 152, 189, 196, 200, 213, 218, 223
SED評価会 ……………………………… 138, 140, 142, 145, 148, 152, 200, 219, 223
SYM（三陽工業） ………………………………………………………………… 67
エントリーモデル ……………… 39, 48, 51, 74, 76, 80, 83, 88, 90, 99, 137, 163, 164, 215
エントリーユーザー ……………………………………………………… 39, 48, 51, 73

オペレーション統括機能 ……………………………………………………… 195

か

海外支援担当部署（海外支援部門） ……………………………… 189, 195, 200, 220
海南新大洲摩托車股有限公司（海南新大洲） ……………………………… 45, 46
開発予定機種 ……………………………………………………… 130, 132, 146, 218

川崎重工業（カワサキ）……………………………………………………… 66

　KYMCO（光陽工業）………………………………………………… 66, 67, 70, 72
　拠点レベルの製品ラインナップ ……………………………… 99, 100, 121, 168, 214

　熊本製作所（熊製）……………… 33, 75, 81, 84, 143, 144, 163, 167, 173, 188, 194
　グローバルアロケーション ……………………………………………………… 74, 85
　グローバルSED …………………………………… 136, 146, 196, 200, 213, 218, 223
　グローバル供給拠点 …………………… 36, 50, 51, 78, 82, 91, 95, 100, 101, 153, 163, 215
　グローバル3戦略（構想）……………………………………………… 64, 74, 84
　グローバル調達 ……………………………………………………………… 74, 84, 93
　グローバルモデル ……………………… 52, 74, 76, 77, 82, 85, 87, 90, 134, 216

　KTM ……………………………………………………………………………… 73
　現地生産・販売拠点 ………………………………………………… 36, 100, 164

　工数差の吸収 ……………………………………………………… 173, 174, 182
　工程設計 ……………………………………… 144, 182, 184, 189, 191, 197, 198, 202, 220
　工程編成 ………………………………………………………………… 174, 181, 184
　国際生産分業の形成プロセスにおける計画の側面
　　……………………………………………… 84, 100, 153, 212, 216, 217, 225
　国際生産分業の形成プロセスにおける創発の側面
　　……………………………………………… 84, 100, 151, 153, 212, 216, 217, 225
　Commuter ……………………………………………… 31, 67, 69, 73, 85, 174

さ

　最量販機種 ……………………………………………………… 31, 32, 80, 168
　差配機能 ……………………… 162, 187, 188, 193, 194, 198, 200, 202, 213, 220, 222, 224

　事業部機能 ………………………………………………………… 16, 195-197
　情報の粘着性 ……………………………………………………………… 198

　スクーター（タイプ）………………………… 46, 67, 69, 75, 76, 90, 170, 173
　スズキ ……………………………………………………………… 7, 48, 66, 67

　製作所の統合 ……………………………………………………… 81, 165, 174
　生産企画担当部署（生産企画部門）……………………………… 189, 195, 220
　生産企画部 ……… 125, 127, 133, 141, 152, 154, 156, 162, 189, 193, 194, 196, 218, 220
　生産機能 …………………………… 16, 195, 197, 198, 200, 213, 221, 222, 224
　生産ラインの集約 ………………………………………………… 81, 165, 174
　生産ロット（ロット）…………………………………… 32, 101, 163, 169, 177, 181
　製品要件 ………………………………… 35, 121, 132, 140, 141, 145, 146, 153, 219

240

製品ライン……………………………………………………67-69, 73, 99
製品ラインナップ……………………………………………………32, 99, 133
製品ラインナップ計画……………………………124, 130, 136, 137, 140, 146, 218
製品ラインの奥行き……………………………………………………………67
製品ラインの幅…………………………………………………………………67
専門特化型企業…………………………………67, 73, 74, 95, 99, 201, 213, 214

創発的戦略（創発戦略）…………………………………………………14, 224
創発プロセス…………………………………………………………………104

た

多機種・小ロット生産の能力（蓄積）……165, 184, 187, 193, 198, 200, 202, 213, 221
多機種の小ロット・極小ロットの生産（多機種・小ロット生産）
　………………………………………………80, 163, 167, 168, 173, 181, 184, 198
多国籍企業の進化論…………………………………………………13, 18, 223
段階的な意思決定プロセス………………146, 148, 151, 153, 200, 202, 213, 218, 222

地域統括本部……………………………35, 125, 132, 135, 140, 152, 154, 202, 218

TVSモーター………………………………………………………………………73
ディベロップメント・リードタイム（DLT）………………122, 124, 131, 132, 155
適地供給拠点………………………………………36, 50, 82, 101, 153, 164, 215

トランスナショナル組織……………………………………………………………11
TRIUMPH…………………………………………………………………………73

な

New motor Cycle Plant（NCP）プロジェクト…………………………………81
二輪事業企画室……………………………………125, 132, 136, 141, 152, 218
二輪事業本部………………………………………126, 128, 133, 152, 153, 162, 219
二輪事業本部長……………………………………………87, 133, 138, 142, 146, 218

は

Bajaj………………………………………………………………………………73
HARLEY-DAVIDSON………………………………………………………67, 70
ハイエンド（モデル）……………………………………………76, 77, 164, 215
浜松製作所（浜製）………………………………………75, 81, 163, 170, 175, 188

BMW……………………………………………………………………67, 70, 73

Piaggio ·· 66, 70, 72

Fun ·· 31, 67, 69, 73, 85, 174
ブランドレベルの製品ラインナップ ······· 100, 103, 120, 131, 146, 213, 214, 217, 218
フルライン企業 ·· 67, 99, 149, 174
フルライン政策・フルライン展開 ··· 70, 74, 80
フルラインの深化 ·· 74, 99

ボリュームゾーン ··· 71
本国拠点 ·· 10
本国生産拠点 ··············· 5, 31, 75, 79, 86, 97, 139, 143, 162, 165, 187, 202, 213, 220
本田技術研究所 ··· 77, 87, 91, 125, 135, 218

ま

マザー工場 ··· 16, 81, 188, 189, 194, 196, 224

Made by Global Honda（構想）·································· 39, 48, 64, 74

モーターサイクル（タイプ）····················· 45, 67, 69, 75, 76, 90, 94, 170, 173
モデルチェンジサイクル ··· 120, 123

や

ヤマハ発動（ヤマハ）······································· 7, 40, 66, 67, 70

輸出専用機種 ··· 163

ら

ラインナップローリング ·································· 130, 137, 146, 201

量産活動 ··· 199
量産知識 ··· 199

【著者紹介】

横井　克典（よこい　かつのり）

- 1978年　愛知県に生まれる
- 2009年　同志社大学商学部商学科任期付教員（講師）
- 2013年　九州産業大学経営学部国際経営学科講師
- 2018年　博士（商学）（同志社大学）
- 2018年　九州産業大学地域共創学部地域づくり学科准教授
  　　　　現在に至る

平成30年11月29日　初版発行　　　　　　　　　　　略称：国際分業

国際分業のメカニズム
―本田技研工業・二輪事業の事例―

　　　　著　者　ⓒ　横　井　克　典
　　　　発行者　　　中　島　治　久

発行所　同文舘出版株式会社

東京都千代田区神田神保町1-41　　　〒101-0051
電話　営業(03)3294-1801　　　　編集(03)3294-1803
振替 00100-8-42935　　　　　　http://www.dobunkan.co.jp

Printed in Japan 2018　　　　　　　　　　　製版：一企画
　　　　　　　　　　　　　　　　　　　　　印刷・製本：萩原印刷

ISBN978-4-495-39022-8

[JCOPY]〈出版者著作権管理機構 委託出版物〉
本書の無断複製は著作権法上での例外を除き禁じられています。複製される場合は、そのつど事前に、出版者著作権管理機構（電話 03-5244-5088, FAX 03-5244-5089, e-mail: info@jcopy.or.jp) の許諾を得てください。